電気法規と電気施設管理

令和6年度版

竹野正二・浅賀光明 著

TDU 東京電機大学出版局

令和6年度版の発行にあたって
《最近の電気事業法の改正》

令和6年3月

近年の自然災害による被害の激甚化を踏まえ，電力インフラの適応力の向上が求められている。また，長期的な脱炭素化も見据え，再生可能エネルギーの主力電源化の達成が必要とされている。

令和2年法律第49号による電気事業法改正では，災害時に一般送配電事業者等の送配電網を活用し，需要家の分散型電源から防災拠点や避難場への電力供給を可能とする**配電事業制度**が創設された。また，莫大な供給量で対応する電力需給の管理から，需要家による分散型エネルギーの運用も含めた管理へと移行しつつある中，アグリゲーターと呼ばれる**特定卸供給事業者**が，発電事業者を除く需要家に対し，発電又は放電を指示し，そこから集約した電気を小売電気事業者，一般送配電事業者，配電事業者及び特定送配電事業者に供給する**特定卸供給制度**が創設された。

2050年カーボンニュートラルの実現に向け，再生可能エネルギーの導入が拡大する中，太陽電池発電設備及び風力発電設備に対する規制の見直しが行われた。令和4年法律第74号による電気事業法改正では，太陽電池発電設備や風力発電設備を対象とした**小規模事業用電気工作物に係る届出制度**，当面は風力発電設備を対象とした**登録適合性確認機関による工事計画届出に係る事前確認制度**，及び，高度な保安維持ができる事業用電気工作物の設置者を認定し，保安規制の特例を認める**認定高度保安実施設置者に係る認定制度**が創設された。さらに，令和5年法律第44号による電気事業法改正では，原子力発電所の運転期間に係る改正が行われた。

令和5年度版からの主な変更点は次のとおりである（第2章）。

・小規模事業用電気工作物に係る届出制度，登録適合性確認機関による工事計画届出に係る事前確認制度及び認定高度保安実施設置者に係る認定制度の創設に係る記述を追加

・保安規程に規定する項目に「サイバーセキュリティの確保」を追加

・電気事故の報告に「蓄電所」及び「放電支障事故」を追加

1. 電気事業法・施行規則の改正

(1) 電気事業法の改正

令和5年法律第44号による電気事業法改正(令和7年6月6日までに施行)では，脱炭素社会の実現に向けて電気の供給体制の確立を図るため，原子力発電所の運転期間を原則40年とした上で，安定供給確保，GX（Green Transformation）への貢献などの観点から経済産業大臣の認可を受けた場合に限り最長60年とし，原子力事業者から見て他律的な要素によって停止していた期間は，運転期間のカウントから除外できることとなった。

(2) 電気事業法施行規則の改正

① 蓄電用の電気工作物を単体で設置する形態を「蓄電所」と定義

［令和4年11月30日　省令第88号　令和4年12月1日施行］

一定の地域内における災害時等の活用及び電力系統に対する調整力の提供等を目的に，事業者が蓄電用の電気工作物を単体で設置するような運用が本格化することを見込み，当該設置形態を「蓄電所」と定義することとし，適切な保安規制を講ずるため，施行規則の関連条文及び関連省令・内規等が改正された。

主な改正は次のとおり。

・施行規則第1条の定義に「蓄電所」を追加

・電気設備技術基準の省令及び解釈に「蓄電所」を追加

・使用前自主検査及び使用前自己確認の方法に「蓄電所」を追加

・保安規程の記載事項の考え方に「蓄電所」を追加

・電気事故報告規則に「蓄電所」及び「放電支障事故」を追加

② 小規模事業用電気工作物の届出制度等の創設を受けた改正

［令和4年12月14日　省令第96号　令和5年3月20日施行］

令和4年法律第74号の一部施行等に伴い，小規模事業用電気工作物の届出制度や登録適合性確認機関による工事計画届出に係る事前確認制度が創設されたことを受け，施行規則の関連条文（施行規則第57，105～115条等）が改正された。

③ 工事計画届出及び事故報告の対象設備に係る改正

［令和5年3月10日　省令第9号　令和5年3月31日施行］

特定の設備や一定規模以上の設備に係る工事計画（法第48条）や電気事

故等（法第106条）の届出又は報告については，設備の運用実態，技術革新又は事故分析等を踏まえて適宜見直しており，電気保安制度ワーキンググループによる検討を経て，電圧17万V以上（受電所にあっては電圧10万V以上）の変電所に係る電力用コンデンサ，分路リアクトルの工事計画の届出（施行規則別表第2）及び電気関係報告規則に基づく主要電気工作物の対象が1万V以上から10万V以上に変更された。

④　**大型系統用蓄電池を電気事業法上の発電事業に位置付け**

［令和5年3月28日　省令第11号　令和5年4月1日施行］

エネルギーの使用の合理化等に関する法律等の一部改正に伴い，施行規則の改正が行われた。主な改正として，①発電所の休廃止について，「事後届出制」から「事前届出制」に変更し，②「大型系統用蓄電池」を電気事業法上の「発電事業（届出制）」に位置付けるとともに，系統への接続環境を整備した（施行規則第45条の19ほか）。

また,法第2条において「発電用の電気工作物」は「発電等用電気工作物」とし，「発電する」は「発電し，又は放電する」に,「発電用又は蓄電用の電気工作物」は「発電等用電気工作物」に改正された。

2. 電気設備技術基準の省令及び解釈の改正

(1) サイバーセキュリティ対策では自家用電気工作物にも対象を拡大

［令和4年6月10日　経済産業省令第51号　令和4年10月1日施行］

［令和4年6月10日　20220530保局第1号　令和4年10月1日施行］

電気工作物のうち，一般送配電事業，送電事業，配電事業，特定送配電事業又は発電事業の用に供するものについては,電技省令15条の2に基づき,サイバーセキュリティの確保が義務付けられている。昨今，諸外国においては製鉄所等の産業施設へのサイバー攻撃も発生し，大規模な被害が生じている。電気保安分野におけるスマート化の進展にあわせて自家用電気工作物にも対象を拡大し，全ての事業用電気工作物（小規模事業用電気工作物を除く）を対象にサイバーセキュリティの確保を義務付けることとされた。

省令を満たす具体的な要件として，解釈37条の2に3号を追加して，自家用電気工作物（発電事業の用に供するものを除く）は，新たに制定された「自家用電気工作物に係るサイバーセキュリティの確保に関するガイドライン」によることとされた。

(2)「蓄電所」の定義,「常時監視をしない蓄電所の施設」の新設

[令和4年11月30日　経済産業省令第88号　令和4年12月1日施行]

[令和4年11月30日　20221125保局第1号　令和4年12月1日施行]

事業者が蓄電用の電気工作物を単体で設置するような運用が本格化することを見込み,当該設置形態を「蓄電所」と定義することとし,適切な保安規制を講ずるため関連条文を改正した。

「蓄電所」とは,「構外から伝送される電力を構内に施設した電力貯蔵装置その他の電気工作物により貯蔵し,当該伝送された電力と同一の使用電圧及び周波数でさらに構外に伝送する所(同一の構内において発電設備,変電設備又は需要設備と電気的に接続されているものを除く。)をいう。」と定義された(省令第1条)。

また,解釈第47条の3(常時監視をしない蓄電所の施設)が新設され,技術員が当該蓄電所において常時監視をしない蓄電所の保安要件が規定された(省令第46条第2項,解釈第47条の3)。

(3) 小規模事業用電気工作物の届出制度の創設に伴う用語の整理

[令和4年12月14日　経済産業省令第96号　令和5年3月20日施行]

[令和5年3月20日　20230310保局第1号　同日施行]

小規模事業用電気工作物が定義され,電気事業法の小出力発電設備の用語が小規模発電設備と改正されたことを受け,用語について整理された。

(4) 架空電線路の強度検討の荷重に係る改正等

[令和5年12月26日　20231211保局第2号　令和5年12月26日施行]

①　着雪への対応を求める地域の条件に関する定義の改正

電線への着雪量は,降雪量に限らず,風速,風向及び気温等,複数の気象条件により影響を受けるものであるため,従来は着雪量を定量的に算定することが困難であった。このため,降雪の多い地域では着雪量が大きくなるという推定に基づき,「降雪の多い地域」で着雪への対応を求めることとしていた(電技解釈第58条第1項,第59条第5項,第93条)。その後,技術革新や観測データの蓄積により,地域単位で想定着雪厚さを算定することが可能となり,いわゆる「着雪マップ」が民間企業により作成,発行されるようになった。このように,設置者が容易に着雪の多い地域を知りうるようになった状況を踏まえ,今後は「着雪厚さの大きい地域」で着雪への対応を求める

こととされた。

② 異常着雪時想定荷重の2/3倍の荷重に耐える強度を求める対象の拡大

一定の地理的条件を満たす鉄塔には異常な着雪が生じるおそれがあるため，異常着雪時想定荷重を定義し（電技解釈第58条第1項第7号），当該荷重に耐える強度を有するように鉄塔を施設することを求めている（電技解釈第59条第5項）。着雪による鉄塔倒壊の事例を踏まえ，対象となる地理的条件が追加された。

③ 電技解釈で引用しているJIS規格等の更新

JIS規格等を引用する電技解釈の条文（解釈第46条，第56条，第57条，第129条，第130条，第175条，第197条）について，規格が最新のものに更新された。

また，廃止されている規格は，代替となる民間規格，又は同等の保安水準となる性能に規定された（解釈第159条，第188条）。なお，この解釈に引用する規格のうち，民間規格評価機関として日本電気技術規格委員会が承認した規格については，当該委員会がホームページに掲載するリストを参照する規定とされた。

④ 最新版のIEC規格の制改定への対応

需要場所に設置される低圧の電気設備は，電技解釈第218条に規定するIEC60364シリーズの規格に基づき施設できることとされている。また，専門家のみが立ち入ることができる発変電所や電気室などの構内の1kV超過の電力設備は電技解釈第219条に規定するIEC61936-1に基づき施設できることとされている。これらのIEC規格は，随時制改定されているところであり，一部を除き電技解釈に取り入れ可能であると確認されたものについて，改正された。

3. 電気事業法関係内規等の改正

(1) 令和４年法律第７４号の一部施行等に伴う関連内規の改正

小規模事業用電気工作物に係る届出制度や登録適合性確認機関による工事計画届出に係る事前確認制度が創設されたことを受け，「登録適合性確認機関の申請・届出等に係る確認要領」の制定，電気関係報告規則等の改正がされた（交付日は令和5年3月20日，同日施行）。

(2)「使用前自主検査及び使用前自己確認の方法の解釈」の改正

［令和5年3月10日　20230220保局第1号　令和5年3月20日施行］

事業用電気工作物を設置する場合は，一定規模以上のものは工事計画の認可又は事前届出が義務付けられており，使用前自主検査を実施したのち国又は登録審査機関による安全管理審査を受審するが，一定規模以下のものは使用前自己確認制度（法第51条の2）により，電気工作物の技術基準の適合性を自ら確認し，この結果を国に届け出ればよい。小規模事業用電気工作物が定義されたことに伴い，この使用前自己確認制度の対象が，太陽電池発電設備は，10 kW 以上 2,000 kW 未満，風力発電設備は，500 kW 未満となった（施行規則第74条，第77条，別表6，別表7）。

(3)「主任技術者制度の解釈及び運用」の改正

［令和5年9月1日　20230801保局第4号　同日施行］

「主任技術者制度の解釈及び運用」について，電気主任技術者及びダム水路主任技術者に係る「海洋再生可能エネルギー発電設備」及び「離島又は過疎地域等」に関する改正が行われた。

具体的には，選任制度のうち統括電気主任技術者制度，外部委託承認制度及び兼任制度について，今後増加が見込まれる洋上風力発電所等の海洋再生可能エネルギー発電設備の場合，主任技術者等が2時間以内に到達すべき場所は，陸上部の遮断装置であることが追加された。

また，外部委託承認制度及び兼任承認制度について，従前から離島又は過疎地域等の地域に設置される事業場等に，主任技術者等の2時間以内の到達が困難な場合を想定した配慮について規定されていたが，当該対象地域に，新たに奄美群島，振興山村及び小笠原諸島が追加された。

ま　え　が　き

電気が我が国の経済と国民生活にとって，不可欠なエネルギーであることは，誰もが認めるところであります。このように大切な電気を供給する電気事業は健全な発達を図る必要があり，また電気は感電や漏電火災という危険な面を有しているので，昔から各種の法令により，電気を供給する者，電気工事をする者，電気機器を製造する者及び電気を使用する者に対して規制が行われてきています。しかし，法令はこれら電気関係の技術者や学生を含めて読みづらく，なじめないという人が多いことも事実です。これは，一定の文章的な制約があるためでもありますが，その趣旨や全体の考えを理解すれば案外理解しやすいものと思います。本書は，このようなことを念頭において，電気関係の法令を大学生はもとより高校生でも理解できるよう平易に書かれたものです。

表題は「電気法規と電気施設管理」となっていますが，目次をみてもわかるとおり，電気法規について主力がそそがれており，法規の部分の内容の深さは，大学の教科書としても十分使用できるものであります。電気施設管理については，その内容も広く，各種の名著も見受けられるので，高専や短大の学生及び第２種の電験受験者ぐらいまでが，ぜひ知っておかねばならぬ基本的な範囲にしぼって述べてあります。

本書は，昭和 45 年(1970 年)3 月の初版発行以来約 50 年にわたり，多くの方にご愛読をいただき今日に至っています。その間，電気事業法をはじめ電気保安関係の法令も再三にわたり改正され，その都度，版を改め発刊してきました。

最近では電気事業法が，平成 24 年(2012 年)6 月に原子力規制が経済産業省から原子力規制委員会に移行させるための改正が，また平成 26 年(2014 年)6 月には電気の小売全面自由化とこれに伴う電気事業の区分の変更など，大幅な改正が行われています。

電気設備の技術基準関係の改正は，毎年のように行われていますが，主なものとしては，平成 11 年(1999 年)11 月に低圧設備関係の，平成 22 年(2010 年)1 月に高圧設備関係の IEC 規格が解釈に取り入れられたほか，平成 23 年(2011 年)7 月には，条文の統合を含め全面改正が行われています。そのほかの改正された条文の内容は，巻頭の色紙ページにて毎年紹介をしています。

本書はこのように法改正に伴う見直しを迅速に行っていることもあり，大変御好評をいただいております。皆様に多く御利用いただいていることにお礼を申しあげると共に，御利用の方々から暖かい御指摘も多くいただいたことに感謝する次第であります。

著 者　竹 野 正 二

目　　次

第1章　電気関係法規の大要と電気事業

第 2 章　電気工作物の保安に関する法規

第3章　電気工作物の技術基準

第 4 章 電気に関する標準規格

第5章　電気施設管理

第1章　電気関係法規の大要と電気事業

本章では，電気関係の法律としてはどのようなものがあるか，また，これらの法律がなぜ必要であるかを知るとともに，電気事業と電気法規の変遷，電気事業法の規制のうち，事業規制に関する概要を学ぶことにする。

1.1　電気関係法規の体系

電気関係の法規と呼ばれるものがどこまでの範囲のものをさすかは，いろいろな見方によりその範囲も異なるが，電気を発生させたり，使用したりする人々がぜひとも知っておかなければならない法律を大きく分けると，①電気事業に関するもの，②電気施設の保安に関するもの，③電気の計量に関するもの，及び④国の特別の施策に関するものになる。現在ある法律をこれらに分類すると，表1.1のようになる。

表1.1　関係法規の分類と法律の名称

関係法規の分類		法律の名称
①　電気事業に関するもの		電気事業法
②　電気施設の保安に関するもの		電気事業法／電気工事士法／電気用品安全法／電気工事業法*
③　電気の計量に関するもの		計量法
④　国の特別の施策に関するもの	電源開発に関するもの	発電用施設周辺地域整備法等「電源三法」
	原子力に関するもの	原子力基本法／核原料物質，核燃料物質及び原子炉の規制に関する法律
	再生可能エネルギー利用に関するもの	再生可能エネルギー電気の利用の促進に関する特別措置法

*　正式の法律名は「電気工事業の業務の適正化に関する法律」という。

なお，このほかにも電気火災という面からは**消防法***，労働者の感電防止という面から**労働安全衛生法****，発・変電所からの公害防止という面からは**大気汚染防止法*****，**騒音規制法**，電気機器の標準化という面からは**産業標準化法**，省エネルギーという面からは**エネルギーの使用の合理化及び非化石エネルギーへの転換等に関する法律******（省エネ法），再生可能エネルギー利用促進を目的とした**再生可能エネルギー電気の利用の促進に関する特別措置法**等，いろいろな法律があることを電気関係者は知っておかなければならない。

これらのうちで，電気事業法，電気用品安全法，電気工事士法及び電気工事業法は，特に電気設備の関係者としては重要な法律である。

1.2　法律の必要性

(1)　電気事業に関する法律の必要性

電気事業は，1.3節で述べるように，きわめて高い公益性を有する事業であるので，電気の使用者の利益を保護するとともに，電気事業の健全な発達を図る必要がある。このため，電気の安定供給の確保，電気料金の抑制及び需要家の選択肢

---

* 消防法（昭和23年（1948年）法律第186号）は，火災予防と災害の防止という面から，電気設備についても規制を行っている。一例として，消防法第17条では，学校，病院，工場，事業場，興行場，百貨店，旅館，飲食店等の防火対象物で，政令で定められる一定規模以上のものには，各種消防用設備の設置が義務付けられている。これらの設備中，排煙設備及び屋内消火栓設備，スプリンクラーヘッドには，非常電源を附置することが義務付けられている。

** 労働安全衛生法（昭和47年（1972年）法律第57号）は，労働者の安全という面から，電気機器・配線・移動電線による感電防止処置，停電作業，活線作業等に関する規制をしている。

*** 大気汚染防止法（昭和43年（1968年）法律第97号）は，工場・事業場からのばい煙排出規制，自動車排出ガスの許容限度等を定めることにより，国民の健康を保護し，あわせて生活環境を保全するもので，石油や石炭を使用する火力発電所の煙突からのばい煙の排出などを規制している。

**** 省エネ法は，令和4年法律第46号により「エネルギーの使用の合理化等に関する法律」から「エネルギーの使用の合理化及び非化石エネルギーへの転換等に関する法律」（昭和54年（1979年）法律第49号）へ法律名が変更となった（令和5年（2023年）4月1日施行）。これは，2050年カーボンニュートラルの目標に向けて非化石エネルギーの導入拡大が必要であることや，太陽光発電等の供給側の変動に応じて電気の需要の最適化が求められることを踏まえ，非化石エネルギーを含めた全てのエネルギーの使用の合理化及び非化石エネルギーへの転換を求めるとともに，電気の需要の最適化を促す法体系に改めるものである。

と電気事業者の事業機会の拡大を図る必要がある。これらを行うために**電気事業法**により電気事業の規制が行われている。

(2)　電気施設の保安に関する法律の必要性

電気は近代社会に不可欠なものであるが，その利用方法を誤れば，人命や財産に災害を与える危険性も有している。すなわち，電気工作物は，感電や漏電出火の原因となるばかりでなく，有線または無線の通信設備に対して誘導障害や電波障害を及ぼし，地中埋設金属体には電食障害を及ぼす。また，発電所のダムやボイラー，原子炉は，事故が発生すれば社会的にも重大な被害を及ぼす危険性を有している。

これらの危険を未然に防止し，安全を確保するということは，電気が広範囲に使用されるようになるに従ってその重要性を増してきている。また最近では，各種の電気利用機器の普及に対して電気用品に対する規制と，公害の防止という面から，火力発電所からのばい煙の規制や電気機器からの騒音の規制も重要となってきている。

これら電気に起因する各種の災害を防止するために，電気事業法，電気用品安全法及び電気工事士法などがある。

(3)　電気の計量に関する法律の必要性

電気を供給し使用する面からは，電気に関する諸量の計量単位を定め，電気の取引を公正に行う必要がある。物の取引の計量単位を定め，取引の公正を確保することは，電気に限られたことではないが，電気は目に見えないものであるから，計器により測定する以外には量を測ることができない。このため，昔から電気測定法により取引用の電気計器の誤差や計器を適正に維持管理するための規制が行われていた。現在では，電気以外の物の計量単位や計器の誤差などを定める法律の中に電気測定法も合併され，計量法として規制が行われている。また，公害関係の測定機器に関するものも最近規制されるようになった。

(4) その他電気に関する国の特別の施策に関する法律の必要性

電気は，国民生活にとってなくてはならない主要なエネルギー源であるため，その生産量の増大と使用面での普及は，国民生活の向上，国家経済の発展に重要かつ密接な関係を有している。したがって，その時代の社会的情勢を背景として変化している。平成23年（2011年）3月11日の東日本大震災で発生した津波による東京電力株式会社福島第一原子力発電所の事故により，原子力発電所に対する安全が大きな問題となり，政治的な論争にまでなっている。このような事態に対応して，省エネルギー及び太陽光発電をはじめとする再生可能エネルギーの利用が政策として大きく取り上げられてきた。

国の特別施策としては，このような事態を反映して従来からの電源開発促進税法関連の電源三法，原子力基本法に加えて，省エネ法（エネルギーの使用の合理化及び非化石エネルギーへの転換等に関する法律）の改正や再エネ特措法（再生可能エネルギー電気の利用の促進に関する特別措置法）の制定がなされている。省エネ法は，電気に限らず広く一般事業に係る法律なので，ここでは再エネ特措法についてその概要を述べている。

1.3 電気事業の種類と特質

1.3.1 電気事業の種類

電気事業は，平成26年（2014年）6月の電気事業法の改正により新しく定義され，電気事業法第2条において，**小売電気事業**，**一般送配電事業**，**送電事業**，**配電事業**，**特定送配電事業**，**発電事業**及び**特定卸供給事業**の7種類の電気事業と定められた。一般送配電事業の定義は，複雑で理解しがたいので，理解しやすくするために表現を組み替えて紹介する。

a） 小売電気事業　「**小売供給***を行う事業（一般送配電事業，特定送配電事

* 一般の需要に応じ電気を供給すること。

業及び発電事業に該当する部分を除く。）をいう。」と定義されている。要するに工場や一般家庭の電気需要家に電気を供給する事業で，電気を調達し，需要家に販売，顧客への営業をすることになる。改正前の一般電気事業者及び特定規模電気事業者の小売部門が該当する。

この事業を行う小売電気事業者は，経済産業大臣へ登録をしなければならない（法第2条の2）ほか，電気の需要に応ずるための供給力を確保する義務，小売供給契約において料金その他の事項を記載した書面を交付する義務が課されている（法第2条の12，第2条の13）が電気料金は自由に設定できる。

b） 一般送配電事業　「自らが維持し，及び運用する送電用及び配電用の電気工作物によりその供給地域において託送供給及び電力量調整供給を行う事業（発電事業に該当する部分を除く。）をいい，当該送電用及び配電用の電気工作物により最終保障供給と離島供給を行う事業（発電事業に該当する部分を除く。）を含むものとする。」と定義されている。**最終保障供給**は，その供給区域における一般の需要に応ずる電気を保障するための電気の供給である。**離島供給**は，その供給区域に離島*がある場合において，当該離島における一般の需要に応ずる電気の供給である。

一般送配電事業者は，主として送電設備及び配電設備を用いて発電事業者から託送された電気を小売電気事業者に届ける事業者であり，この事業者には従来の一般電気事業者（10の電力会社**）の送配電部門が該当する。一般送配電事業者は，発電事業と小売電気事業をすることができる。

一般送配電事業者になるためには，供給区域を設定して経済産業大臣の許可を受け，10年以内に事業を開始する必要がある（法第3条，第7条）。この事業者には，供給区域における託送義務，電力量調整供給義務，発電事業者に対する電線路接続義務等が課せられている（法第17条）。

---

*　一般送配電事業者の維持・運用する電線路と電気的に接続されていない離島として経済産業省令で定められているもの。

**　北海道電力株式会社をはじめ，東北，東京，北陸，中部，関西，四国，中国，九州，沖縄の10社がある。

c）　送電事業　「自らが維持し，及び運用する送電用の電気工作物により一般送配電事業者又は配電事業者に振替供給を行う事業（一般送配電事業に該当する部分を除く。）であって，その事業の用に供する送電用の電気工作物が経済産業省令で定める要件に該当するものをいう。」と定義されている。この事業は，改正前の卸電気事業に相当する事業で，要件としては，1 000 kW 超える出力で10年以上又は10万kWを超える出力で5年以上の期間，振替供給が可能な送電用の電気工作物を有していることである（施行規則第3条の3）。この事業を営もうとするものは経済産業大臣の許可を受ける必要がある（法第27条の4）。この事業者には，一般送配電事業者と振替供給を約束している場合のその履行義務が，また発電事業に対しては電線路接続義務が課せられている（法第27条の10）。

d）　特定送配電事業　「自らが維持し，及び運用する送電用及び配電用の電気工作物により特定の供給地点において小売供給又は小売電気事業，一般送配電事業若しくは配電事業を営む他の者にその小売電気事業，一般送配電事業若しくは配電事業の用に供するための電気に係る託送供給を行う事業（発電事業に該当する部分を除く。）をいう。」と定義されている。この事業は改正前の特定電気事業の送電部門や自営線供給を行っている特定規模電気事業の送電部門等が該当する。

この事業を営もうとするものは経済産業大臣に届出をする必要がある（法第27条の13）ほか，小売供給をする場合は経済産業大臣の登録を受ける必要がある（法第27条の15）。

e）　発電事業　「自らが維持し，及び運用する発電等用電気工作物を用いて小売電気事業，一般送配電事業，配電事業又は特定送配電事業の用に供するための電気を発電し，又は放電する事業であって，その事業の用に供する発電等用電気工作物が経済産業省令で定める要件に該当するものをいう。」と定義されている。経済産業省令では，電気事業法施行規則第3条の4において，発電等用電気工作物は，①出力が1 000 kW以上のもの，②出力の値に占める小売電気事業等用接続最大電力の値が50％を超えるもの，③発電量又は放電量（所内電力量を除く）のうち小売電気事業等用のものが50％を超えるもの，との制限があり，かつ，接続最大電力が1万kWを超えるものとしている。この50％は，出力が10万kW

以上の場合は10％とするとしている。要するに，小売電気事業，一般送配電事業，配電事業又は特定送配電事業に発電又は放電した電気を供給する事業で，これらの事業用に発電又は放電する出力が①〜③までの条件を満たし，かつ，1万kWを超える場合に発電事業となる（この条件に適合する電気工作物を「**特定発電等用電気工作物**」という）。これ以外の発電業者は発電事業としての規則はかからない。改正前の一般電気事業者，卸電気事業者，特定電気事業者の発電部門，卸供給事業者等が該当する。

この事業を営もうとするものは，事業開始予定月日，その他経済産業省令で定める事項について経済産業大臣に届出をする必要がある（法第27条の27）ほか，一般送配電事業者と電気供給を約している場合の履行義務がある(法第27の28)。

f）　配電事業　　分散型電源を含む配電網を運営する事業として新たに「配電事業」が定義され，電気事業の1つとして位置づけられた。電気事業法に「第3節の2　配電事業」が設けられ，配電事業の業務は，一般送配電事業の業務とほぼ同じで設立には経済産業大臣の許可を要する（法第2条第1項第十一の二号，第27条の12の2〜第27条の12の13）。

g）　特定卸供給事業　　発電機又は蓄電器を有する事業者（発電事業者を除く）から集めた電気を小売電気事業，一般送配電事業，配電事業又は特定送配電事業の用に供する電気として卸供給する事業で，供給能力が経済産業省令で定める要件に該当する必要がある（法第2条第1項第十五の二号，第十五の三号）。

1.3.2　電気事業の特質

電気事業は，公益性の非常に高い事業であるといわれる。これは，我々の日常生活や近代産業には欠くことのできない，かつ，他のものをもっては代えることのできない電気というエネルギーを供給している事業であるからである。したがって，電気の供給は，電気の需要者の必要なときに，必要な量の電気をできるだけ安い料金で，しかも安定して供給することが必要となってくる。

電気事業がこのように社会経済的に大きな重要性をもつようになったのは，電気がエネルギー源として非常に優れたものであり，大部分の動力源が電化されたためであって，電気が初期において一部の人に高級消費材として使用された時代や，電灯として照明のみに使用された時代には考えられなかったことである。現代の情報社会においては，ますますこの電気事業の公益性が強まっている。

1.4　電気事業と電気法規の変遷

（1）　電気事業の創業時代（小区域配電時代）

電気事業者が最初の電気の供給を行ったのは，明治20年（1887年）東京電燈会社が当時の日本橋区にあった火力発電所（25 kWエンジン式直流発電機1台）から電圧210 Vの直流3線式でもって，付近の日本郵船会社，東京中央郵便局などに電灯の供給を開始したときである。また，水力発電の始まりは，自家用として下野（しもつけ）麻紡績会社が明治23年（1890年）に発電したもので，この電気は，点灯のほか揚水，巻上げの動力にも利用されている。水力発電による電気が営業用に利用されたのは，明治25年（1892年）に京都市が琵琶湖の疎水により蹴上（けあげ）発電所で出力80 kWの発電機2台で行ったのが最初である。

この当時の電気法規としては，**電気事業営業者取締法**（逓信省訓令第7号）と**電気営業取締規則**（警察令第23号）とが明治24年（1891年）に発令されている。前者は，府県が電気事業を許可する場合は，逓信大臣の認可を受けた規制によって行われなければならないことを定めたもので，後者は，警視庁がこの訓令に基づいて定めた規則であって，配電線の保安の取締りが主である。この警察令は電気事業に対する我が国最初の監督法規で，明治29年（1896年）には逓信省令として省令化* されている。

（2）　電気事業の発展時代（遠距離送電と水力開発時代）

明治30年代には，福島県郡山（こおりやま）絹糸紡績会社が猪苗代湖の安積（あさか）疎水を利用して出力300 kWの発電を行い，これを電圧11 kVの送電線路で郡山までの24 kmを

*　電気事業取締規則（逓信省令第5号）。この規則の主な内容は，電気鉄道や自家用を電気事業に含め，全国的に統一した監督を，国が直接行うことである。

送電したのをはじめとして，次第に送電技術の進歩に伴う電圧の上昇により遠距離送電が可能となり，有利な水力地点を求めて山間部が開発される傾向が現れた。

火力においても，明治 38 年（1905 年）東京電燈会社は千住発電所に蒸気タービンを利用し，従来のピストン式蒸気機関に対しその優秀性が示された。

明治 40 年代に入って，東京電燈会社は山梨県桂川の駒橋発電所（出力 15 000 kW）を建設し，同発電所と東京の早稲田変電所までの約 80 km を電圧 55 kV で送電することに成功した。これによって，浅草及び千住火力発電所の運転を停止し，電力原価が低下したので，電気料金の大幅値下げが行われている。当時は日露戦争が終わって各種工業が急速に伸長しつつある時であったため，電力需要は急速に増加し，料金値下げとともに電灯も一般に普及していった。

このように電力需要が増えてきたことと遠距離送電の実現により，水力開発が促進され，水主火従の時代になっていった。

この時代の電気法規として，明治 40 年（1907 年）に特別高圧送電線の危険予防と一般公衆の送電妨害の予防のため，**特別高圧電気工作物施設規程**，**電気事業用地中電線路施設規程**及び**特別高圧電線路取締規則**（それぞれ逓信省令第 34 号，第 35 号，第 55 号）として発令されている。

（3）　電気事業の保護助長時代（電気事業競争時代）

電気事業が発展し，電気事業者数も増加し，設備が拡張されてくると，種々の民事上の問題なども発生し，従来の保安監督を主とした法規のみでは不十分となったので，明治 43 年（1910 年）に最初の**電気事業法案**が議会に提出され，明治 44 年（1911 年）に**電気事業法**（法律第 55 号）が成立した。

この最初の電気事業法の内容は，電気施設の土地の使用などの特権を認めるとともに，電気料金の届出制，自家用施設の主任技術者制度，一般の人に対する規制などが定められており，電気事業の保護助長と公益上及び保安上の監督を含むものであった。しかし，この法律では供給区域の重複が禁止されておらず，後に需要家獲得による混乱を招くことになった。

この時代には，電気事業法の保護助長政策もあって，大規模な送電網が次第に全国に広がった。大正 12 年（1923 年）には 154 kV の送電線路が出現し，これは，昭和 27 年（1952 年）に 275 kV の超高圧送電線路が出現するまで電力系統の骨格として重要な役割を果たしてきた。

一方，大正 7 年（1918 年）に第一次世界大戦が終わった反動で世界的な経済恐慌となり，不景気となった。そこで電気事業においても需要家の奪い合いが始まり，他の電気事業者の供給区域に電気を供給するなどの事態が発生したため，送配電線路の重複設備が多くなって，その結果，経営が苦しくなり，電気事業者間においても吸収合併などが行われた。

この社会情勢に対処して，昭和 6 年（1931 年）には**電気事業法の全文が改正**（法律第 61 号）され，電気設備の統合，料金の認可，会計の整理などについて規定された。

（4）　電力統制による国家管理時代

しかし実態としては，昭和 6 年（1931 年）ごろは，供給力の 60 % は 5 大電力会社* が占めていたとはいえ，電気事業者の数は 800 ほどもあり，企業間の競争は激しく，電気事業の一元的な体制にはほど遠いものであった。一方，このころ勃発した満州事変や昭和 12 年（1937 年）に勃発した日中戦争により戦時体制強化が叫ばれ，また英・米・ドイツ・ソ連などの諸外国では総合的なむだのない開発が行われている状態に刺激されて，電気事業の統制が論議され始め，政府は昭和 12 年（1937 年）12 月 17 日に**電力国策要綱**を決定した。

これに基づいて，**電力管理法**（法律第 76 号）が昭和 13 年（1938 年）に成立し，この法律と日本発送電株式会社法（法律第 77 号）により，昭和 14 年（1939 年）に**日本発送電株式会社**という特殊会社が設立され，発送電事業を一元的に行うこととなり，既設の民間の主要な水・火力発電設備と送変電設備は，この会社に強制的に出資の形で提出させられた。

一方，配電事業については，発送電部門の国家管理に対応して，昭和 16 年（1941

*　当時の 5 大電力会社と呼ばれたものは，東京電燈・東邦電力・大同電力・日本電力・宇治川電気である。

年）に至り，**国家総動員法**に基づく命令として**配電統制令**（勅令第832号）が公布施行され，昭和17年（1942年）4月には400にものぼる配電会社は，9配電株式会社*に統合された。この9配電株式会社と日本発送電株式会社とあわせて国家管理体制は確立された。この9配電株式会社が現在の10電力株式会社の始まりである。

（5）　電力再編成時代（電力系統規模の拡大時代）

終戦とともに財閥の解体など，日本の戦争勢力の源を除くことを目的とする占領軍の政策により，戦時中統制集中された企業を分割する**過度経済力集中排除法**が施行され，電気事業もその指定を受け，日本発送電株式会社と9配電株式会社の体制を変更することになった。国内では，種々議論されたが，結局，占領軍総司令部の指令に基づく**ポツダム政令**として，**電気事業再編成令**（政令第342号）及び**公益事業令**（政令第343号）が定められた。これにより，電気事業はガス事業とともに法的に公益事業と呼ばれ，地域的独占を認められるとともに，民間より選出され，大臣によって任命された委員よりなる公益事業委員会の監督を受けることとなった。電気事業再編成令により，電力管理法及び日本発送電株式会社が廃止され，発送電と配電を一貫して行う新しい**9電力株式会社**が昭和26年（1951年）5月1日に誕生した。

このような過程でやや強制的に作られた体制は，ようやく復興期に入りつつあった産業の電力需要増加に対し，供給力の拡充に間に合わず，深刻な電力不足に陥り，新規水力電源の開発に努力が注がれた。再編成の翌年には，**電源開発促進法**（法律第283号）が国会に提出され成立した。これによって，民間企業のみでは開発困難な大規模水力地点の開発を国家資金によって行う特殊会社として，**電源開発株式会社**が設立された。現在まで，電源開発株式会社は，奥只見・田子倉などをはじめ，我が国有数の大水力地点の開発を行い，9電力株式会社とともにその役目を果たしてきた。昭和27年（1952年）に講和条約が成立し，ポツダム政

*　北海道，東北，関東，北陸，中部，関西，中国，四国，九州の9地区

令が失効したので，我が国の法律に基づく電気事業の取締法規が必要となった。しかし，公益事業令に代わって新しい法律が国会提案に至らなかったため，**電気及びガスに関する臨時措置に関する法律**（法律第341号）を定め，新しい法律ができるまでは，公益事業令の内容をそのまま有効とする措置がとられた。なお，公益事業令の電気設備の保安に関する規制は，旧電気事業法の内容をそのまま規定の内容としていたので，結局，昭和40年（1965年）に現行の電気事業法が施行されるまで，**保安規制**は昭和6年（1931年）に定められた旧電気事業法の内容が有効とされてきたわけである。

（6）　昭和40年電気事業法と広域運営時代

昭和26年（1951年）に現行の9電力体制は発足したが，その後，我が国では効率のよい新鋭火力発電所の出現に伴い，火力の発電原価が非常に低下し，火主水従の時代になった。このため，水力発電の多い会社とそうでない会社との間に格差が現れ，水力が主である会社では電気料金値上げが行われてきた。

このような体制は，現行の9電力体制にも問題があるのではないかという批判的な意見もあり，電力国有化ということも考えられたが，しかし，9電力株式会社がそれぞれ企業努力することによって最も合理的な運営をすることが，電気事業の将来のためによりよい形態であることが確認された。そして，9電力株式会社の形態を前提として，会社間の格差をできるだけなくすため，**広域運営方式**が打ち出された。これは，電力需給面と電源開発面において，各社があたかも全国一社化したような考え方に基づいて運用を行おうとするものである。

また，電気の供給も量より質の時代に入り，サービスの向上が叫ばれ始めた。一方，電気保安面の取締りは，昭和6年（1931年）当時の電気事業法によって行っていたため，現在にふさわしくないものとなってきた。

以上のような広域運営の推進，サービスの向上，電気保安行政の合理化ということを柱に新しい電気事業法が昭和39年（1964年）に成立し，昭和40年（1965年）7月より施行され，この法律は，次の（7）項で述べる同法の大幅改正時まで続いた。

(7) 平成7年の電気事業法の改正と規制緩和

平成7年（1995年）4月に，31年ぶりという電気事業法の大改正が行われ，その後関係政省令が平成7年10月18日に公布され，同12月1日より施行された。この改正は，我が国の経済が転換期を迎えるなかで，経済構造の変革が強く求められ，安定供給の確保を最優先とした公的規制がなされたエネルギー分野においても規制緩和の要請が大きくなったことに対応して行われた。

改正の趣旨は，近年の電力需要の増大，電気に係る技術の進歩等電気事業を巡る諸情勢の変化を踏まえて，安定供給の確保や効率的な電力供給体制の構築の必要性から改正するものとされ，改正の骨子は，①発電部門への新規参入の拡大，②特定供給電気事業制度の創設，③料金規制の改善，④自己責任の明確化による保安規制の合理化が掲げられている。

この改正の目玉としては，発電設備をもち，電力会社へ売電をすることが容易になったこと，また離れた地域の需要家に電力会社の設備により電力託送ができるようになったこと，特定地点において需要家に電気を供給することが容易になったこと，太陽発電等小規模なものは一般用電気工作物となるなど，保安規制が緩和されたこと，電気設備の新設や変更の工事の認可や使用前検査が大幅に緩和されたこと等が掲げられる。

(8) 平成11年の電気事業法の改正と規制緩和

平成11年（1999年）の電気事業法の改正は，平成7年（1995年）に次ぐ大きな法改正で，改正は2つの法律によって行われた。その1つは「電気事業法及びガス事業法の一部を改正する法律」であり，もう1つは「通商産業省関係の基準・認証制度等の整理及び合理化に関する法律」である。

前者による改正内容は，電気の小売の一部自由化に対応するものであり，特定規模電気事業者による**特定規模需要*** への託送による電力販売が認められたこと

* 特定規模需要：平成12年（2000年）3月時点で特別高圧受電で，2 000 kW 以上の需要家。沖縄では，6万V受電で20 000 kW 以上の需要家。その後，範囲拡大が行われ，平成17年（2005年）4月からは50 kW 以上の高圧需要家までとなっている。

である。後者によるものは，原子力発電所や特殊な発電所に係るものを除き，電気工作物の工事計画の認可制から届出制になったことや使用前検査，定期検査が官庁検査から自主検査によることになったことである。

このような大幅な規制緩和による安全性の低下を補完するため「安全管理審査制度」が導入された。

(9) 原子力発電工作物の保安規制の移行に伴う関係法令の改正

原子力発電工作物の保安規制が，経済産業省から原子力規制委員会に移行するに伴い電気事業法が改正され，電気事業法において「経済産業省令」は「主務省令」に，「経済産業大臣」は「主務大臣」となる改正が行われた。同法第113条の2において主務大臣は「原子力発電工作物に関する事項は原子力規制委員会及び経済産業大臣，その他の事項は経済産業大臣」と定められた。

これに伴い電気事業法の関係政省令も改正され，原子力発電工作物に関する保安規制に係る部分は電気事業法施行規則や電気工作物技術基準から削除された。削除された規制の内容は新たに原子力発電工作物の保安に関する省令等に規定され公布された。

(10) 小売及び発電の全面自由化と電気事業類型の見直し

平成25年（2013年）4月2日に閣議決定された「電力システムに関する改革方針」の，①電気小売業の自由化，②電力の安定確保のための措置，③需要家保護のための措置に基づき，平成25年11月にその第一段階として「広域的運営推進のための措置と需給逼迫時の備えの強化」等の改正が行われた。平成26年（2014年）6月の改正は，上記を目的として大幅な法改正が行われ，小売参入の全面自由化については平成28年（2016年）4月1日に次のような改正が行われている。

a） 電気の小売業への参入規制（地域独占）の撤廃 受電電力50 kW未満の需要家にのみ供給は自由化され，一般電気事業者及び特定規模電気事業者から供給を受けることができたが，平成28年4月からすべての需要家が登録を受けた小売電気事業者を選択して電気の供給を受けることが可能となる。

b）　自由化に伴う電気事業の類型の見直し　　小売参入の全面自由化により，従来の電気事業法の「一般電気事業」，「特定規模電気事業」といった区別がなくなり，新たに電気事業として**小売電気事業，一般送配電事業，送電事業，配電事業，特定送配電事業，発電事業**及び**特定卸供給事業**の７つの事業に分類された。各電力会社は，令和２年（2020年）４月までに会社の分割を完了している。東京電力と中部電力は発電会社，送配電会社及び小売電力会社に分割され，それぞれの会社の株式は持ち株会社が有している。その他の電力会社は発電と小売を行う会社が親会社として設立され，その会社の子会社として送配電会社が設立されている。沖縄電力は，経済産業省の認可を受けてこれらの事業会社の分割は行われない。

また，小売全面自由化等の改革を進めるに当たり，安定供給の確保に万全を期すために次の措置が講じられる。

① 一般送配電事業者（従来の一般電気事業者の送配電部門）に対し，安定供給を確保するため，従来制度と同様の地域指定と料金規制が当分の間行われる。

② 小売電気事業者に対し，自らの顧客需要に応ずるために必要な供給力を確保義務を課す。

広域的運営推進機関の業務として，新たに，発電所設置に関する入札の実施の業務が追加された。これにより将来的に日本全体で供給力が不足すると見込まれる場合に備えたセーフティネットとして，同機関が発電所の建設者を公募する仕組みが追加された。

1.5　電気事業法の目的と事業規制

1.5.1　電気事業法の目的

電気事業法の目的は，次のように定められている（法第１条）。「電気事業の運営を適正かつ合理的ならしめることによって，電気の使用者の利益を保護し，及び電気事業の健全な発達を図るとともに，電気工作物の工事，維持及び運用を規制することによって，公共の安全を確保し，及び環境の保全を図ることを目的とする。」この規定は，目的が事業規制と保安規制の2つあることを明確にしている。

a）　事業規制　目的の1つは，「電気事業の運営を適正かつ合理的ならしめる」ことによって，「電気の使用者の利益を保護」するとともに「電気事業の健全な発達を図る」ことである。すなわち，1.3.2項において述べたように，電気は国民生活及び国民経済上不可欠なエネルギーであるから，これを安い価格で豊富に安定して供給することが重要であり，電気事業が公正に行われるように事業の規制をする必要があることを規定している。これを**事業規制**という。

b）　保安規制　次の目的は，「電気工作物の工事，維持及び運用を規制する」ことによって，「公共の安全を確保し，環境の保全を図る」ことである。すなわち，1.2節（2）項の「電気施設の保安に関する法律の必要性」において述べたように，電気工作物は本質的に危険性を有するものであるので，その保安に関する法規制を加える必要があることを規定している。これを**保安規制**という。

このように，電気事業法には，事業規制と保安規制の2つの目的がある。事業規制については次の1.5.2項で述べ，保安及び環境保全の規制については第2章で述べることにする。

1.5.2　電気事業規制

電気事業法における事業規制は，目的にもあるように，独占的企業が消費者に不当な不利益を与えないようにすることと，電気事業自身の発達を図るという両面をもっており，規制の主要な点はこの観点から行われている。しかし，平成7年（1995年）及び平成11年（1999年）の電気事業法の改正では，1.4節の（7）項及び（8）項で述べたように，安定供給の確保を最優先として公的規制がなされた電気事業においても諸規制の緩和により競争原理を導入し，一層の効率的な電力供給を図る観点から電力の販売の自由化も認められ，事業規制も大幅に見直された。さらに平成26年（2014年）6月の改正では，この方針が一層推進され電気販売の全面自由化とこれに伴う電気事業の類型の整理・変更がされた。

事業規制の内容は，事業の創業・廃止などに関するもの，供給条件及び会社間の電力融通など業務運営に関するもの，災害時の電気供給体制の確保に関するもの，会計及び財務に関するものに分けることができ，さらに測量などのための他人の土地使用など公益的特権に関するものがある。

(1)　事業の創業・廃止などの許可・届出等

電気事業は公益性が強く，その事業は永続性と電気利用者の利益に反するものであってはならない。この点からの電気事業の創業に当たっては経済産業大臣の許可や届出及び登録の規制が行われている。

これらの規制は，1.3.1 項の「電気事業の種類」においても紹介したが，事業の許可は一般送配電事業者，送電事業者と配電事業者に，事業の届出は特定送配電事業者，発電事業者と特定卸供給事業者にそれぞれ課されている。小売電気事業者に対しては，登録の義務が課されている（法第 2 条の 2，第 3 条，第 27 条の 4，第 27 条の 12 の 2，第 27 条の 13，第 27 条の 27，第 27 条の 30）。

許可の基準としては，事業により多少異なるが各事業に共通している基準としては，それぞれの事業の開始が供給しようとしている区域の需要に対し適合していること，経理的基礎及び技術的能力があること及び計画が確実であることが定められている（法第 5 条，第 27 条の 6）。

その他，一般送配電事業者の場合は，1 つの供給区域に多数の企業が乱立して設備過剰にならないこと，送電事業の場合は，一般送配電事業者の供給区域内の電気使用者の利益が阻害されないことが許可の基準として定められている。

各電気事業の許可に当たっては，公共の利益の観点から適切であるかもチェックされる。許可された場合には**許可証**が交付され，これに供給区域または供給地点及び供給施設の能力などが明記される（法第 6 条，第 27 条の 7）。

事業の許可を受けた一般送配電事業者及び送電事業者は，事業の許可を受けた日から 10 年以内において，経済産業大臣から指定された期間内に電気工作物を設置して，事業を開始する義務がある（法第 7 条，第 27 条の 8）。

さらに一般送配電事業者及び送電事業者には，電気事業を他に譲り渡したり譲り受けた場合，電気事業者と合併したりする場合や電気事業を休止または廃止する場合は，経済産業大臣の認可を必要とするほか，電気事業用の設備を譲り渡す場合は同大臣に届け出る必要がある（法第10条，第13条，第14条，第27条の12）。

一般送配電事業者及び送電事業者は小売電気事業又は発電事業を兼ねることはできないとされている兼業の制限が令和2年（2020年）4月1日から実施されている。このほか一般送配電事業者及び送電事業者の取締役，執行役員又は従業者が特定関係事業者（一般送配電事業者の子会社・親会社等の小売電気事業者及び発電事業者その他経済産業省令で定める要件の該当する者）の取締役を兼務することを禁止している（法第22条の2，第22条の3，第27条の11の2，第27条の11の3）。ただし，経済産業省で定める認可を受けた場合や同省令で定める例外規定に該当する場合は，これらの規定によらなくてもよいとされている（施行規則第33条の2，第33条の4，第44条の2，第44条の4，第44条の5）。

経済産業大臣には，一般送配電事業及び送電事業者が電気事業法やこの法律に基づく命令に違反した場合で，公共の利益を阻害すると認められるときは，電気事業の許可を取り消したり，一般送配電事業の場合は供給区域を減少したりすることができる権限が与えられている（法第15条，第16条，第27条の8）。

小売電気事業者や特定送配電事業者にも，事業を休止，廃止又は解散するとき，事業の譲渡や合併をするときは，経済産業大臣に届出をする必要がある（法第2条の8，第27条の25）。

電気を供給する事業は，電気事業者だけでなく，専ら1つの建物内だけに電気を供給する場合や，小売電気事業，一般送配電事業，配電事業，特定送配電事業又は特定卸供給事業の用に供する電気を供給の場合は認められるが，これら以外の場合には経済産業大臣の許可を受ける必要がある（法第27条の33）。

（2）　電気の供給に関する規制

平成26年（2014年）6月の電気事業法の改正の主要点は，需要家にできるだけ安い電気を安定して供給するかである。そのため小売りと発電の事業において全面自由化が行われ競争原理が導入されている。ただし，電気の安定供給の面と質の面から各電気事業には各種の義務が課せられている。

a）　小売電気事業者の供給に係る規制　　平成28年（2016年）4月から電気の

小売りの全面自由化が実施され，需要家は多くの登録された小売電気事業者から選択して電気の供給を受けることができるようになった。小売電気事業者には，需要に応じることができる供給力を確保すること及び供給に際しては供給条件の説明が義務付けられている（法第2条の12，第2条の13）。

小売電気事業者には電気料金の規制は課されておらず自由に決めることはできるが，この事業に発電事業者等から託送された電気を供給している一般送配電事業者に託送料金を支払う必要があり，この託送料金には次で述べるようにその他の供給条件とともに経済産業大臣による認可を必要とし，自由に決めることはできない（法第18条）。

b）　一般送配電事業者の供給に係る規制　　一般送配電事業者は，既に述べたように，従来の一般電気事業者の送電線，変電所及び配電線等を受け継いだ事業として電気事業の中核を形成する事業であり，供給に関しても各種の規制が行われている。

- **託送供給等約款の認可等**　　一般送配電事業者には発電事業者等からの電気を小売電気事業者等への**託送供給**，**電力量調整供給**，**最終保障供給**及び**離島供給**に応ずる義務が課せられている（法第17条）。託送供給と電力量調整供給に係る料金その他の供給条件について「託送供給等約款」を定めて経済産業大臣の認可を受ける必要がある。この託送供給等約款により託送供給が行われるが，この約款によれない特別な事情がある場合は経済産業大臣の認可を受けた料金等により供給することが認められている（法第18条）。最終保障供給及び離島供給についてもそれぞれ料金その他の供給条件に係る約款を定めて経済産業大臣に届け出る必要がある（法第20条，第21条）。

c）　電気供給支障対策と設備台帳の作成　　一般送配電事業者及び送電事業者には，電気供給支障を除去する修理その他の対策をすること及び電気工作物の設置時期，耐用年数等を記載した台帳を作成しこれを計画的に更新する義務が課せられている（法第26条の2，第26条の3，第27条の12）。また，電気工作物台帳の記載事項は，電気工作物の表記事項及び図面等については，施行規則第40条の2，第40条の3において詳細に規定されている。

d）送電事業者の供給に係る規制　送電事業者は，一般送配電事業者及び配電事業者と振替供給の約束をしている場合には，正当な理由がない限り，振替供給を拒むことはできないとともに，その供給の料金その他の供給条件を定めた約款を経済産業大臣に届ける必要がある発電機を有している者から送電線に接続を求められた場合は，電気的・磁気的障害があることなどの正当な理由のない限り接続を拒むことはできない（法第27条の10，第27条の11）。

e）特定送配電事業者の供給に係る規制　特定送配電事業者には，小売電気事業者，一般送配電事業者又は配電事業者と託送供給の約束をしている場合は，正当な理由がない限り，これを拒むことはできない（法第27条の14）。そのほか，供給能力の確保，供給条件の説明等については小売電気事業者と同様な規制がされている（法第27条の26）。

f）発電事業者の供給に係る規制　発電事業者には，一般送配電事業者及び配電事業者と電気の供給を約束している場合は，正当な理由がない限り，これを拒むことはできない（法第27条の28）。

g）電圧と周波数の維持　供給業務に関連した規制で重要なのは，需要家が受電する電気の電圧及び周波数に大きな変動がないことである。一般送配電事業者は，その供給する電気の電圧及び周波数の値を経済産業省令で定める値に維持するように努めなければならないとされており，また，その供給する電気の電圧及び周波数を測定し，その結果を記録し，これを保存する義務がある。電圧及び周波数の維持は，具体的には，周波数を50 Hz又は60 Hzに，電圧を100 V供給では101 V±6 Vの範囲に，200 V供給では202±20 Vの範囲におさめるように努めることが定められている（法第26条，施行規則第38条）。

（3）広域的運営

a）広域運営の推進　現在の電力系統が全国的な規模で運用される大きさに達しているため，各社が自社の利益のみを追求して運用した場合にはむだが多い。このために全電気事業者に電源開発や電気の供給，設備の運用について特定自家用電気工作物の設置者の能力を適切に活用しつつ，総合的に行うよう相互に協調することを義務付けている（法第28条）。

b） 特定自家用電気工作物の活用　広域的運営による電気の安定供給を確保するためにすべての電気事業者が協力することは当然であるが，電力需給が逼迫した場合に協力してもらうために出力1 000 kW以上の発電設備（太陽電池発電設備と風力発電設備を除く）を有している自家用電気工作物の設置者を特定自家用電気工作物の設置者として経済産業大臣に届けることが規定されている（法第28条の3）。

c） 広域的運営推進機関　広域的運営推進機関は，電気事業者が営む電気事業に係る電気の需給の状況の監視及び電気事業者に対する電気の需給の状況が悪化した他の小売電気事業者，一般送配電事業者，配電事業者又は特定送配電事業者への電気の供給の指示等の業務を行うことにより，電気事業の遂行に当たっての広域的運営を推進することを目的として設立された機関である（法第28条）。この機関の会員は，電気事業者に限定されており，業務は，需給状況の監視，需給逼迫時の会員に対する指示，卸電力取引所より納付された広域系統整備交付金の交付業務，送配電等業務指針の策定，電気事業者からの苦情の処理や指導・勧告等である。この機関には「支援業務規程」を定め，経済産業大臣の認可を受ける義務があるほか，毎年度ごとに事業計画や収支予算について経済産業大臣に提出するなど各種の義務が法律により課せられている（法第28条の4）。

d） 供給計画　電気事業の供給計画が広域的運営による電気の安定供給の確保に総合的かつ合理的な発達を図るため電気事業者は，経済産業省令で定めるところにより，毎年度経済産業省令で定める期間における電気の供給並びに電気工作物の設置及び運用についての計画（以下「供給計画」という）を作成し，推進機関を経由して経済産業大臣に届け出る義務がある。推進機関は，これを取りまとめ，送配電等業務指針及びその業務の実施を通じて得られた知見に照らして検討するとともに，意見があるときは当該意見を付して，当該年度の開始前に経済産業大臣に送付しなければならない（法第29条）。経済産業大臣は，電気の安定供給を確保することが困難であると認められる場合は，特定自家用電気工作物設置者に対し，小売電気事業者に電気を供給することその他の電気の安定供給を確保するために必要な措置をとるべきことを勧告することができる（法第31条）。

e）電気の使用制限等　経済産業大臣は，電気の需給の調整を行わなければ電気の供給の不足が国民経済及び国民生活に悪影響を及ぼし，公共の利益を阻害するおそれがあると認められるときは，その事態を克服するため必要な限度において，政令で定めるところにより，使用電力量の限度，使用最大電力の限度，用途若しくは使用を停止すべき日時を定めて，小売電気事業者，一般送配電事業者若しくは登録特定送配電事業者（以下「小売電気事業者等」という）から電気の供給を受ける者に対し，電気の使用を制限すべきこと又は受電電力の容量の限度を定めて，小売電気事業者等から電気の供給を受ける者に対し，受電を制限すべきことを命じ，又は勧告することができるほか，政令で定めるところにより，小売電気事業者等から電気の供給を受ける者に対し，電気の使用の状況その他必要な事項について報告を求めることができる（法第34条の2）。

（4）災害時の電気供給体制の確保

令和2年（2020年）6月12日の電気事業法の改正により，一般送配電事業者に対して災害により電気の安定供給の確保に支障が生じた場合に備えるため一般送配電事業者相互の連携に関する計画（災害時連携計画）を作成し，その計画を広域的運営推進機関を経由して，経済産業大臣に届け出ることが義務付けられた（法第33条の2）。災害時連携計画を策定する場合の記載事項，届出の様式は施行規則第47条の2，第47条の3において詳細に規定されている。

また，一般送配電事業者及び送電事業者に対しては，電気供給の支障を除去する修理その他の対策をすること及び電気工作物の設置時期，耐用年数等を記載した設備台帳を作成し，これを計画的に更新する義務も課せられている（法第26条の2，法第26条の3）。

（5）会計及び財務に関する規制

一般送配電事業者，送配電事業者，配電事業者及び発電事業者には，経済産業省令で定めるところにより，その事業年度並びに勘定科目の分類及び貸借対照表，損益計算書その他の財務計算に関する諸表の様式を定め，その会計を整理し，毎事業年度終了後経済産業大臣に提出しなければならないことが義務付けられている（法第27条の2，第27条の12，第27条の12の13，第27条の29）。

一般送配電事業者には，上記のほか一般送配電事業以外の事業を営む場合には，経済産業省令で定めるところにより，一般送配電事業の業務その他変電，送電及び配電に係る業務に関する会計を整理し，整理の結果を公表することが義務付けられている（法第22条）。

一般送配電事業者と発電事業者の会計・財務において特徴的なことは，巨大な設備産業であり，巨額の固定資産とその償却費を要し，新しい設備投資のために大きな資金の蓄積あるいは調達を必要とすることである。電気事業法では，経済産業大臣は必要な資金が企業内部から流出することを防止するため減価償却・積立金・引当金に関する命令を出すことができるように定めている（法第27条の3，第27条の29）。

(6) 環境影響評価法による手続

環境影響評価法は，規模が大きく環境影響の程度が著しいものとなるおそれがある事業に対し，環境影響評価が適切かつ円滑に行われるための手続と，その他の所要の事項を定めている。事業は規模の大きさにより「第1種事業」と「第2種事業」に分けられ，第1種事業の場合はすべてのもの，第2種事業の場合は環境影響の程度が著しいものとなるおそれがある判定を受けたものが，環境影響評価の対象となる。電気事業法では，環境影響評価法による手続のほか，経済産業大臣あての手続や環境影響評価法によらない手続を定めている（法第46条の2～第46条の22）。

電気工作物では，第1種事業の対象になる設備は，原子力発電所，3万kW以上の水力発電所，15万kW以上の火力発電所，1万kW以上の地熱発電所，4万kW以上の太陽電池発電所及び5万kW以上の風力発電所である。第2種事業の対象となる設備は，2.25万kW以上3万kW未満の水力発電所，11.25万kW以上15万kW未満の火力発電所及び0.75万kW以上1万kW未満の地熱発電所，

3万 kW 以上4万 kW 未満の太陽電池発電所及び3.75万 kW 以上5万 kW 未満の風力発電所が対象となっている。

a）　環境影響評価のための方法書などの作成　環境影響評価に当たっては，方法書の作成，準備書及び評価書の作成が義務付けられている。方法書は，発電所の計画概要，調査項目・内容，調査方法を記載したもので，経済産業大臣に提出するとともに，関係地方公共団体や地域住民らに送付，1か月縦覧することになっている。準備書及び評価書には事業に伴う環境影響の程度を客観的に記載するとともに，環境保全対策の検討の経過も記載することになっている。

b）　住民関与　電源立地に当たっては，地元住民の理解と協力が不可欠であることから，方法書・準備書に対し地域住民の意見提出の機会が得られるよう方法書・準備書の公告，縦覧及び説明会を行う必要がある。

c）　評価の審査　電気工作物の場合は，主務官庁である経済産業大臣による環境審査に加え，都道府県知事が地域の立場から意見を述べること及び環境大臣が必要に応じて意見が述べられることになっている。

準備書面の審査期間は経済産業大臣が準備書を受けた日から270日，都道府県知事は住民らの意見の概要及びそれに対する事業者の見解書を受けた日から120日となっている。

（7）　土地等の使用

小売電気事業及び特定卸供給事業以外の電気事業者は，他の産業とは異なり，送配電線路が広範囲な地域にわたって施設されるため，電気供給の義務を円滑に果たすためには，その建設及び維持管理に当たって，他人の土地へ立ち入ったり，一時的に土地を使用したり，植物を伐採するなどの必要が生ずる。これらについては，小売電気事業及び特定卸供給事業以外の電気事業者に特権を認めるとともに所有者の利益を確保する必要があり，次のような規定が設けられている。

a）　他人の土地への立ち入り，植物の伐採，通行及び一時使用　電気工作物の施設に関する測量や実地調査のため，他人の土地へ立ち入ったり，植物がその支障になるような場合あるいは電線路の保守上から，植物が障害を及ぼす場合には，その所有者の承諾が得られないときであっても，経済産業大臣の許可を受けて立ち入りや伐採を行うことができる。ただし，通常の場合あらかじめ所有者に通知することが必要である（法第59条，第61条）。

また，電線路の工事施行上必要な資材置場・作業場などの設置をするために他人の土地を6か月以内の期間一時的に使用する場合も，ほぼ同様に経済産業大臣の許可を受けて行うことができる（法第58条）。さらに，電線路の工事・保守のため，他人の土地を通行するだけの場合は，土地などの占有者に通知して通行することができる（法第60条）。

以上の特権を行使したことによって土地や植物に損失を生じたときは，損失を受けた者に対して，電気事業者は，これを補償しなければならない。補償について協議が整わなかったり，協議自体ができないようなときは，都道府県知事に裁定を申請することができる（法第62条，第63条）。

b）　公共用の土地の使用　　道路，橋，溝，河川，堤防等は，いずれも公共の用に供せられているものであって，それぞれ管理者がその使用について監督している。電気事業者は，このような所を使用する必要がきわめて多い。その使用は，管理者の許可を受けて行うことができる旨が定められており，管理者は正当な理由がなければこれを拒めないことになっている。なお,管理者が不当に拒んだり,使用料が適正でないときには，主務大臣に申請すれば，主務大臣は電気事業を監督している経済産業大臣と協議して，使用を許可したり，使用料を定めたりすることができる（法第65条）。

（8）　その他

a）　報告徴収・立入検査等　　経済産業大臣は，電気事業の運営を適正かつ合理的にさせるために必要があると認めるときは，電気事業者に対し，その業務又は経理の状況を報告させたり，電気事業者の事業場等を経済産業省の職員に立入検査を行わせたりすることができる。また，経済産業大臣は，毎年，一般送配電事業者，送電事業者及び配電事業者の業務及び経理の監査をしなければならないことになっている（法第105条～第107条）。

b）聴聞制度　聴聞は利害関係人だけから意見を聞くもので，例えば，供給区域の減少を認可する場合などに行われる。このほか，経済産業大臣の処分に対する異議申立てがあったときにも聴聞が行われる（法第108条）。

以上が電気事業の規制であるが，一般消費者の利益を守る立場から経済産業大臣による許・認可や命令権があり，また，電気事業の公共性のために，他産業あるいは他人との利益の調和を図らせ，円滑な供給を確保させるためのものであることが理解できたであろう。

1.6 計　量　法

電気の計量に関する法律の必要なことは，すでに1.2節(3)項において述べたとおりである。電気の計量に関しては，明治43年（1910年）に制定された**電気測定法**により長い間規制が行われてきたが，昭和41年（1966年）からは**計量法**（平成4年（1992年），法律51号）により規制が行われている。この法律の目的は，計量の基準を定め，適正な計量の実施を確保して経済の発展及び文化の向上に寄与することとされている（法第1条）。電気関係のおもな内容は次のとおりである。

1.6.1 計量単位の規制

計量とは，計量法第2条第1項第一号に示された長さ，質量，時間，電流，温度等の「物象の状態の量」を計ることとされており，**計量単位**とは計量の基準となるものをいうと定義されている。計量単位は，同法第3条に基づく別表第一に規定されており，その定義は，国際度量衡総会の決議その他の計量単位に関する国際的な決定及び慣行に従い，計量単位令で定められている。これを**法定計量単位**という。

計量法では，特に区分されていないが，国際単位では，基本単位，誘導単位，組立単位など単位を区分して理解しやすくしている。

基本単位としては，長さ〔m〕，質量〔kg〕，時間〔s〕，電流〔A〕，温度〔K〕，物質量〔mol〕，光度〔cd〕があり，それぞれ〔　〕内の単位が定められている。電流の定義については令和元年（2019年）5月の計量単位令改正により，次のように定められた。

アンペアは「電気素量を1.602 176 634×10^{-19}クーロンとすることによって定まる電流」，すなわち1アンペアは，毎秒1クーロンの電荷を流すような電流であるとされた。また，交流の電流においては，前述のアンペアの定義で直流により表した電流の瞬時値の2乗の1周期平均の平方根が定義のアンペアに等しい電流とする（法第3条，計量単位令第2条）。

誘導単位としては，面積〔m^2〕，体積〔m^3〕などのほか，電力量〔W･sまたはJ〕，電力〔W〕，電圧〔V〕，電気抵抗〔Ω〕，無効電力量〔var･s〕などが定められている。このほか，計量単位に使用する補助計量単位についても定められていて，例えば，W･s（ワット秒）の補助計量単位はWh（ワット時），c/s（サイクル毎秒），c（サイクル）またはHz（ヘルツ）の補助計量単位はrpm（回毎分）及びrph（回毎時）などと定められている（法第4条，計量単位令第3条）。

1.6.2　計量単位及び計量器の使用規制

法第2条に掲げられている「物象の状態の量」を取引または証明* する場合には，法定計量単位を使用することが義務付けられている（法第8条）。

取引若しくは証明における計量に使用され，又は主として一般消費者の生活の用に供される計量器のうち，適正な計量の実施を確保するために，その構造又は器差に係る基準を必要とするものを「**特定計量器**」として規制を行っている（法第2条第4項，施行令第2条）。

電気関係の計量器としては**電力量計**，**最大需要電力計**及び**無効電力量計**が定められ，これら計量器で次のいずれかに該当するものは取引上又は証明上の計量に使用したり，又使用に供するために所持してはならない（法第16条）。

---

*　計量法では，「取引」とは，有償，無償を問わず，物又は役務の給付を目的とする業務上の行為をいい，「証明」とは，公に又は業務上，他人に一定の事実が真実である旨を表明することをいう（法第2条第2項）。

① 検定証印又は比較検査証印が付されていないもの

② 検定に合格したもので，検定の有効期間を経過したもの

③ 変成器とともに使用される計器にあっては，検定の合番号が付いている変成器と組み合わされて使用されていないもの

また，公害関係の測定機器では，騒音計やSO_2，CO，NOの測定を行う**非分散赤外線濃度計**のうち煙道など高濃度を測定する機器が規制対象となっている。

1.6.3 計量器の製造事業及び修理事業等の規制

消費者に正しい計量器を供給するため計量器の製造や修理の事業についても規制が行われている。まず，計量器の製造事業や修理事業を行おうとする者は，経済産業省令（計量器関係事業規制）で定める事業の区分に従って，経済産業大臣に名称，住所，事業区分，検査のための設備等の事項を届け出なければならない（法第40条，第46条）。

計量器を外国から輸入する者は，その輸入する計量器について，1.6.5項の型式承認を受ける。外国の計量器メーカーが日本向けの計量器を製造し，販売する場合は，メーカーが型式承認を受けることもできる。

1.6.4 計量器の検定

計量器は，目的に合った精度の良いもので，また，精度を良く保持できるものでなければならない。このため，計量器には検定制度があり，この制度は計量法の中心となるものである。電気計器の検定は，経済産業大臣又は日本電気計器検定所が行い，**検定の合格の条件**は，次のそれぞれに適合することである（法第70条，第71条）。

① 経済産業省令（計量器検定規則）で定める構造，材料の性質及び性能のものであること。

② その器差が政令（計量器検定令）で定める**検定公差**[*]を超えないこと。

---

* 法令で認められる計器の検定時の誤差の最大限度のこと。例えば，普通電力量計では，定格電流の1/5以上の電流において±2.0％である。

③　電気計器が変成器とともに使用される場合の誤差が政令（計量器検定令）で定める検定公差を超えないこと。

検定に合格すると**検定証印**が付される。この検定証印には，計量器の有効期間の満了の日が表示され，変成器付電気計器が検定に合格したときはその電気計器及びこれとともに使用される変成器に**合番号**が付される（法第 72 条）。

1.6.5　型式承認制度

すべての電気計器に対し，厳密な検定を行うには相当な手間がかかるので，固定的に定まるような構造，材料及び性能についての検査は，あらかじめ試験用計器を提出し，それらについて構造，材料及び性能を検査しておき，個々の計量器の検定に際しては，この検査を省略して，簡単な承認型式の適合性と器差の検査のみで検定の合理化を図るために型式承認制度が採用されている。型式承認は経済産業大臣又は日本電気計器検定所により与えられるが，型式承認を受けたものは 1.6.4 項の①の検査は省略される。

1.7　電源開発に関する法律

電気が国民生活にとって必要不可欠なエネルギーである以上，電気の供給源を十分確保し，また電気のない地域に電気を導入し普及を図ることは，国民生活の向上と経済の発展のために必要なことである。

安定した電力需給を維持確保していくためには，常に電源開発を進めていかなければならない。ところが近年の我が国の電源開発は，環境や安全に対する地元民の意識の高まりとともに最近は容易でない状況である。今後とも，我が国の社会経済の発展を維持していくためには，電源開発を促進していくとともに，原子力発電，風力発電など石油代替電源の開発を進め，電源を多様化していかなければならないが，このための法律として，表 1.2 のように，**電源三法（発電用施設周辺地域整備法，電源開発促進税法，特別会計に関する法律）**がある。

戦後の電源開発は，電源開発促進法により，電源開発株式会社が設立され，国

表 1.2　電源三法

法　律	発電用施設周辺地域整備法（昭和 49 年，法律第 78 号）	電源開発促進税法（昭和 49 年，法律第 79 号）	特別会計に関する法律（平成 19 年，法律第 23 号）
政　令	①　法の施行期日を定める政令（昭和 49 年，政令第 293 号） ②　発電用施設周辺地域整備法施行令(昭和 49 年, 政令第 293 号)	電源開発促進税法施行令（昭和 49 年, 政令第 339 号）	特別会計に関する法律施行令（平成 19 年，政令第 124 号）

の政策として開発も進められてきた。この電源開発促進法は平成 15 年（2003 年）6 月の法改正により，同年 10 月 2 日に廃止された。

1.7.1　発電用施設周辺地域整備法及び関係法（電源三法）

（1）　電源三法のねらい

電源三法のねらいは，電気の安定供給の確保が国民生活と経済活動にとってきわめて重要であることに鑑み，発電所建設による利益を地元に還元することによって，地域住民の理解と協力のもとに発電所の建設を円滑に進められるようにすることにある。このようなねらいとその手段については，**発電用施設周辺地域整備法**第 1 条に述べられている。すなわち，「発電用施設の周辺における公共用の施設の整備を促進することにより，地域住民の福祉の向上を図り，もって発電用施設の設置の円滑化に資することを目的」として，これらの事業を行うのに必要な財源を得るために「**電源開発促進税**」という新税が設けられ，またこれらの事業に関する政府の経理を明確にするために「**エネルギー対策特別会計電源開発促進勘定**」が新設された。

電源三法によって新しくでき上がったシステムの概要を示すと，図 1.1 のとおりである。発電所が設置される地点は，過疎地であることが多いが，発電所が設置されるのに伴い，公共施設の整備，住民生活の利便性向上事業及び産業の振興に寄与する事業等各種の事業が実施され，発電所を中心とした新しい村や町づくりを行うテコ入れとなり，地元住民から発電所の建設が喜ばれることが発電用施設周辺地域整備法のねらいである。

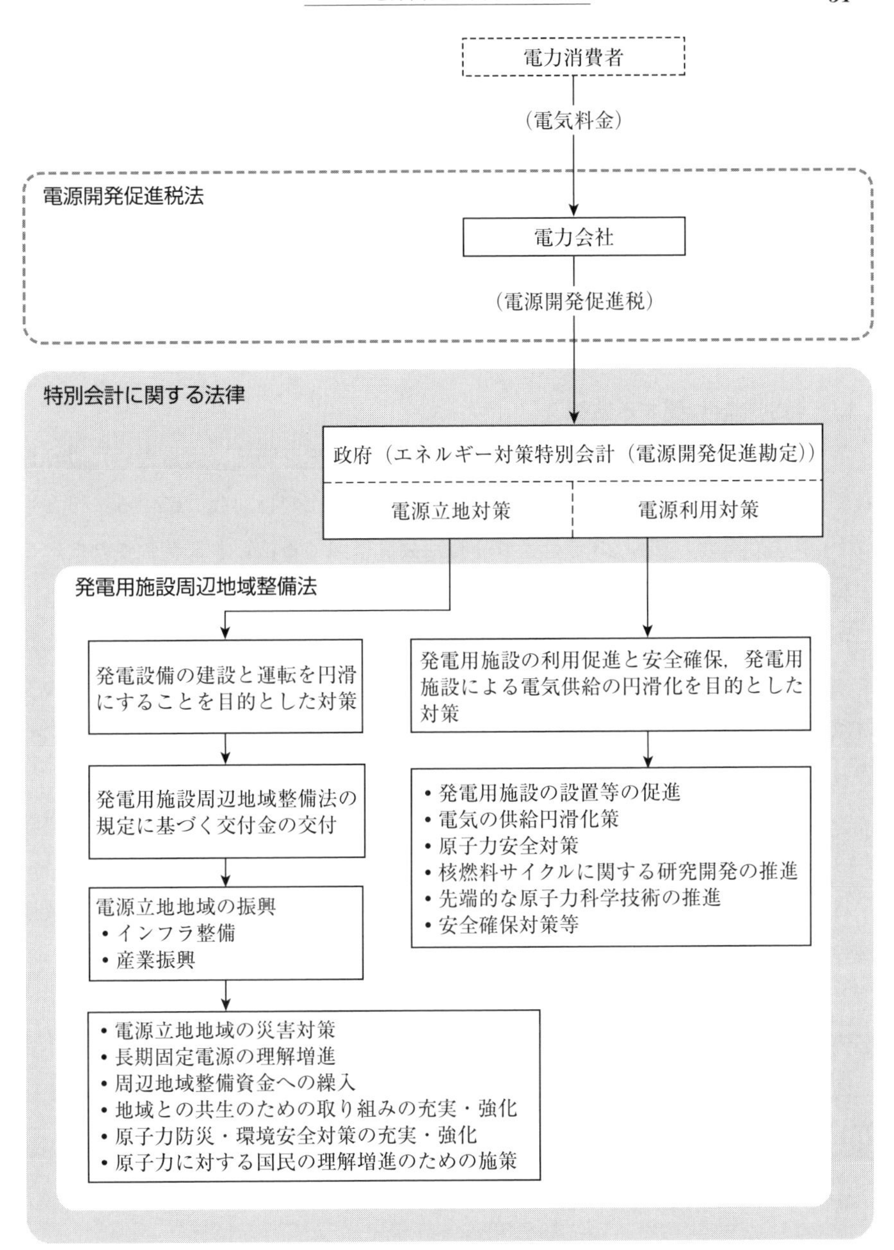

図 1.1　電源三法の制度と概要

(2)　電源開発促進税法

この法律は，一般送配電事業者及び配電事業者から電源開発促進税を徴収することを定めている。一般送配電事業者及び配電事業者が一般送配電事業，小売電気事業又は特定送配電事業として供給した販売電力量に応じて納付することと定められており，結局は電気料金として消費者に転嫁される。この税は国庫に納入され，発電所が建設される地点の周辺地域の住民の福祉や原子力発電の安全対策及び地熱発電の開発など電源の多様化対策に役立てられる。

(3)　特別会計に関する法律

電源開発促進税の収入を財源として行う政府の経理を明確にするために設けられていた「電源開発促進対策特別会計法」は，その他の特別会計に係る法律と平成19年（2007年）法律23号により「特別会計に関する法律」に統合された。この特別会計法の第2章第6節に「エネルギー対策特別会計」が設けられ，この中に電源立地対策と電源利用対策が制定されている。電源立地対策は発電所の建設と運転を円滑にすることを目的とした対策のための交付金及び安全対策のための財政上の措置，電源利用対策は，原子力，水力及び地熱の各発電を促進するための財政上の措置が決められている（図1.1参照）。

(4)　発電用施設周辺地域整備法

目的はすでに述べたとおりで，この目的に従って，国が地点を指定し，当該地域の都道府県知事が，周辺地域の公共施設の整備計画や住民生活の利便向上の事業計画又は産業振興計画を作成し国の承認を受ける。国はその整備計画の実施に必要な費用に当てるため，交付金の交付などの助成を行う。

同法には，対象となる発電用施設の規模（例えば，原子力発電と火力発電は35万kW以上，地熱は1万kW以上），地点の指定基準などが定められている。

1.8　再生可能エネルギー電気の利用の促進に関する特別措置法

平成 23 年（2011 年）3 月 11 日に発生した東日本大震災の地震と巨大津波により東京電力株式会社の福島第一原子力発電所から放出した放射能汚染は，原子力発電の存続に対し，国民的に大きな問題を提起した。

このような情勢下において太陽光発電や風力発電等をより積極的に推進させるための法律「電気事業者による再生可能エネルギー電気の調達に関する特別措置法（平成 23 年法律第 108 号，以下「再エネ特措法」という）」が平成 24 年（2012 年）7 月 1 日より施行された。この法律は令和 2 年（2020 年）6 月 12 日に改正され，法律名が「再生可能エネルギー電気の利用の促進に関する特別措置法」となり，再生可能エネルギー電気と市場取引により価格を定める制度など新しい制度が導入されて，令和 4 年（2022 年）4 月から運用されている。

1.8.1　法律の目的

この法律は，第 1 条（目的）に明示されているように，「再生可能エネルギー電気の市場取引等による供給を促進するための交付金その他の特別の措置を講ずること」とある。この法律では，再生可能エネルギー電気の価格，供給期間等について詳細に規定されている。

第 1 条　この法律は，エネルギー源としての再生可能エネルギー源を利用することが，内外の経済的社会的環境に応じたエネルギーの安定的かつ適切な供給の確保及びエネルギーの供給に係る環境への負荷の低減を図る上で重要となっていることに鑑み，再生可能エネルギー電気の市場取引等による供給を促進するための交付金その他の特別の措置を講ずることにより，電気についてエネルギー源としての再生可能エネルギー源の利用を促進し，もって我が国の国際競争力の強化及び我が国産業の振興，地域の活性化その他国民経済の健全な発展に寄与することを目的とする。

1.8.2 再生可能エネルギー発電設備

再生可能エネルギー発電設備とは，再エネ特措法第2条において，「再生可能エネルギー源を電気に変換する設備及びその附属設備」としており，再生可能エネルギー源として太陽光，風力，水力，地熱，バイオマス（動植物に由来する有機物でエネルギー源として利用することができるもの（原油，石油ガス，可燃性天然ガス及び石炭並びにこれらから製造される製品を除く）をいう）が掲げられている。そして再エネ特措法施行規則第3条において，この法律の対象となる再生可能エネルギー発電設備を太陽光，風力，地熱，水力及びバイオマス（一般木質バイオマス，農産物の収穫に伴って生じるバイオマス）の各発電設備に区分している。

1.8.3 調達価格と調達期間

再エネ特措法では，電気事業者が再生可能エネルギー発電設備設置者から買い取る電力価格を「**調達価格**」と表現しており，この価格により電気事業者は，調達期間の間，発電事業者から電気を買い取ることになる。この価格と期間は経済産業大臣が告示により定めている。価格については，電気の供給が効率的に実施された場合に要すると認められる費用とその電気の見込み量を基礎として，発電設備の設置者が受けるべき適正な利潤と費用その他の事情を勘案して定めることになっている（法第3条）。

調達価格は入札制度が導入されたことにより大幅に変更されている。表1.3と表1.4は2022年4月に，2023年度と2024年度について調達価格等算定委員会で「令和4年度以降の調達価格等に関する意見」においてとりまとめられた太陽発光電と風力発電の調達価格と調達期間（FIP制度の場合は交付期間）である。FIT制度の太陽光発電10 kW未満は調達価格，FIP制度は基準価格，入札制度適用区分は上限保存である。

表 1.3　太陽光発電の調達価格と調達期間
（1 kWh 当たり調達価格/基準価格）

	入札制度適用区分	50 kW 以上（入札制度対象外）	10 kW 以上 50 kW 未満	10 kW 未満
2021 年度（参考）	入札制度により決定（第 8 回 10.98 円，第 9 回 10.75 円，第 10 回 10.40 円，第 11 回 10.25 円）	11 円	12 円	19 円
2022 年度	入札制度により決定（第 12 回 10 円，第 13 回 9.88 円，第 14 回 9.75 円，第 15 回 9.63 円）	10 円	11 円	17 円
2023 年度	入札制度により決定	9.5 円	10 円	16 円
調達期間/交付期間	20 年間			10 年間

表 1.4　風力発電の調達価格と調達期間
（1 kWh 当たり調達価格/基準価格）

	陸上風力（入札制度適用区分）	陸上風力（入札制度対象外）	陸上風力（リプレース）	着床式洋上風力	浮体式洋上風力
2021 年度（参考）	入札制度により決定（第 1 回 17 円）	17 円	15 円	32 円	36 円
2022 年度	入札制度により決定（第 2 回 16 円）	16 円	14 円	29 円	36 円
2023 年度	入札制度により決定（15 円）	15 円	—	入札制度により決定	36 円
2024 年度	入札制度により決定（14 円）	14 円	—	入札制度により決定	36 円
調達価格/交付期間	20 年間				

1.8.4　供給価格の入札制度

供給価格の入札制度は，電気の使用者の負担の軽減を図るうえで有効である場合には，再生可能エネルギーの供給価格を適正にするため再生可能エネルギーの供給価格を入札により，次の項で述べている発電事業計画の認定をすることができる制度である（法第 4 条）。

経済産業大臣は，調達価格等算定委員会に諮り，再生可能エネルギー発電設備の入札対象となる設備，その出力，入札量等を定めた「入札実施指針」を定め，国会に報告する義務がある。入札に参加するものは再生可能エネルギー発電事業計画を作成し経済産業大臣に提出する必要がある（法第5条，第6条）。

経済産業大臣は，入札実施指針に定める入札量の範囲内で出力と供給価格を入札させ，低価の参加者から順次入札量に達するまで落札者として決定する（法第7条）。

1.8.5　再生可能エネルギー発電事業計画と認定基準

再生可能エネルギー電気を市場取引等により供給し，又は特定契約により電気事業者に供給する事業（再生可能エネルギー発電事業）を行おうとする者は，発電設備ごとに再生可能エネルギー発電事業計画を作成し，経済産業大臣の認定を申請することができる。この発電事業計画には，発電設備の設置場所，出力，管理方法，電気事業者の電線路と電気的な接続等必要な事項を記載することとされ，経済産業大臣は次の認定基準に適合しているかを審査してこの発電計画を認定することになる（法第9条）。

（1）　再生可能エネルギーの利用促進に係る認定基準のうち主なもの（法第9条第4項第一号，施行規則第5条第1項）

①　発電事業計画が明確かつ適切に定められていること。

②　再生可能エネルギー発電設備を適切に保守点検及び維持管理するために必要な体制を整備し実施するものであること。

③　電気事業者から電圧及び周波数を規定値に維持するために再生可能エネルギー発電設備の出力の抑制その他の協力を求められたときはこれに協力するものであること。

④　認定申請に係る再生可能エネルギー発電設備には，発電事業を行おうとする者の氏名又は名称その他の事項を記載した標識を掲げるものであること（出力 20 kW 未満の太陽光発電設備は除く）。

⑤　太陽光発電設備の場合については次のような認定基準が示されている。

イ　出力 10 kW 以上のもの（入札制度の対象になるものを除く）は，認定を受けた日から 3 年以内に供給を開始する計画であること（経済産業大臣による調達価格・調達期間の変更があった場合を除く）。

ロ　出力 10 kW 未満のものは，認定を受けた日から速やかに供給を開始する計画であること。

上記の基準以外にバイオマス発電と地熱発電については特別な認定基準が定められている。

（2）　発電設備の安定的・効率的な発電に係る認定基準のうち主なもの（法第 9 条第 4 項第三号，施行規則第 5 条第 2 項）

① 再生可能エネルギー発電設備が法令（条例を含む）の規定を遵守していること。

② 発電量が的確に計測できる構造であること。

③ 発電所の所内電力は，再生可能エネルギー発電の電気を充当する構造であること。

④ 出力が 10 kW 未満の太陽光発電設備の場合は次の基準によること。

イ　発電量のうち設置場所で使用される電気の残余電気量について特定契約をしている電気事業者に供給する構造であること。

ロ　1 つの需要場所に自家用発電設備等とともに設置される場合は，自家用発電設備等が供給する電気が電気事業者に供給されない構造であること。

この規定は，他人の家屋の屋根など複数の場所に 10 kW 未満の発電設備を設置して，その合計出力が 10 kW 以上となる設備で，電気事業者に供給する者の認定申請の場合は適用されない。

⑤ 水力発電設備の場合は，揚水式発電でなく，かつ，出力の合計が 3 万 kW 未満であること。

1.8.6　調整交付金と納付金

再生可能エネルギーの調達量によっては，電気事業者間に費用負担の不均衡が発生することが考えられるので，これを調整するために「調整交付金」による制度が設けられている（法第15条の2)。

調整交付金は，広域的運営推進機関から電気事業者に交付されるもので，その原資は電気事業者から徴収された「**納付金**」と政府の予算が充てられる。

1.8.7　賦課金

電気事業者は，納付金に充てるため，需要者に供給した電気量に納付金単価を乗じた額の**賦課金**（ふかきん）を電気料金として徴収する。この制度はサーチャージといわれており，再生可能エネルギーを普及させるために電気使用者がその費用の一部を負担するものである。電気の使用量が政令で定める原単位（売上高1,000円当たりの電気の使用量）を超える事業所において，賦課金の負担が事業活動の継続に影響を与える事業所として認定を受けた事業所は賦課金の額を事業所の種類と原単位の改善の状況に応じて減額する制度がある（法第36条，第37条)。

1.8.8　市場連動型の再生可能エネルギー電気の導入支援策の策定

第1条(目的)の改正でもわかるように，従来の固定価格買取制度(FIT制度*)による再生可能エネルギー電気調達法に加えて，新たに交付金制度(FIP制度**)が創設された。この制度は，経済産業省が定めた交付対象区分等に該当する認定発電設備により発電した電気を市場取引する場合は，再生可能エネルギー電気の供給に要する費用を供給期間にわたり回収するための費用を**供給促進交付金**として認定発電事業者に交付する制度である。この交付金は，基準価格と交付期間が定められるが，基準価格は我が国における再生可能エネルギー電気の見込み量を

*　Feed in Tariff
**　Feed in Premium

基礎として，その電気の供給量，認定事業者の適正な利潤等を考慮して定められる（法第2条の2～第2条の7新設）。

1.8.9　再生可能エネルギー電気の普及を図るための電力系統の整備

再生可能エネルギー電気の導入拡大に必要な地域に，変電用又は送電用の系統電気工作物の設置を促進するための費用と維持費を**系統設置交付金**として，一般送配電事業者又は送電事業者に交付する制度が創設された。この交付金は，賦課金方式により関係事業者に付加される（法第28条～第30条の3新設）。

1.8.10　認定発電設備の解体等積立金の義務

交付対象区分等に該当する認定発電設備を有する認定事業者に対して，この設備の解体等に要する費用に充てるための金銭を**解体等積立金**として積み立てることが義務付けられた（法第15条の6～第15条の16新設）。

1.8.11　認定発電設備に対する認定の取り消し

再生可能エネルギー電気の発電設備として認定された後，一定期間内に運転を開始しない場合は，認定が取り消されることが規定された（法第14条）。

復 習 問 題 1

1. 次の［　　］の中に適当な文字を入れなさい。

（1） 電気事業法は，電気事業の運営を［　　］かつ［　　］ならしめることによって，［　　］の利益を保護し，及び電気事業の［　　］を図るとともに，電気工作物の工事，［　　］及び［　　］を規制することによって，公共の［　　］を確保し，あわせて［　　］の保全を図ることを目的としている。

（2） 電気事業法では電気事業を小売電気事業，一般送配電事業，送電事業，配電事業，特定送配電事業，発電事業及び特定卸供給事業に区分して事業規制を行っている。小売電気事業は経済産業大臣へ［　　］する必要があり，この事業には需要に応じた［　　］を確保する義務がある。一般送配電事業になるためには供給区域を設定して経済産業大臣の［　　］を受ける必要があり，この事業には供給区域における［　　］義務，電力量調整義務，発電事業者に対する［　　］義務が課されている。

2. 電気事業者は，相互に広域的運営を行っているが，これにはどのような利点があるか。

3. 一般送配電事業者は，電圧及び周波数を経済産業省令で定める値に維持しなければならないと電気事業法により定められている。経済産業省令においては，その値は，100 V 回路の電圧は［　　］，200 V 回路の電圧は［　　］の範囲に，周波数はその者が［　　］の周波数と定めている。

4. 再生可能エネルギー電気の発電設備として認められているものを5つ掲げよ。

5. 計量法によると，適正な計量の実施を確保するために，電気の取引に使用する電気計器として［　　］，［　　］電力計及び［　　］電力量計について規制が行われている。

第2章　電気工作物の保安に関する法規

電気が本質的に感電や火災などの原因となるような危険なものである以上，これを使用する電気工作物や電気用品に対し，人命や財産を災害から守るため，保安上の規制をすることは，電気の供給の確保とともに重要なことである。

本章では，電気工作物や電気用品に対して，保安上どのような規制が行われているかについて学ぶことにする。ただし，保安上重要な技術基準の内容については，第3章において学ぶことにする。

2.1　電気の保安確保の考え方

電気の保安を考える場合に，電気が通じているものがすべて取締りの対象となるが，電気が通じているものは，大は発電所の発電機や高電圧の送電線から，小は一般家庭の電気器具や屋内配線に至るまであり，非常に多種多様である。そこで，一般家庭など電気が専門でない人達がいる場所で使用されるものと，電力会社や大工場などの発電所や変電所のように電気の専門家がいる場所で使用されるものとは，電気の保安の観点から分けて考える必要がある。

後者に対しては，主として電気事業法によって電気保安が取り締まられているのに対し，前者は電気事業法のほかに，電気用品安全法及び電気工事士法によって取締りが行われている。すなわち，一般家庭で用いられる電気機械器具や配線器具及び電線などは，電気用品として電気用品安全法による規制を受け，粗悪な電気用品により感電や火災が発生することを防止し，また電気工事士法により一般家庭の屋内配線や小規模の自家用電気工作物の工事をする者に対し，一定の知識と技能が要求されていて，電気工事に従事する人を規制することにより電気工作物から感電や火災が発生することを防止している。

電気保安を目的とした法律は，我が国においては，**電気事業法**，**電気用品安全**

法，**電気工事士法**及び**電気工事業法**の4つであるが，別の観点から規制が行われ，電気保安にも重要な関係があるものとして，消防関係法令や労働関係法令がある（第1章1.1節参照）。電気保安の取締りの根幹をなす法律及びこれに関係する政令，省令を掲げると，表2.1～表2.4のとおりである。なお，原子力発電工作物に係る主な経済産業省令については表2.1の⑩に掲げており，これらは平成24年(2012年) 9月14日に公布されている。これらの省令は，電気事業法に基づく原子力設備関係の規定が適用除外されたことに伴い，新たに制定されたものである。

表2.1　電気工作物の保安取締りの根幹をなす法令

法　律	電気事業法（昭和39年，法律第170号）
政　令	①　電気事業法の施行期日を定める政令（昭和40年，政令第205号） ②　電気事業法施行令（昭和40年，政令第206号）
省　令	①　電気事業法施行規則（平成7年，通商産業省令第77号） ②　電気関係報告規則（昭和40年，通商産業省令第54号） ③　電気事業法の規定に基づく主任技術者の資格等に関する省令（昭和40年，通商産業省令第52号） ④　電気設備に関する技術基準を定める省令（平成9年，通商産業省令第52号） ⑤　発電用水力設備に関する技術基準を定める省令（平成9年，通商産業省令第50号） ⑥　発電用火力設備に関する技術基準を定める省令（平成9年，通商産業省令第51号） ⑦　発電用原子力設備に関する技術基準を定める命令（昭和40年，通商産業省令第62号） ⑧　発電用風力設備に関する技術基準を定める省令（平成9年，通商産業省令第53号） ⑨　発電用核燃料物質に関する技術基準を定める省令（昭和40年，通商産業省令第63号） ⑩　原子力発電工作物に係る省令 　a　原子力発電工作物の保安に関する命令（平成24年，経済産業省令第69号） 　b　原子力発電工作物に係る電気設備に関する技術基準を定める命令（平成24年，経済産業省令第70号） 　c　原子力発電工作物に係る電気関係報告規則（平成24年，経済産業省令第71号） ⑪　発電用太陽電池設備に関する技術基準を定める省令（令和3年，経済産業省令第29号）

表2.2　電気用品の取締りに関する法令

法　律	電気用品安全法（昭和36年，法律第234号）
政　令	①　電気用品安全法の施行期日を定める政令（昭和37年，政令第323号） ②　電気用品安全法施行令（昭和37年，政令第324号） ③　電気用品安全法関係手数料令（昭和37年，政令第325号）
省　令	①　電気用品安全法施行規則（昭和37年，通商産業省令第84号） ②　電気用品の技術上の基準を定める省令（平成25年，経済産業省令第34号）

表 2.3　電気工事の作業をする者の取締りに関する法令

法　律	電気工事士法（昭和 35 年，法律第 139 号）
政　令	電気工事士法施行令（昭和 35 年，政令第 260 号）
省　令	電気工事士法施行規則（昭和 35 年，通商産業省令第 97 号）

表 2.4　電気工事業の業務の適正化に関する法律

法　律	電気工事業の業務の適正化に関する法律（昭和 45 年，法律第 96 号）
政　令	電気工事業の業務の適正化に関する法律施行令（昭和 45 年，政令第 327 号）
省　令	電気工事業の業務の適正化に関する法律施行規則（昭和 45 年，通商産業省令第 103 号）

2.2　電気事業法における電気保安体制

電気事業法の目的の 1 つに，電気工作物の工事，維持及び運用を規制することによって，公共の安全を確保することがある。この目的のために，電気事業法では電気工作物を**事業用電気工作物**及び**一般用電気工作物**の 2 つに分けて，それぞれに対応した保安体制をとらせている。事業用電気工作物は，電気事業用電気工作物と自家用電気工作物に分けられる。

なお，令和 5 年（2023 年）3 月，新たに「小規模事業用電気工作物」が定義された。これは従来，一般用電気工作物に分類されていた 10 kW 以上 50 kW 未満の太陽電池発電設備及び 20 kW 未満の風力発電設備が自然災害により被害を被ることが多く，この実態から規制が必要との判断がされたものである。

電気事業用電気工作物と自家用電気工作物に対しては，電気の保安規制の面からは，電気事業法では基本的に異なる点はない。しかし，電気事業用電気工作物には，公益事業であり，供給義務を有しているという点から，すでに 1.5 節で述べたような事業規制がある点が自家用電気工作物とは異なっている。

事業用電気工作物の設置者に対し，電気保安上から課せられている義務のうち，おもなものは次のようになる。

① 電気工作物を技術基準どおりに維持する義務（法第 39 条）。

② 電気工作物の工事，維持及び運用に関する保安を確保するため，保安規程を定め，経済産業大臣に届け出し，これを守る義務（法第42条）。

③ 電気工作物の工事，維持及び運用に関する保安を監督させるため，主任技術者を選任し，経済産業大臣に届出をする義務（法第43条）。

④ 一定規模以上の電気工作物の工事をする場合に，その工事計画について認可申請又は届出をし，経済産業大臣の検査を受ける義務（法第47条，第48条，第49条）。

⑤ 工事計画の届出をした事業用電気工作物に対する使用前自主検査，溶接自主検査，定期自主検査を行う義務及びこれらの法定自主検査に対する体制について安全管理審査を受ける義務（法第51条，第52条，第55条）。

⑥ 電気事故が発生した場合その他の報告義務（法第106条）。

このほか，昭和62年（1987年）に電気工事士法及び電気工事業法が改正され，平成2年（1990年）9月から，最大電力500 kW未満の需要設備である自家用電気工作物の電気工事には，一般用電気工作物と同様に，電気工事士法及び電気工事業法による規制が課せられることとなった。

また，平成28年（2016年）4月から使用前自己確認制度が導入され，工事計画の届出対象外の比較的小規模な太陽電池発電設備及び風力発電設備であっても設置者は技術基準の適合性を自己確認し，その結果を届け出ることとなった。また，燃料電池発電設備のうち，一定要件のものは工事計画届出や使用前自主検査に代えて使用前自己確認でよいこととなった。

一方，一般用電気工作物の場合は，その保安に関する最終責任は，その一般用電気工作物の所有者又は占有者にあるとしているが，一般用電気工作物と称せられるもののほとんどが一般家庭や商店などの電気設備であることから，その所有者や占有者に電気事業用又は自家用の電気工作物の所有者に対するような義務は課されていない。よって，一般用電気工作物の電気保安を確保するために，その一般用電気工作物が技術基準どおりに維持されているかどうかを調査する義務をこの施設と直接電気的に接続している電線路を有する電線路維持運用者に課している。このほか，一般用電気工作物の保安確保のために，電気工事士法により，

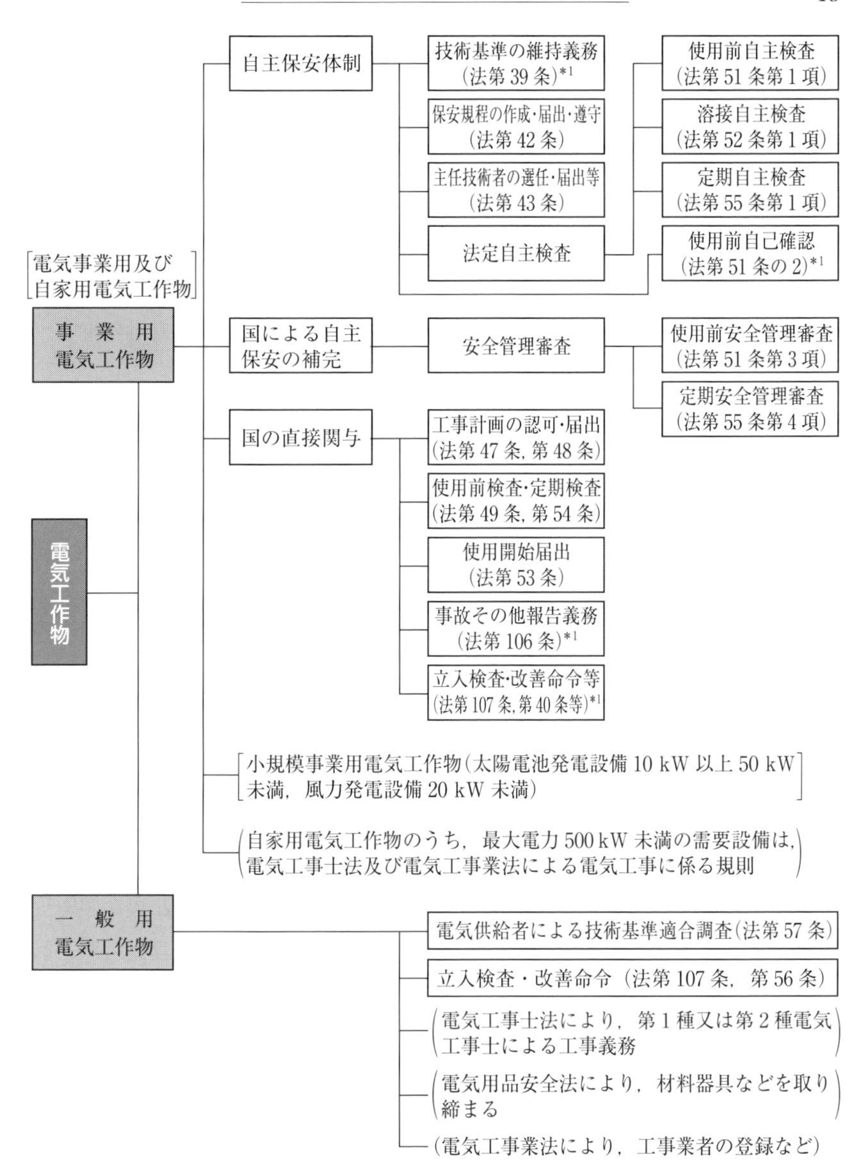

☆ 小規模事業用電気工作物は,「＊1」及び「基礎情報の届出(法第46条)」の義務がある。
自家用電気工作物は,①自家用電気工作物(小規模事業用電気工作物を除く)と②小規模事業用電気工作物に分類される。①の構内に設置される小規模発電設備は①に分類される。

図 2.1 各電気工作物に対する電気保安の体制

一般用電気工作物の工事は第1種又は第2種電気工事士の資格があるものでなければできないとされており，かつ，電気用品安全法により，一般用電気工作物に使用される電気材料や電気器具は同法の取締りの対象とされている。また，電気工事業法により，一般用電気工作物の工事を行う工事業者は登録を受ける義務がある。以上のような各電気工作物に対する電気保安の体制を図にまとめると，図2.1のようになる。

2.3　電気工作物の範囲と種類

2.3.1　電気工作物の定義

電気事業法において，電気保安上の必要性から種々の規制を受ける電気工作物は，次のように定義されている。

電気工作物とは，「発電，蓄電，変電，送電若しくは配電又は電気の使用のために設置する機械，器具，ダム，水路，貯水池，電線路その他の工作物（船舶，車両又は航空機に設置されるものその他の政令で定めるものを除く。）をいう。」（法第2条第十八号）。

この定義から，電気事業法が規制の対象としている電気工作物は，発電から需要設備の末端に至るまでの強電流の電気機器及び発電用のダム，水路，貯水池等の工作物すべてをいっている。電話線等の弱電流の設備は，この法律が強電流電気工作物を取り締まるものなので，この趣旨から，当然電気工作物から除かれていると解釈されている。

また，船舶・車両又は航空機に設置されるもの等で政令で定めるものは電気工作物から除かれていて，この法律の適用を受けない。電気事業法上，電気工作物から除かれる工作物は，次のようなものである（施行令第1条）。

① 鉄道営業法（明治33年（1900年）法律第65号），軌道法（大正10年（1921年）法律第76号）若しくは鉄道事業法（昭和61年（1986年）法律第92号）が適用され若しくは準用される車両若しくは搬器，船舶安全法（昭和8年

(1933年) 法律第11号) が適用される船舶，陸上自衛隊の使用する船舶 (水力両用車両を含む。) 若しくは海上自衛隊の使用する船舶，又は道路運送車両法 (昭和26年 (1951年) 法律第185号) 第2条第2項に規定する自動車に設置される工作物であって，これらの車両・搬器・船舶及び自動車以外の場所に設置される電気的設備に電気を供給するためのもの以外のもの。

② 航空法 (昭和27年 (1952年) 法律第231号) 第2条第1項に規定する航空機に設置される工作物。

③ 電圧30V未満の電気的設備であって，電圧30V以上の電気的設備と電気的に接続されていないもの。

上記①からわかるように，車両や自動車の電気設備であっても，陸上の固定した電気設備に電気を供給することを目的として作られた発電車や変電車等は除外されず，電気事業法の電気工作物として取締りの対象となっている。最近では，停電時に電気自動車から一般用電気工作物である家庭の配線に電気を供給する場合は，その自動車は電気工作物となることから規制が行われている。

また，③の電圧30V未満の単独回路は，もともと電気的な危険性が少ないものとして電気工作物から除外されているが，変圧器等で30Vを超える電圧のものと接続されている回路は，変圧器巻線の混触による危険もあるので，電気工作物として電気事業法の規制を受け，電気設備の技術基準に適合した施設が要求されることとなる。

2.3.2　電気工作物の種類

電気工作物は，2.3.1項のとおりその範囲が法律上明確にされているが，電気工作物の保安を考える場合に，すでに2.2節で述べたように，電気工作物を事業用のもの及び一般用のものに分け，事業用のものは電気事業用のものと自家用のものに分け，さらに自家用のものは小規模事業用を除く自家用のものと小規模事業用のものに分類して，それぞれこの電気工作物の実態に合わせた保安規制が行われている。

(1) 一般用電気工作物

一般用電気工作物と自家用電気工作物は，ともに電気需要家の電気設備であるが，その規模の大きさや危険性から両者に分けられているものである。

一般用電気工作物は，おもに一般の住宅や小売商店などの電気設備で，次の条件にあうものと定義されている。

① 600 V 以下で受電するもの。

② 受電の場所と同一の構内（これに準ずる区域内を含む）で，その受電電力を使用するための電気工作物。

③ 受電用の電線路以外は，構外の電線路と接続されないもの。

④ これら①～③に該当するものでも，次に掲げるものは，一般用電気工作物から除かれる。

（i） 小規模発電設備に該当しない発電用の電気工作物の設置の場所と同一構内に設置する電気工作物

（ii） 爆発性又は引火性の物が存在するため，電気工作物による事故が発生するおそれが多い場所であって，経済産業省令で定めるものに設置する電気工作物

上記の「小規模発電設備」に該当する発電設備は，次のもので，この設備は基本的には一般用電気工作物（小規模事業用電気工作物（出力 10 kW 以上 50 kW 以下の太陽電池発電設備及び出力 50 kW 以下の風力発電設備）は除く）となる。

- 出力 50 kW 未満の太陽電池発電設備
- 出力 20 kW 未満の風力発電設備及び水力発電設備（最大使用水量 1 m^3/s 未満，ダムを伴うものを除く）
- 出力 10 kW 未満の内燃力発電設備
- 次のいずれかに該当する燃料電池発電設備であって，出力 10 kW 未満のもの

イ 固体高分子型又は固体酸化物型の燃料電池発電設備であって，燃料・改質系統設備の最高使用圧力が 0.1 MPa（液体燃料を通ずる部分にあっては，1.0 MPa）未満のもの

ロ 道路運送車両法（昭和 26 年（1951 年）法律第 185 号）第 2 条第 2 項に規

定する自動車*に設置される燃料電池発電設備**であって，道路運送車両の保安基準（昭和26年運輸省令第67号）第17条第1項及び第17条の2第5項の基準に適合するもの

- 発電用火力設備に関する技術基準を定める省令（平成9年（1997年）通商産業省令第51号）第73条の2第1項に規定するスターリングエンジンで発生させた運動エネルギーを原動力とする発電設備であって，出力10 kW未満のもの

（2）　事業用電気工作物

一般用電気工作物以外の電気工作物と定義されており，この中には次のものがある（法第38条第2項）。

a）　電気事業用電気工作物　　電気事業用の電気工作物は，一般送配電事業者，送電事業者，配電事業者，特定送配電事業者及び一定規模以上の発電事業者が電気を供給する事業のために使う工作物のことである。つまり，需要家の設備とこれら電気事業者の設備との分かれめから電源側の設備がすべて電気事業用電気工作物といえる。

b）　自家用電気工作物　　電気事業法では，自家用電気工作物（小規模事業用電気工作物を除く。以下同じ）とは，一般送配電事業，送電事業，配電事業，特定送配電事業及び発電事業の用に供する電気工作物（発電事業用のものは，主務省令で定めるものに限る）及び一般用電気工作物以外の電気工作物をいうと定められているが，具体的に示すと，次のようになる（法第38条第4項）。

①　高圧需要家及び特別高圧需要家の電気工作物

②　構外にわたる電線路（受電のための電線路は除く）を有する需要家の電気工作物

③　小規模発電設備に該当しない自家発電の設備（非常用予備発電設備を含む）のある需要家の電気工作物

---

*　二輪自動車，側車付二輪自動車，三輪自動車，キャタピラ及びソリを有する軽自動車，大型特殊自動車，小型特殊自動車並びに被牽引自動車を除く。

**　当該自動車の動力源となる電気を発電するものであって，圧縮水素ガスを燃料とするものに限る。

④　発電事業用の電気工作物のうち，特定発電用電気工作物* の小売電気事業等用接続最大電力の合計が 200 万 kW（沖縄電力株式会社の供給区域にあっては 10 万 kW）以下の電気工作物（施行規則第 48 条の 2）

⑤　火薬類（煙火を除く）を製造する事業場の電気工作物

⑥　鉱山保安規則が適用される甲種又は乙種の石炭鉱山であって，特に危険性が多いと指定されているもの

すなわち，自家用電気工作物とは，高圧以上の電圧を受電するもの及び電気工作物による災害が発生した場合に大きな被害が予想されると思われる場所の電気工作物をさしているのである（小規模発電設備においては p. 48 参照）。

このような場所に対しては，2.4 節で述べるように，電気主任技術者の選任や保安規程の作成など，一般用電気工作物に比較して電気保安確保のため万全の体制を整えることを義務付けている。発電事業用のものでも自家電気工作物として位置づけられた電気工作物は，保安規程の内容に大差はない。

c）　小規模事業用電気工作物　再生可能エネルギーによる発電設備の設置が急増する中で，自然災害による被害を受けることの多い太陽電池発電設備及び風力発電設備に対する規制見直しが行われた。令和 4 年（2022 年）法律第 74 号による電気事業法改正を受け，10 kW 以上 50 kW 未満の太陽電池発電設備及び 20 kW 未満の風力発電設備が小規模事業用電気工作物として定義され，小規模事業用電気工作物の設置者に対し，電気保安上の観点から次について義務化された（令和 5 年（2023 年）3 月 20 日施行）。

①　電気工作物に対して，技術基準の適合性を維持する義務（法第 39 条）

②　電気工作物の設置者及び設備に関する基礎情報の届出の義務（法第 46 条）

③　電気工作物に対して，技術基準の適合性を使用前に自己確認し届出る義務（法第 51 条の 2）

④　電気工作物に起因する感電，火災，又は電気工作物の破損など，電気事故が発生した場合の報告義務（法第 106 条）

---

*　特定発電用電気工作物：p. 6「e）発電事業」参照。

2.4　事業用電気工作物の保安

事業用電気工作物（小規模事業用電気工作物を除く。以下同じ）について，どのような保安体制がとられているかについては，2.2 節において述べたように，自主保安体制と国の直接関与による保安規制に分けられるが，具体的にどのようなことが定められているかを述べることにする。なお，本節における事業用電気工作物は，電気事業法施行規則第 47 条の 11（適用範囲）により，原子力発電工作物は除かれている。原子力発電工作物については，2.1 節の表 2.1 に示すように「原子力発電工作物の保安に関する命令」で定められている。その内容についても触れておく。

2.4.1　自主保安体制

自主保安体制のうち，まず第一に，電気工作物を第 3 章で述べるような内容の技術基準に適合するように，常に維持しなければならない義務が電気工作物の設置者に課せられている。第二に，保安規程の制定と届出の義務があり，第三に主任技術者の選任があり，第四として，使用前自主検査，溶接自主検査及び定期自主検査のいわゆる「**法定自主検査**」を行い，その記録をする義務並びに使用前自己確認制度がある。

（1）　保安規程

事業用電気工作物の設置者は，自主保安体制を徹底させるために，保安を一体的に確保することが必要な組織ごとに保安規程を定め，経済産業大臣に届出をし，その従業者とともにこれを守らなければならないことになっている。保安規程の制定の目的は，各事業場の種類や規模に応じて，それぞれに最も適した保安体制を確立させるところにある。保安規程に関しては，次のように定められている（法第 42 条）。

① 事業用電気工作物を設置する者は，事業用電気工作物の工事，維持及び運用に関する保安を確保するため，経済産業省令で定めるところにより，保安

を一体的に確保することが必要な事業用電気工作物の組織ごとに保安規程を定め，当該組織における事業用電気工作物の使用（法定自主検査を伴うものにあっては，その工事）の開始前に，経済産業大臣に届け出なければならない。

② 事業用電気工作物を設置する者は，保安規程を変更したときは，遅滞なく，変更した事項を経済産業大臣に届け出なければならない。

③ 経済産業大臣は，事業用電気工作物の工事，維持及び運用に関する保安を確保するため必要があると認めるときは，事業用電気工作物を設置する者に対し，保安規程を変更すべきことを命ずることができる。

④ 事業用電気工作物を設置する者及びその従業者は，保安規程を守らなければならない。

保安規程は，一般送配電事業，送電事業，配電事業又は発電事業（法第38条第4項第五号に掲げる事業に限る）のために用いる電気工作物とこれら以外の事業用電気工作物（いわゆる自家用電気工作物）に区分して規定する項目が定められている。後者の自家用電気工作物に対する保安規程は，次のような事項について定めるよう規定されている（施行規則第50条第3項）。前者の電気工作物に対しては，より詳細な事項について規定することが求められている。なお，鉱山保安法や鉄道関係の法令が適用される自家用電気工作物については，発電所，変電所，送電線路についてのみ，また，原子力発電工作物については，原子力発電工作物に関する命令において，蒸気タービン，補助ボイラー等に係る設備についてのみに保安規程を定めるほか，原子炉については，原子炉ごとに保守管理について定めることになっている。

① 事業用電気工作物の工事，維持又は運用に関する業務を管理する者の職務及び組織に関すること。

② 事業用電気工作物の工事，維持又は運用に従事する者に対する保安教育に関すること。

③ 事業用電気工作物の工事，維持及び運用に関する保安のための巡視，点検及び検査に関すること。

④ 事業用電気工作物の運転又は操作に関すること。

⑤　発電所の運転を相当期間停止する場合における保全の方法に関すること。

⑥　災害その他非常の場合にとるべき措置に関すること。

⑦　事業用電気工作物の工事，維持及び運用に関する保安についての記録に関すること。

⑧　事業用電気工作物の法定自主検査又は使用前自己確認に係る実施体制及び記録の保存に関すること（法定自主検査（使用前自主検査，溶接自主検査，定期自主検査）又は使用前自己確認を実施する組織のみに必要）。

⑨　その他事業用電気工作物の工事，維持及び運用に関する保安に関し必要な事項。サイバーセキュリティの確保について適切な措置が講じられるよう定めることを含む（3.2.10 参照）*。

上記の保安規程に定める事項について，各企業は自主的に，各企業の実態に合致した保安規程を定めればよいことになる。当然，電気工作物の保安管理を専門としている電力会社のものと，受電容量 500 kW 以下のような小さな自家用電気工作物のものとでは，相当違ったものとなる。事業場が多くあるような場合は，各事業場ごとに作る方法もあるが，一般的には一企業が 1 つ定めている。しかし，ダムなどについてはきわめて個別性が強いので，各ダムごとに保安規程が作られるのが一般である。

（2）　事業用電気工作物の主任技術者

a）　主任技術者の選任　　事業用電気工作物を設置する者に対しては，次のような主任技術者を選任すべきことを義務付けている（法第 43 条）。

①　事業用電気工作物を設置する者は，事業用電気工作物の工事，維持及び運用に関する保安の監督をさせるため，**経済産業省令**で定めるところにより，

*　平成 28 年（2016 年），一般送配電事業，送電事業，配電事業（令和 4 年 4 月以降），特定送配電事業，発電事業の用に供する電気工作物の設置者を対象に，経済産業省内規「電気事業法施行規則第 50 条第 2 項の解釈適用に当たっての考え方」が制定され，保安規程に規定すべき「その他必要な事項」として，サイバーセキュリティのガイドラインにより適切な措置が講じられるよう定めることとされた。令和 4 年（2022 年）からは，自家用電気工作物（小規模事業用電気工作物（令和 5 年 3 月以降）を除く）の設置者も同様に保安規程にサイバーセキュリティの確保について定めるよう規定された。

主任技術者免状の交付を受けている者のうちから，主任技術者を選任しなければならない。

② 自家用電気工作物を設置する者は，①の規定にかかわらず経済産業大臣の許可を受けて，主任技術者免状の交付を受けていない者を主任技術者として選任することができる。

③ 事業用電気工作物を設置する者は，主任技術者を選任したときは，遅滞なく，その旨を経済産業大臣に届け出なければならない。これを解任したときも，同様とする。

上記でもわかるように，自家用電気工作物の主任技術者には，電気事業用には認められていない許可主任技術者の制度が認められている。このほか，自家用電気工作物の主任技術者制度には，各種の特例があるので，(３)項で述べる。

b） 主任技術者を選任すべき事業場ごとの単位　事業用電気工作物の主任技術者をどのような事業場に，どのような種類の免状の交付を受けているものを選任すべきかは，**経済産業省令**で定めることになっている（法第43条）。すなわち，表2.5のように主任技術者を選任しなければならない（施行規則第52条）。表2.5において，水力発電所と火力発電所の主任技術者の選任において，小型の発電機や特定の施設内に設置されるものについては，ダム水路主任技術者やボイラー・

表2.5　事業用電気工作物の設置者の事業場の種類と選任すべき主任技術者の概要

事業場の種類		主任技術者
建設現場	① 水力発電所（小型のもの又は特定の施設内に設置される別に告示するもの* を除く）の設置の工事のための事業場	電気主任技術者 ダム水路主任技術者
	② 火力発電所（アンモニア又は水素以外を燃料として使用する火力発電所のうち，小型の汽力を原動力とするものであって別に告示するもの**，小型のガスタービンを原動力とするものであって別に告示するもの*** 及び内燃力を原動力とするものを除く）又は燃料電池発電所（改質器の最高使用圧力が98 kPa以上のものに限る）の設置の工事のための事業場	電気主任技術者 ボイラー・タービン主任技術者
	③ 燃料電池発電所（②のものを除く），蓄電所，変電所，送電線路又は需要設備の設置の工事のための事業場	電気主任技術者

表 2.5　事業用電気工作物の設置者の事業場の種類と選任すべき主任技術者の概要（続き）

	事 業 場 の 種 類	主 任 技 術 者
保安管理の事業場	④　水力発電所（小型のもの又は特定の施設内に設置されるものであって別に告示するもの*を除く）であって，高さ 15 m 以上のダム若しくは圧力 392 kPa 以上の導水路，サージタンク若しくは放水路を有するもの又は高さ 15 m 以上のダムの設置工事を行うもの	ダム水路主任技術者
	⑤　火力発電所（アンモニア又は水素以外を燃料として使用する火力発電所にうち，小型の汽力を原動力とするものであって別に告示するもの**，内燃力を原動力とするもの及び出力 1 万 kW 未満のガスタービンを原動力とするものを除く）及び燃料電池発電所（改質器の最高使用圧力が 98 kPa 以上のものに限る）	ボイラー・タービン主任技術者
	⑥　発電所，蓄電所，変電所，需要設備又は送電線路若しくは配電線路を管理する事業場を直接統括する事業場	電気主任技術者 ダム水路主任技術者（直接統括する発電所のうちに上記④の水力発電所以外の水力発電所（小型のもの又は特定施設内に施設する別に告示されたもの*を除く）がある場合のみ） ボイラー・タービン主任技術者（直接統括する発電所のうち⑤のガスタービン発電所（小型ガスタービン発電所で別に告示するもの***を除く）がある場合のみ）

〔注〕* 水力発電所の小型のもの又は特定の施設内に設置されるものは，次のものをいう（経済産業省告示）。

①　小型のもの：出力 200 kW 未満のもので，最大使用水量 1 m^3/s 未満のダムのないもの

②　土地改良事業の農業用排水施設（ダムを除く），水道設備の導水施設等，下水道の終末処理場及び工業用水道施設の導入施設に施設される発電設備

** 小型の汽力発電所：出力 300 kW 未満，最高使用圧力 2 MPa 未満，最高使用温度 250℃未満のもので事故時に破片が外部に飛散しないパッケージ型のもの等の条件を備えているもの

*** 小型ガスタービン発電所：出力 300 kW 未満，最高使用圧力 1 000 kPa 未満，最高使用温度 1 400℃未満のもので，パッケージ型等の条件を備えているもの

タービン主任技術者の選任が免除されるなどの規制緩和が行われている。これはエネルギー対策の面から小型の発電機を設置しやすくしようとするものである。

c）　主任技術者免状の種類と保安範囲　　主任技術者免状の中には，**電気主任技術者免状，ボイラー・タービン主任技術者免状，ダム水路主任技術者免状**の 3 つがあり，これらの免状は，電気は第 1 種から第 3 種まで，その他のものは第 1 種と第 2 種の免状がある。結局，免状の種類としては 7 種類あることになる。

表 2.6　主任技術者の免状の種類と保安範囲

主任技術者免状の種類	保安の監督をすることができる範囲
①　第1種電気主任技術者免状	事業用電気工作物の工事，維持及び運用（④，⑥に掲げるものは除く）
②　第2種電気主任技術者免状	電圧 170 kV 未満の事業用電気工作物の工事，維持及び運用（④，⑥に掲げるものを除く）
③　第3種電気主任技術者免状	電圧 50 kV 未満の事業用電気工作物（出力 5 000 kW 以上の発電所を除く）の工事，維持及び運用（④又は⑥に掲げるものを除く）
④　第1種ダム水路主任技術者免状	水力設備の工事，維持及び運用（電気的設備に係るものを除く）
⑤　第2種ダム水路主任技術者免状	水力設備（ダム，導水路，サージタンク及び放水路を除く），高さ 70 m 未満のダム並びに圧力 588 kPa（6 kg/cm^2）未満の導水路，サージタンク及び放水路の工事，維持及び運用（電気的設備に係るものを除く）
⑥　第1種ボイラー・タービン主任技術者免状	火力設備（アンモニア又は水素以外を燃料として使用する火力設備のうち，小型ガスタービン発電設備＊及び内燃力発電設備を除く），原子力設備及び燃料電池設備＊＊の工事，維持及び運用（電気的設備に係るものを除く）
⑦　第2種ボイラー・タービン主任技術者免状	火力設備（アンモニア又は水素以外を燃料として使用する火力設備のうち，汽力設備で 5 880 kPa（60 kg/cm^2）以上のもの，小型ガスタービン発電設備及び内燃力発電設備を除く），圧力 5 880 kPa 未満の原子力設備，ガスタービン使用原動力設備及び燃料電池設備＊＊の工事，維持及び運用（電気的設備に係るものを除く）

〔注〕＊小型ガスタービン発電設備：表 2.5 脚注参照
　＊＊改質器の最高使用圧力 98 kPa（1 kg/cm^2）以上のもの

これらの免状を受けた人が監督することができる電気工作物の範囲は，表 2.6 のように定められている（法第 44 条第 5 項，施行規則第 56 条）。

d）　主任技術者の義務など　　主任技術者は，事業用電気工作物を設備する者から電気保安の監督のために選任されたものであるから，事業用電気工作物の工事，維持及び運用に関する保安の監督に関する職務を誠実に行わなければならないことが定められており，また電気工作物の工事，維持又は運用に従事する従業員は，主任技術者が保安のためにする指示に従う義務を有している（法第 43 条）。

e）　主任技術者の兼任　　事業用電気工作物を設置する者は，主任技術者に二以上の事業場又は設備の主任技術者を兼ねさせてはならないことになっているが，兼任の承認を経済産業大臣又は産業保安監督部長から受ければ兼任できる（施行規則第 52 条第 4 項）。兼務する場合の条件は，経済産業省産業保安グループの内規「主任技術者制度の解釈及び運用」において，事業用電気工作物の設置者が同一の工場の場合，親会社の工場の主任技術者が小会社の工場の主任技術者を兼任する場合など詳細に規定されている。

f）　統括主任技術者制度

この制度は，大きな企業において事務所や工場又は発電所など多くの自家用電気工作物に該当する事業場を有している場合に，これらの事業場の設備を統括して管理している部署（統括事業所）に電気主任技術者として資格を有している者を1人配備し電気主任技術者として選任することにより各々の施設（被統括事業所）に主任技術者を選任しなくてもよいとする制度で，当該電気主任技術者を「統括電気主任技術者」と呼ぶ。

「主任技術者制度の解釈及び運用」3において，自家用電気工作物の電圧17万V未満で連系する風力発電所，太陽電池発電所，水力発電所又はこれを連携するための設備への主任技術者の選任要件や組織について規定している。基本的には統括できる発電所の数は6以下である（風力発電所の場合は特例がある）。

兼務の場合と同様に「主任技術者制度の解釈及び運用」に統括事業場において被統括事業場の保安を一体的に確保するための保安組織や統括電気主任技術者の資格及び執務状況について詳細に定められている。

（3）　自家用電気工作物の主任技術者の特例

自家用電気工作物には，電気事業用電気工作物と比較して，非常に小規模な需要設備まであることから，その主任技術者制度も電気事業用電気工作物の主任技術者制度にはない許可主任技術者や保安管理業務外部委託承認制度がある。

a）　許可主任技術者* の選任　　自家用電気工作物の設置者の場合は，主任技術者免状の交付を受けてない者でも，許可を受けて主任技術者とすることができる。許可を受けて主任技術者となった者を**許可主任技術者**という。その主任技術者は，許可された自家用電気工作物にのみ主任技術者として認められるもので，個人の資格としてあるわけではない。

許可は，その選任されようとする者が当該電気工作物の工事，維持及び運用の保安上支障がないと認められる場合に行われるものである。どのような設備規模の場合にどのような資格があるものが許可されるかは経済産業省産業保安グループの内規** で定められている。

b）　保安管理業務外部委託承認制度　　自家用電気工作物は，中小企業の工場，事務所ビルなど多種多様であり，これらの設置者の中には主任技術者の雇用が容易でない者も多い。このことから，電気事業法施行規則第52条第2項により，受電電圧7 000 V以下の需要設備，600 V以下の配電線路又は原子力発電所以外の電圧7 000 V以下，出力2 000 kW未満の発電所（太陽電池発電所，蓄電所は出力5 000 kW未満）である自家用電気工作物の設置者に対しては，一定の要件に該当する者（個人事業者）又は法人と電気保安の監督に係る業務を委託する契約を締結している場合には，電気主任技術者の選任義務を免除している。これを，**保安管理業務外部委託承認制度**と称しており，高圧自家用電気工作物の大半はこの制

*　現在，内規により許可主任技術者として認められるものは，次のとおりである。

①　学校教育法による高等学校又はこれと同等以上の教育施設において，電気事業法の規定に基づく主任技術者の資格等に関する省令第7条第1項各号の科目を修めて卒業した者

②　電気工事士法第3条第1項の規定による第1種電気工事士免状の交付を受けた者（③に掲げる者であって，同法第4条第3項第一号に該当する者として免状の交付を受けた者を除く）

③　電気工事士法第6条の規定による第1種電気工事士試験に合格した者

④　旧電気工事技術者検定規則による高圧電気工事技術者の検定に合格した者

⑤　公益事業局長又は通商産業局長の指定を受けた高圧試験（日本電気協会で行っている試験が指定を受けている）に合格した者

⑥　その申請が最大電力100 kW未満（非自航船用電気設備にあっては最大電力300 kW未満）の需要設備又は電圧600 V以下の配電線路を管理する事業場のみを直接統括する事業場に係る場合は，①～⑤までに掲げる者のほか，次のいずれかに該当する者

（ⅰ）　電気工事士法第3条第2項の規定による第2種電気工事士免状の交付を受けた者（いわゆる第2種電気工事士及びこれと同等以上と認められる者）

（ⅱ）　学校教育法による短期大学若しくは高等専門学校又はこれらと同等以上の教育施設の電気工学以外の工学に関する学科において一般電気工学（実験を含む）に関する科目を修めて卒業した者

⑦　①～⑤までに掲げる者と同等以上の知識及び技能を有する者，又は⑥に規定する場合にあっては，⑥（ⅰ）若しくは（ⅱ）に掲げる者と同等以上の知識及び技能を有する者

**　産業保安グループの内規で，電気設備に関しては，許可主任技術者でもよい事業場は次のとおりである。

（1）　次に掲げる設備又は事業場のみを直接統括する事業場

①　出力500 kW未満の発電所（⑤を除く）　　②　電圧10 kV未満の変電所

③　最大電力が500 kW未満の需要設備（⑤を除く）

④　電圧10 kV未満の送電線路又は配電線路を管理する事業場

⑤　非自航船用電気設備であって出力1 000 kW未満の発電所又は最大電力1 000 kW未満の需要設備

（2）　（1）に掲げる設備（配電線路を管理する事業場を除く）又は事業場の設置の工事のための事業場

度により電気保安の確保が図られている。この制度により自家用電気工作物の電気主任技術者として設備の保安管理業務に当たるためには個人の場合は電気管理技術者として，法人の場合は保安管理業務受託者として産業保安監督部の承認を得る必要がある。保安管理業務に当たる実務者には資格が定められており，電気主任技術者第1種から第3種までいずれかの有資格者であることと資格を取得してから3年以上の電気保安管理等の実務経験が必要である。この実務経験を3年とするためには，電気主任技術者第2種，第3種の資格者の場合はさらに講習が義務付けられている。平成16年(2004年)1月1日から保安管理業務を受託できる法人が自由化され，それまでこの業務を行ってきた電気保安協会のほかに一般企業も一定の条件に合えばこの業務を受託できるようになった。

(4)　法定自主検査*

平成11年(1999年)の電気事業法の改正により，国により行われていた使用前検査，溶接検査及び定期検査は，原子力発電所に係わるもの等を除き，すべて設置者が自ら行う自主検査として行えばよいことになった。これら「使用前自主検査」,「溶接自主検査」及び「定期自主検査」を「**法定自主検査**」と呼ぶ。これら法定自主検査を的確に実施させるために，2.4.2(5)項で述べる「安全管理審査」が国またはその代行機関により行われる(法第52条，第54条，第55条)。

a)　使用前自主検査　　従来から，工事計画の認可又は届出をした電気工作物に対しては，2.4.2(3)項に述べる国による「使用前検査」が行われていたが，原子力発電所以外の事業用電気工作物に対しては，この検査は廃止され，その工作物の設置者自ら使用前に行う検査「**使用前自主検査**」が義務付けられた(法第51条第1項)。

この使用前自主検査は，工事計画のとおりに工事が行われているか技術基準に適合しているかについて行われる。この検査の対象は，工事計画の事前届をして

*　自主検査のうち「溶接自主検査」と「定期自主検査」は平成14年(2002年)12月の法改正により「溶接事業者検査」,「定期事業者検査」と名称が変わった。さらに令和4年(2022年)12月の法改正により「溶接自主検査」,「定期自主検査」と元の名称に戻り,「使用前自主検査」と併せて「法定自主検査」と呼ぶ。

表 2.7 使用前自主検査の対象とならない設備

水力発電所	• 出力 3 万 kW 未満，ダムの高さ 15 m 未満 • 2 つ以上の異なる管理者が関係する水力発電所の水力設備（ダム，取水設備，貯水池又は調整池）
内燃力発電所	すべてのもの*
電力用コンデンサ，分路リアクトル，限流リアクトル	変更の工事を行う発電所，蓄電所又は変電所に属するもの
ばい煙発生施設・処理施設等公害防止施設	電気事業法施行規則別表第 4 に掲げる施設
試験施設	試験のために使用するもの
電力貯蔵装置，非常用予備発電装置	すべてのもの**

〔注〕* 電圧 170 kV 以上の需要家連絡用以外の送電線に連結する遮断器がある場合は，その遮断器は使用前自主検査の対象となる。

** 電力貯蔵装置にあっては，蓄電所に属する出力 1 万 kW 以上又は容量 8 万 kW 以上のものを除く。

設置又は変更の工事を行ったものであるが，対象から除かれるもので主なものは表 2.7 に掲げるものである（施行規則第 73 条の 2 の 2）。

使用前自主検査は，工事がすべて完了した時に行われるが，高さ 15 m 以上のダムについては，定められた工事の工程により検査が行われる（施行規則第 73 条の 3）。使用前自主検査の検査方法については，施行規則第 73 条の 4 に定められているが，具体的な方法については，同条に基づく内規が産業保安グループの電力安全課より公表されている。

使用前自主検査を行った場合，次の項目について記録をして，かつ 5 年間（水力発電所の場合は発電所を運転する期間）保存しておかなければならない（施行規則第 73 条の 5）。

①検査年月日　②検査の対象　③検査の方法　④検査の結果　⑤検査を実施した者の氏名　⑥検査の結果に基づいて補修等の措置を講じたときは，その内容　⑦検査の実施に係わる組織　⑧検査の実施に係わる工程管理　⑨検査において協力した事業者がある場合は，当該事業者の管理に関する事項　⑩検査記録の管理に関する事項　⑪検査に係わる教育訓練に関する事項

b） 溶接自主検査　発電用のボイラー・タービンその他特に主務省令で定め

表 2.8　定期自主検査の対象となる設備と検査の周期

設備の区分	対象となる設備	検査の周期
蒸気タービン	出力 1 000 kW 以上の発電設備用のもの	4 年
ボイラー・独立過熱器・蒸気貯蔵器	すべてのもの	2 年
ガスタービン	出力 1 000 kW 以上の発電設備用のもの（内燃ガスタービンはガス圧縮器のみ）	出力 10 000 kW 未満の発電設備用は 3 年 出力 10 000 kW 以上の発電設備用は 2 年
液化ガス設備	液化ガス用燃料設備以外の液化ガス設備にあっては，高圧ガス保安法第 5 条第 1 項及び第 2 項並びに第 24 条の 2 に規定する事業所に該当する火力発電所の原動力設備用のもの	2 年
燃料電池用改質器（最高使用圧力 98 kPa 以上のもの）	出力 500 kW 以上の発電設備用の燃料電池用改質器であって，内径が 200 mm を超え，長さが 1 000 mm を超えるもの及び内容積が 0.04 m^3 を超えるもの	13 か月以内
ガス炉設備・脱水素設備	すべてのもの	2 年
風力発電所	出力 500 kW 以上の風力設備，発電機，変圧器，電力コンデンサー	3 年以内

られている機械器具の耐圧部分について溶接をするもの又は耐圧部分について溶接したボイラー等で輸入したものを設置する者は，主務省令で定めるところにより，使用の開始前に自主検査を行い，その結果を記録しておく，いわゆる「溶接自主検査」が設置者に義務付けられている。ただし，溶接作業の標準化等により所轄の産業保安監督部長が検査の省略を指示した場合等は，検査が免除される（法第 52 条）。

c）　定期自主検査　　発電用のボイラー，タービン等の定期的な検査は，「**定期自主検査**」に位置づけられた。国による定期検査の対象となる「**特定重要電気工作物**」以外の発電用のボイラー，タービンなど耐圧工作物や燃料電池，風力発電設備を設置する者は，定期的に当該電気工作物の定期自主検査を行い，その結果を記録しておかなければならない。定期自主検査の対象となる設備は，表 2.8 に掲げる設備（これを「**特定電気工作物**」という）である。定期自主検査はそれぞれの設備が運転を開始する日，すなわち竣工時に行い，それ以降は原則として表2.8に掲げる周期で実施することが定められている（法第55条第1項，施行規則第94条，第94条の2）。

設備の使用状況から定期自主検査を行う必要がない場合や災害その他非常の場合で，定期自主検査を行うことが非常に困難な場合には，産業保安監督部長の承認を受けて，この周期の延長ができる。

定期自主検査の記録は，使用前自主検査の場合と同じ項目（p.61参照）について記載し，これを5年間（p.61に掲げた記録のうち⑦～⑪の項目は次回の安全審査の通知を受けるまで）保存することになっている（施行規則第94条の4）。

（5）　使用前自己確認制度

使用前自己確認制度は，事業用電気工作物である設備が電気事業法第39条第1項による技術基準に適合していることをその設備の使用前に設置者が自己確認することにより，その設備の設置や変更に対する認可や工事計画届の対象とならない小規模な設備の保安強化，一方，工事計画届の対象範囲の緩和を図る制度として，平成26年（2014年）6月の電気事業法の改正により入れられた（法第51条の2第1項）。この使用前自己確認制度の対象設備に対しては，これを使用する前に技術基準の適合性の確認結果について届出する必要がありその様式や添付書類が施行規則に定められている。

この制度の対象設備として既に，出力500 kW未満のパッケージ型燃料電池により構成された出力2 000 kW未満の燃料電池発電所，出力10 kW以上2 000 kW未満の太陽電池発電所，出力500 kW未満の風力発電所及び出力20 kW未満の温度差発電所等の新型発電所が対象になっている（施行規則第74条，第77条）。

2.4.2　国の直接的な関与

電気工作物の保安に関しては，従来は工事計画の認可，国による使用前検査等により，きめ細かく保安規制が行われてきたが，平成7年（1995年）及び平成11年（1999年）の電気事業法の改正により，2.4.1項で述べた自主保安体制を中心に行われることとなった。その結果，工事計画の認可や使用前検査は原子力発電所及び特殊な発電所*のみに実施されることになった。原子力発電所以外の電気工作物に対しては，国による使用前検査や定期検査に代り，2.4.1(4)項で述べた法定自主検査が設置者に義務付けられた。そして，この自主検査が的確に行われるよう国等による(5)項で述べる「安全管理審査」が行われることになった（原子力発電所に関しては原子力規制委員会が，それ以外の設備に関しては経済産業省が担当している）。

(1)　工事計画の認可と事前届出

電気工作物が建設された後に危険であることがわかり，これを変更するとなると経済的に設置者にとっては大きな負担となるので，工事の計画の段階であらかじめ審査を行い，保安上安全かどうかを確認してから工事に着手させようとする制度が工事計画の認可及び事前届出である。

a)　工事計画の認可　　工事計画の認可については，事業用電気工作物の設置者は電気工作物の設置又は変更の工事であって，公共の安全の確保上特に重要なものとして，**主務省令で定めるもの**をしようとするときは，その工事の計画について主務大臣の認可を受けなければならないことになっている。しかし，電気工作物が滅失し，若しくは損壊した場合又は災害その他非常の場合において，やむを得ない一時的な工事として行うときは，認可を必要としないことになっている。ただし，工事後に遅滞なくその旨を届け出る必要がある。

認可を受けた工事計画を途中で変更しようとする場合も，**工事計画の変更認可申請**をするが，この場合に変更が**主務省令で定める軽微なもの**である場合は認可を受ける必要はない（法第47条第1項，第2項）。

このように工事計画の認可を受けなければならない範囲及び事前届出をしなければならない範囲は，電気工作物の**設置の工事**（新たに発電所や変電所や送電線を建設する工事）と**変更の工事**とに分けて電気事業法施行規則第62条に基づく

*　特殊な発電所としては，波力発電所，温度差発電所などが考えられる。

表 2.9 工事計画の認可又は届出の範囲（設置の工事）

工事の種類		認可を要するもの	事前届出を要するもの
発電所	① 水力発電所	—	水力発電所（小型のもの又は特定の施設内に設置されるものであって別に告示するものを除く）の設置 *
	② 汽力発電所	—	火力発電所であって汽力を原動力とするもの（小型の汽力を原動力とするものであって別に告示するものを除く）の設置 **
	③ ガスタービン発電所	—	出力 1 000 kW 以上
	④ 内燃力発電所	—	出力 10 000 kW 以上
	⑤ ②，③，④以外の火力発電所	—	すべての火力発電所
	⑥ 2つ以上の原動力を有する火力発電所	—	すべての火力発電所
	⑦ 燃料電池発電所	—	出力 500 kW 以上（使用前自己確認制度の対象となるものを除く）
	⑧ 風力発電所	—	出力 500 kW 以上（出力 500 kW 未満は使用前自己確認制度の対象）
	⑨ 太陽電池発電所	—	出力 2 000 kW 以上（出力 10 kW 以上 2 000 kW 未満は使用前自己確認制度の対象）
	①～⑨以外の発電所（温度差発電所，潮汐発電所等）	出力 20 kW 以上の発電所（使用前自己確認制度の対象とならない発電所）	—
蓄電所		—	出力 10 000 kW 以上容量 80 000 kWh 以上の蓄電所の設置
変電所		—	電圧 170 kV 以上の変電所，電圧 100 kV 以上の受電所
送電線路		—	電圧 170 kV 以上の送電線
需要場所		—	受電電圧 10 kV 以上の需要場所

〔注〕 * ① 小型のものは，出力 200 kW 未満のもので，最大使用水量 $1\,\mathrm{m^3/s}$ 未満のダムのない設備

② 特定の施設内に施設される水力発電設備は次のもの
土地改良事業に係る農業用用水施設に設置されるもの，上水道施設，下水道施設及び工業用水道施設の落差を利用する水力発電設備が，これらの事業所の敷地内に設置され，かつ，敷地外に電気工作物と連系されていないものでダム，水路のないもの（平成 23 年 3 月 14 日経済産業省告示）

** 別に告示されるものは，出力が 300 kW 未満で，かつ，最高使用圧力が 2 MPa 未満等の汽力発電設備で，かつ，次の要件を満たすもの（平成 23 年 3 月 14 日経済産業省告示）

ア）最高使用温度が 250 ℃未満であること

イ）タービン等の駆動部が発電機と一体のものとして 1 つの筐体に収められているものその他の一体のものとして設置されるもの

ウ）ボイラーが電気事業法の適用を受けず労働安全衛生法の適用を受けるものであること

別表第2に定められている（原子力発電工作物の保安に関する命令第10条）。

別表第2の中から設置の工事の場合についてまとめてみると表2.9のとおりである。この表からわかるように平成11年（1999年）の改正により，原子力発電所又は波力発電等の特殊な発電所に係る工事計画のみが認可の対象となり，その他のものは，すべて事前届出でよいことになった。特殊な発電所に関しては，新しく導入された使用前自己確認制度が適用される小規模のものは，事前届出もしなくてよくなった。

- **認可の基準**　上記のような工事計画の認可が申請された場合に，これを認可する基準が定められていて，**事業用電気工作物**にあっては，次の3点についての審査が行われ，これらのいずれにも適合していれば主務大臣は認可しなければならない（法第47条第3項）。

① 電気工作物が技術基準に適合しないものでないこと。

② 一般送配電事業用の電気工作物の場合は，電気の円滑な供給を確保するため技術上適切なものであること。

③ 特定対象事業に係るものにあっては，評価書に従っているものであること。

④ 環境影響評価法に規定する第2種事業（特定対象事業を除く）に係るものにあっては，同法第4条第3項第二号の措置（環境影響評価の手続の必要がないことを都道府県知事等に通知すること）がとられたものであること。

b）　工事計画の事前届出　工事計画の事前届出は，平成11年（1999年）度の電気事業法の改正により，原子力発電所又は特殊な発電所に係る工事計画以外のものはほとんど事前届出でよいこととなった。事前届出の対象となる電気工作物の範囲も大幅に縮小され，例えば内燃力発電所の場合では法改正前は1 000 kW以上のものが事前届出を必要としたが，法改正後は10 000 kW以上のもののみでよいこととなった。自家用の需要設備では，受電電圧10 kV以上のものが事前届出となった。平成24年（2012年）の改正で太陽光発電所については従来出力500 kW以上の設備が届出の対象となっていたが，これが出力2 000 kW以上となった。平成23年（2011年）の改正で電気事業者又は自家用電気工作物の設置者は，電気工作物の設置又は変更の工事であって，届出の対象になるものの工事をしようとするときは，経済産業省令で定めるところにより，工事計画の事前届出をし，届け出た日から30日を経過したのち，経済産業大臣よりその届け出た工事計画に対し変更命令や廃止命令がなければ工事に着工してもよいことになる。主務大臣が届出内容が審査の基準に適合していると認めるときは，30日を経過しなくても工事に着工できる。また，経済産業大臣は，審査が30日以上かかると認める相当の理由があるときは，審査期間を延長することができ，この場合は事前届出をした者に，延長期間や延長の理由を通知することになっている。

この事前届出の**審査の基準**は，認可の基準の場合と全く同様であるが，事前届出の対象電気工作物には水力発電所が入ることから，発電水力の有効な利用を確保するために技術上適切なものであることが追加されている。主務大臣は，その基準に合格しないときに限り，また工事開始前（申請があって30日を経過しないうち）に限り，工事計画変更命令や廃止命令が出し得ることになる。

令和5年（2023年）3月，登録適合性確認機関による工事計画届出の事前確認制度が創設された。この制度により，事業用電気工作物であって荷重及び外力に対して安全な構造が特に必要なものを特殊電気工作物として定義され，当面は「風力発電設備のうち風車及び風車を支持する工作物」が対象となった。特殊電気工作物に係る工事計画届出書には，登録適合性確認機関による電気設備技術基準の適合証明書の添付が必要となった。

工事計画の変更をする場合も同じであるが，主務省令で定める軽微なものは除かれる（法第48条，施行規則第65条）。

電気工作物の設置の工事をする場合に，事前届出を要するものは，表2.9に掲げたとおりである。この表2.9のほかに，大気汚染防止法に定められているばい煙発生施設，ばい煙処理施設，一般粉じん発生施設や騒音規制法，振動規制法により特定施設に指定されている空気圧縮機等のものを設置する場合も事前届出を要する。

(2) 自家用電気工作物の使用開始届

自家用電気工作物について工事計画の認可を受けたり，届出をしたものを他から譲渡された場合又は借り受けて使用する場合は，電気工作物の使用開始後，遅滞なく使用開始届を主務大臣に提出することが定められている（法第53条，施行規則第87条）。

（3）　使用前検査

事業用電気工作物が完成し，使用前検査の対象となるものはこれを使用する場合に，この電気工作物の設置者は**主務省令で定める工事の工程**ごとに，主務大臣又は主務大臣が指定する者（指定検査機関）の検査を受け，これに合格した後でなければ，これを使用してはならないことになっている（法第49条第1項）。

使用前検査の対象となるものは，工事計画の認可又は事前届出をしたもののうち，公共の確保上特に重要なものとして，主務省令で定めるもの（「**特定事業用電気工作物**」という）となっている。この特定事業用電気工作物は，原子力発電所及び特殊な発電所である。原子力発電所の使用前検査については，原子力発電工作物の保安に係る省令で詳細に定められている。

a）　使用前検査の合格基準　　使用前検査をする場合に次の点について審査され，支障がなければ合格となる。

①　電気工作物が認可を受けた，又は届出をした工事計画に従って行われているかどうか。

②　技術基準に適合しない点はないかどうか。

b）　仮合格制度　　検査の結果，不合格であれば当然使用することはできないが，一定期間に限り，使用の方法を定めて使用することが保安上差し支えないときは**仮合格**という制度によって，その期間内に定められた使用方法により使用することができる（法第50条）。

（4）　定期検査

特定重要電気工作物（原子力発電所の蒸気タービン，発電用原子炉及びその附属設備（原子炉本体，原子炉冷却系統設備，計測制御系統設備，燃料設備，放射線管理設備，廃棄設備，原子炉格納施設及び非常用予備発電装置））については，定期的に主務大臣の検査を受けなければならない（法第54条，原子力発電工作物の保安に関する命令第49条，第51条）。

(5)　安全管理審査

原子力発電所又は特殊な発電所以外の使用前検査等の対象にならない電気工作物については，使用前自主検査，溶接自主検査及び定期自主検査の法定自主検査が設置者に義務付けられた。これら法定自主検査のうち使用前自主検査と定期自主検査については，それぞれの検査が的確に行われる体制になっているかどうかを審査するために，国又は**登録安全管理審査機関**による安全管理審査制度が平成12年（2000年）7月から導入された。

a)　使用前安全管理審査　使用前自主検査を行う事業用電気工作物を設置する者は，使用前自主検査の実施に係る体制（組織，検査の方法，工程管理，協力事業者の管理，検査記録の管理，教育訓練）について，使用前自主検査を行った後に，その後は，使用前安全管理審査で優良の通知を受けた場合は，通知を受けてから3年後3か月以内に登録安全管理審査機関等の審査を受けなければならない。これを「使用前安全管理審査」と呼んでいる（法第51条第3項，第4項，施行規則第73条の5，第73条の6）。

この使用前安全管理審査を受けようとする者は，様式に定められた「使用前安全管理審査申請書」を登録安全管理審査機関等に提出することになっている。

経済産業大臣は，使用前安全管理審査による審査及び評定の結果を審査を受けた者に通知する義務を負っている。

b)　定期安全管理審査　使用前自主検査の場合と同様に，2.4.1(4)項のc）で示す定期自主検査の場合も，この検査が的確に行われているかを審査することになっている。この検査の対象物である特定電気工作物のうち火力発電設備，燃料電池設備及び風力発電設備は登録安全管理審査機関の，その他の特定電気工作物は主務大臣による審査を受けなければならない（法第55条第4項，施行規則第94条の5の2）。

この審査は，定期自主検査の組織，検査の方法，工程管理等の電気工作物の安全管理上の観点から行われる。またその時期は，使用前安全管理審査の場合と同様に，定期安全管理審査の評価により，前回の審査を受けてから評価が優良な場合は6年，そうでない場合は3年又は4年後に行われる。そのほかはおおむね，使用前自主検査の場合と同様である（法第55条第2項～第6項，施行規則第94条の5～7）。

（6） 立入検査

立入検査は，一般には**臨時検査**とも呼ばれるもので，主務大臣は，その職員に，原子力発電工作物を設置する者，電気事業者，自家用電気工作物の設置者，自家用電気工作物の保守点検を行った事業者及び発電用のボイラー・原子炉の格納容器などの溶接業者の工場，営業所，事務所その他の事業所に立ち入り，電気工作物，帳簿，書類その他の物件を検査させることができる（法第107条）。

（7） 登録安全管理審査機関

使用前自主検査，溶接自主検査及び定期自主検査が電気工作物の安全を確保する観点から適切に行われているかどうかを審査する「安全管理審査」は，経済産業大臣の登録を受けた「登録安全管理審査機関」が実施する（法第51条第3項，第55条第4項）。

この機関に関する義務，指定の基準等は，詳細に定められている（法第67条～第79条）。この機関として，現在（一財）発電設備技術検査協会ほか民間企業が登録されている。この登録安全管理審査機関が実施する安全管理審査は，使用前安全管理審査では，火力発電所，燃料電池発電所，水力発電所，風力発電所，太陽電池発電所，蓄電所，変電所，送電線路及び需要設備であり，定期安全管理審査では，火力発電設備，燃料電池発電設備及び風力発電設備である（施行規則第73条の6の2，第94条の5の2）。

（8） 保安に関する報告

経済産業大臣は，原子力発電工作物を設置する者，原子力発電工作物の保守点検を行った事業者，電気事業者，自家用電気工作物の設置者，自家用電気工作物の保守点検を行った事業者，一般用電気工作物（小規模発電設備に限る）の設置者又は占有者，登録調査機関（p. 79 参照），登録適合性確認機関，登録安全管理審査機関，指定試験機関及び広域的運営推進機関に対して，電気事業法の施行に必要な限度において業務に関し報告させることができることになっている（法第 106 条）。

報告させる事項としては，それぞれの企業，団体に応じて供給業務，財務計算，調査業務，検査業務及び試験業務に関することのほかに，電気工作物の工事，維持及び運用の保安に関する事項が義務付けられている（施行令第 45 条）。保安・公害防止に関する報告は，**電気関係報告規則**に定められており，一般用電気工作物調査年報，自家用発電所運転半期報，ポリ塩化ビフェニル（PCB）を使用する柱上変圧器の使用調査年報，ばい煙量等の測定報告及び電気保安年報などの**定期報告**と事故発生の都度報告する**事故報告**がある。このほか，ばい煙発生施設を設置する場合や高濃度ポリ塩化ビフェニル電気工作物に関する報告など，公害発生施設に関する報告がある。

a）　電気保安年報　　電気保安年報は，当該年度に発生した事故を一定の様式にまとめて毎年 7 月末に報告されるもので，電気事業者にのみ課せられている。これにより電気事故の分析が行われ，それ以後の電力保安行政に役立たせることができる（電気関係報告規則第 2 条第四号）。

b）　電気事故が発生した場合の報告　　電気事故の中には，感電などの人身事故，火災事故のほかに，主要電気工作物の破損事故，電気供給支障事故，発電支障事故及び放電支障事故がある。電気の供給支障事故の報告は，電気事業者に限られるが，自家用電気工作物の設置者でも，その所有する電気工作物から事故波及して供給支障を発生させたような場合は，報告する義務がある（電気関係報告規則第 3 条）。

電気事故報告は，平成 16 年（2004 年）3 月と平成 28 年（2016 年）4 月に大幅に変更され，表 2.10 に示すようになった。表の①～⑦までは，電気事業者と自家用電気工作物の設置者に共通した事故で，このうち④と⑤が「**主要電気工作物の破損事故**」，⑦が「**放電支障事故**」，⑧～⑩までは「**供給支障事故**」である。⑫は，

表 2.10　電気事故報告（報告規則第 3 条）

① 感電又は電気工作物の破損若しくは電気工作物の誤操作若しくは電気工作物を操作しないことにより人が死傷した事故（死亡又は病院若しくは診療所に入院した場合に限る）

② 電気火災事故（工作物にあっては，その半焼以上の場合に限る）

③ 電気工作物の破損又は電気工作物の誤操作若しくは電気工作物を操作しないことにより，他の物件に損傷を与え，又はその機能の全部又は一部を損なわせた事故

報告先：(電)→部長，(自)→部長

④ 次に掲げるものに属する主要電気工作物の破損事故

- イ　出力 90 万 kW 未満の水力発電所
- ロ　火力発電所（汽力，ガスタービン（出力 1 000 kW 以上のものに限る），内燃力（出力 1 万 kW 以上のものに限る），これら以外を原動力とするもの又は二以上の原動力を組み合わせたものを原動力とするものをいう。以下同じ）における発電設備（発電機及びその発電機と一体となって発電の用に供される原動力設備並びに電気設備の総合体をいう。以下同じ）（ハに掲げるものを除く）
- ハ　火力発電所における汽力又は汽力を含む二以上の原動力を組み合わせたものを原動力とする発電設備であって，出力 1 000 kW 未満のもの（ボイラーに係るものを除く）
- ニ　出力 500 kW 以上の燃料電池発電所
- ホ　出力 50 kW 以上の太陽電池発電所
- ヘ　出力 20 kW 以上の風力発電所
- ト　出力 1 万 kW 以上又は容量 8 万 kWh 以上の蓄電所
- チ　電圧 17 万 V 以上（構内以外の場所から伝送される電気を変成するために設置する変圧器その他の電気工作物の総合体であって，構内以外の場所に伝送するためのもの以外のものにあっては 10 万 V 以上）30 万 V 未満の変電所（容量 30 万 kVA 以上若しくは出力 30 万 kW 以上の周波数変換機器又は出力 10 万 kW 以上の整流機器を設置するものを除く）
- リ　電圧 17 万 V 以上 30 万 V 未満の送電線路（直流のものを除く）
- ヌ　電圧 1 万 V 以上の需要設備（自家用電気工作物を設置する者に限る）

報告先：(電)→部長，(自)→部長

⑤ 次に掲げるものに属する主要電気工作物の破損事故（第一号，第三号及び第九号から第十一号までに掲げるものを除く）

- イ　出力 90 万 kW 以上の水力発電所
- ロ　電圧 30 万 V 以上の変電所又は容量 30 万 kVA 以上若しくは出力 30 万 kW 以上の周波数変換機器若しくは出力 10 万 kW 以上の整流機器を設置する変電所
- ハ　電圧 30 万 V（直流にあっては電圧 17 万 V）以上の送電線路

報告先：(電)→大臣，(自)→大臣

⑥ 水力発電所，火力発電所，燃料電池発電所，太陽電池発電所又は風力発電所に属する出力 10 万 kW 以上の発電設備に係る 7 日間以上の発電支障事故

報告先：(電)→部長，(自)→部長

⑦ 出力 10 万 kW 以上の蓄電所に係る 7 日間以上の放電支障事故

⑧ 供給支障電力が 7 000 kW 以上 7 万 kW 未満の供給支障事故であって，その支障時間が 1 時間以上のもの，又は供給支障電力が 7 万 kW 以上 10 万 kW 未満の供給支障事故であって，その支障時間が 10 分以上のもの（第十号及び第十二号に掲げるものを除く）

報告先：(電)→部長，(自)→ ――

⑨ 供給支障電力が 10 万 kW 以上の供給支障事故であって，その支障時間が 10 分以上のもの（第十一号及び第十二号に掲げるものを除く）

報告先：(電)→大臣，(自)→ ――

⑩ 電気工作物の破損又は電気工作物の誤操作若しくは電気工作物を操作しないことにより他の電気事業者に供給支障電力が 7 000 kW 以上 7 万 kW 未満の供給支障を発生させた事故であって，その支障時間が 1 時間以上のもの，又は供給支障電力が 7 万 kW 以上 10 万 kW 未満の供給支障を発生させた事故であって，その支障時間が 10 分以上のもの

報告先：(電)→部長，(自)→ ――

⑪ 電気工作物の破損又は電気工作物の誤操作若しくは電気工作物を操作しないことにより他の電気事業者に供給支障電力が 10 万 kW 以上の供給支障を発生させた事故であって，その支障時間が 10 分以上のもの

報告先：(電)→大臣，(自)→ ――

⑫ 一般送配電事業者の一般送配電事業の用に供する電気工作物，配電事業者の配電事業の用に供する電気工作物又は特定送配電事業者の特定送配電事業の用に供する電気工作物と電気的に接続されている電圧 3 000 V 以上の自家用電気工作物の破損又は自家用電気工作物の誤操作若しくは自家用電気工作物を操作しないことにより一般送配電事業者又は特定送配電事業者に供給支障を発生させた事故

報告先：(電)→ ――，(自)→部長

⑬ ダムによって貯留された流水が当該ダムの洪水吐きから異常に放流された事故

報告先：(電)→部長，(自)→部長

⑭ 第一号から前号までの事故以外の事故であって，電気工作物に係る社会的に影響を及ぼした事故

報告先：(電)→部長，(自)→部長

(電)：電気事業者，(自)：自家用電気工作物の設置者，部長：所轄保安監督部長，大臣：経済産業大臣

自家用電気工作物から供給義務のある一般送配電事業，配電事業又は特定送配電気事業の設備に事故波及して供給支障事故となった，いわゆる「**波及事故報告**」である。太陽電池発電所及び風力発電所については，令和3年（2021年）3月に報告規則の改正により主要電気工作物の範囲が拡大され，前者は出力50 kW以上から出力10 kW以上に，後者は出力20 kW以上から出力制限なしとなった。さらに，令和3年（2021年）3月10日の経済産業省令により電気関係報告規則が改正され，同年4月1日から太陽電池発電設備（出力10 kW以上）及び風力発電設備の電気火災事故等の報告が一般用電気工作物の設置者等にも義務付けられた。令和5年（2023年）3月20日の経済産業省令により，太陽電池発電設備（出力10 kW以上50 kW未満）及び風力発電設備（出力20 kW未満）が，小規模事業用電気工作物に分類されことに伴う改正がされた。

- **報告の期限**　表2.10に示された事故が発生した場合の報告は，事故の発生を知った時から，**24時間以内**に可能な限り速やかに行う「**速報**」と**30日以内**に行う「**詳報**」とがある。速報は迅速に行うことが求められていることから，「事故発生日時」，「事故発生場所」及び「事故の概要」を電話等により期限内に行うことで報告したことになる。詳報は，①件名，②報告事業者（事業者名（電気工作物の設置者名），住所），③発生日時，④事故発生の電気工作物（設置場所，使用電圧），⑤状況，⑥原因，⑦被害状況（死傷の有無，火災の有無，供給支障の有無（供給支障電力，供給支障時間），その他（上記以外の他に及ぼした障害），及びそれぞれの内容），⑧復旧日時，⑨防止対策，⑩主任技術者の氏名及び所属（外部委託承認がある場合は，委託先情報），⑪電気工作物の設置者の有無を記載することとなっている。なお，電気関係報告規則においては，速報や詳報の字句は使用されていない。

c）高濃度PCB含有電気工作物に関する報告　平成28年（2016年）8月1日に「ポリ塩化ビフェニル廃棄物の適正な処理の推進に関する特別措置法の一部を改正する法律」（以下「PCB特措法」という）が施行され，高濃度ポリ塩化ビフェニル使用製品の所有事業者は，高濃度ポリ塩化ビフェニル使用製品の種類や，保管の場所が所在する区域に応じて，定められた期間内に処分等をしなければならないこととなった。

変圧器や電力用コンデンサなど電気工作物である高濃度ポリ塩化ビフェニル使用製品（以下「高濃度 PCB 含有電気工作物」という）については，電気事業法の定めるところによる届出や処分等をすることとされている。PCB 特措法の改正に関連して平成 28 年 9 月 23 日に PCB を含有する電気工作物に関する各種の報告は電気関係報告規則（以下「報告規則」という）に規定された。高濃度 PCB 含有電気工作物の使用禁止は電気設備技術基準第 19 条第 14 項に規定されている（p. 150「PCB 入り機器の施設禁止」参照）。

①　**用語の定義と規制対象**

報告規則第 1 条第 2 項第十三号に「**高濃度ポリ塩化ビフェニル含有電気工作物**」の定義がされており，その要旨は「使用されている絶縁油に含まれるポリ塩化ビフェニルの重量の割合が 0.5 パーセントを超えるものをいう。」である。規制の対象となる PCB 含有電気工作物は，平成 28 年経済産業省告示第 237 号において，変圧器（一般送配電事業者等の柱上変圧器は除く），電力用コンデンサ，計器用変成器，リアクトル，放電コイル，電圧調整器，整流器，開閉器，遮断器，中性点抵抗器，避雷器及び OF ケーブルの 12 のものが掲げられている。

②　**PCB 含有電気工作物の届出**

これは PCB 含有電気工作物については新たに報告規則第 4 条の 2 に電気工作物の変更や廃止に係る届出に関する事象や届出期間及び届出様式が詳細に規定されている。

2.5　電気主任技術者資格の取得

電気事業用の電気工作物と自家用電気工作物の工事，維持又は運用を行う主任技術者になるためには，電気主任技術者の資格を取得しなければならない。この資格を得るためにはどのような方法があるかを述べる。

この資格取得の方法に関しては，平成 5 年（1993 年）10 月に，主任技術者の資格等に関する省令が大幅に改正された。例えば，試験制度では，6 科目の筆記試

表 2.11　電気主任技術者の種類と実務経験年数

電気主任技術者免状の種類	最低実務経験年数			
	大学卒	短大・高専卒	高校卒	免状取得者
第1種	50 kV 以上の電気工作物に関するもの 5年以上	—	—	50 kV 以上の電気工作物に関するもの 第2種電気主任技術者免状の交付後5年以上
第2種	10 kV 以上の電気工作物に関するもの 3年以上	10 kV 以上の電気工作物に関するもの 5年以上	—	10 kV 以上の電気工作物に関するもの 第3種電気主任技術者免状の交付後5年以上
第3種	500 V 以上の電気工作物に関するもの 1年以上	500 V 以上の電気工作物に関するもの 2年以上	500 V 以上の電気工作物に関するもの 3年以上	—

〔注〕(1) 大学，短大，高専，高校は，すべて学校教育法によるもので，これらと同等以上の教育施設を含む。これらの学校のうち，経済産業大臣が認定したものを卒業（大学院は修了）し，定められた電気工学に関する科目の単位を修めていることが条件となっている。
(2) 大学，短大，高専，高校またはこれと同等以上の場合，実務経験年数は，卒業前の実務年数は1/2として計算する。
(3) 実務経験は，勤務した事業所などの責任者の証明が必要である。
(4) 専門職大学の前期修了者は，短大，高専卒と同じとみなす。

験が4科目となり，これが**第1次試験**と位置づけられた。口述試験は廃止となり，代わりに筆記試験による**第2次試験**が実施されることになった。また，科目別の合格制度も導入されている。認定制度では，実務経験の短縮や学校での取得単位が不足している場合には，不足学科単位の科目に該当する試験に合格すれば認定が得られる制度が導入された。新しい認定制度については平成6年（1994年）4月から，試験制度については平成7年（1995年）4月から実施されている。また，平成7年10月の電気事業法の改正に伴い，電気主任技術者試験のすべてが指定試験機関で行われることになった。

(1) 電気主任技術者資格の取得

主任技術者の免状の交付を受けることができるのは，次のいずれか1つに該当

表 2.12　電気主任技術者試験の種類と科目等

	1　次　試　験	2　次　試　験（第1種及び第2種のみ）
試験科目	①　電気理論，電子理論，電気計測，電子計測	
	②・発電所，蓄電所及び変電所の設計運転 ・送電線路及び配電線路（屋内配線を含む）及び運用	①　左に同じ ＋(電気施設管理)
	・電気材料	
	③・電気機器，パワーエレクトロニクス	→②・電気機器・パワーエレクトロニクス ・自動制御・メカトロニクス
	・電動機応用，照明，電熱，電気化学，電気加工	
	・自動制御・メカトロニクス	（→②）
	・電力システムに関する情報伝送及び処理	
	④・電気法規（保安に関するものに限る）	
	・電気施設管理	①に含めて出される。
出題方式	全問解答方式	問題選択解答方式
解答方式	・簡易記述方式 ・解答選択方式	・一般記述方式 ・解答誘導記述方式

〔注〕（1）試験科目は，主任技術者資格省令により定められている。
（2）出題方式・解答方式の内容は，電気主任技術者資格審査委員会の報告により指向されているもの。

する者である(法第 44 条第 2 項)。免状の交付は経済産業大臣により行われるが，指定試験機関に交付事務を委託できるようになったので，平成 9 年（1997 年）度から試験合格者の免状は同機関で行われている（法第 44 条の 2)。

①　主任技術者免状の種類ごとに経済産業省令で定める学歴又は資格及び実務の経験を有するもの

②　電気主任技術者試験に合格したもの（電気主任技術者免状の場合のみ）

詳細は,「電気事業法の規定に基づく主任技術者の資格等に関する省令」により定められているが，電気主任技術者の場合について，①及び②についてその概要を述べる。

a）　学歴・資格と実務経験による場合（主任技術者資格省令第 1 条）　第 1 種～第 3 種までの電気主任技術者免状の種類により，学歴又は資格と実務経験は表

2.11のように定められている。

表2.11の注(1)にある定められた科目とは，表2.12に掲げられている試験科目であるが，この科目の一部を修めないで卒業したもの（これを「**単位不足者**」という）については，2科目を限度として，不足科目に該当する科目の1次筆記試験に合格したものは，認定が受けられる（主任技術者資格省令第1条第2項）。ただし，表2.12の①電気理論，電子理論，電気計測及び電子計測については，この単位不足者救済制度の対象になっていない。

免状交付申請は，経済産業大臣あてに様式に従って産業保安監督部長を経由して書類を提出する。書類は，主任技術者免状交付申請書，実務経験証明書及び戸籍抄本又は住民票の写し（6か月以内のもの）のほか，学歴により申請するものは卒業証明書と単位取得証明書が，電気主任技術者試験合格の資格により申請するものは試験結果通知書が必要となる（法第44条第2項第一号，主任技術者資格省令第4条第1項）。

b）　試験の合格による場合　　電気主任技術者試験は，これに合格しただけでは，免状は交付されない。合格した者もあらためて主任技術者の免状交付申請を**(一財)電気技術者試験センター**を経由して経済産業大臣にしなければならない。この場合の書類は，定められた様式の主任技術者免状交付申請書，技術者試験の試験結果通知書及び戸籍抄本又は住民票の写し（6か月以内のもの）が必要である（法第44条第2項第二号，主任技術者資格省令第4条第3項）。

（2）　電気主任技術者試験

電気主任技術者試験は，毎年少なくとも1回以上（第3種試験にあっては毎年2回以上）実施され，電気工作物の工事，維持又は運用の保安に関し必要な知識及び技能について行われる。

試験は，平成7年（1995年）度からは筆記試験のみにより行われ，第1種及び第2種の試験については，1次筆記試験と2次筆記試験が行われる。1次筆記試験に合格した者のみが，2次筆記試験が受けられる。2次筆記試験に不合格となった場合は，1年間の留保期間が認められているので，翌年の2次試験を受けることができる（法第45条第3項，主任技術者資格省令第6条）。

1次試験には，科目別合格制度が平成7年（1995年）から導入され，3年間のうちに4科目を全部合格すればよいことになった（主任技術者資格省令第7条の2）。

試験の実施は，「一般財団法人電気技術者試験センター」により行われる。

試験の科目は，表2.12に示されるとおりで，1次試験は電子理論，パワーエレクトロニクス，情報伝送・処理など新しい分野の試験も行われる。平成6年（1994年）度までは2日間に6科目行われていたが，平成7年（1995年）度からは，1次試験は4科目となり，1日で行われることになった。2次試験は2科目で1日で行われる。1次試験の問題数も従来のものよりも大幅に変わり，第1種及び第2種の場合，従来は記述方式が大半であったが，今後は解答選択方式や記述方式でも穴埋め方式など簡易な方式となっている。その結果，問題数は従来3問（第2種の場合は1問は穴埋め方式）であったものが，6問から10問となっている。

一方，第3種は問題出題方式には変更なく，出題数が半減され，5者択一方式によるA問題が10問，計算中心のB問題が2問と計12問の出題となっている。

2次試験は，従来の口述試験に代わるものであり，電気・電子理論，情報伝送・処理，電気法規は出題されない。出題方式は，いくつかの問題のうち指定された数の問題を選んで解答する「問題選択解答形式」がとられ，6問程度の出題の中から4問解答することになる。解答方式には，従来の「一般記述方式」に加え，「解答誘導記述方式（解答用紙に一部解答例を明示するもの又は解答記載様式を指定し，これにならって解答する方式）」がとられる。

表2.12からもわかるように，2次試験の1科目は，1次試験②の発変電，送配電に同④の電気施設管理を含めたもの，2科目目は同③のうち，電気機器，パワーエレクトロニクス，自動制御，メカトロニクスとなっている。

2.6　一般用電気工作物の保安体制

一般用電気工作物は，その大部分が一般家庭の屋内配線と機器である。また，一般用電気工作物を所有又は占有している人は，通常電気について特別に知識や技能があるわけではなく，むしろ全くない人も多数いる状態であるので，一般用電気工作物と直接に電気的に接続する電線路を維持し，及び運用する者（電線路維持運用者）に一般用電気工作物の状態を調査しなければならないことが義務付けられている（法第57条）。電線路維持運用者は，ほとんどが一般送配電事業者であるが，特定送配電事業者や自家用電気工作物設置者の場合もある。これを一般用電気工作物の**調査義務**という。一般用電気工作物の保安の確保には，このほか，第1種又は第2種の電気工事士による電気の工事，登録電気工事業者による工事及び電気用品安全法による材料や使用機器の規制などがある。また，国による立入検査などもできることになっている。

（1）　調査義務

一般用電気工作物の調査義務は，前述のようにこれと電気的に接続する電線路（引込線）を維持・運用する者に課せられているが，この内容は，一般用電気工作物が電気設備の技術基準に適合して施設されているか否かを調査し，適合していないときはその所有者又は占有者に対し，適合するようにするためのとるべき措置，及び措置をとらなかった場合に生ずべき結果を通知することである（法第57条第2項）。この調査は，一般の住居に入って行うため，住居に立入ることを拒否された場合にまで調査の義務はないとされている。

- **調査の時期**　　新・増設工事のあった場合とそれ以降原則として4年に1回の頻度で行う。また，一度技術基準に適合しない点を通知した後，通知された者の求めに応じて再調査して不良箇所の改修状況の確認をすることが定められている（施行規則第96条）。一般用電気工作物のうちでも，その所有者や占有者が保守管理業務を経済産業大臣又は産業保安監督部長の登録を受けた電気工事業の組合等（「**登録点検業務受託法人**」と呼ばれる）に任せているものにあっては，5年に1回以上の調査でよいことになっている。

（2）　技術基準適合命令と立入検査

一般用電気工作物を調査し，技術基準に適合しない場合には，通知が出されて，一般用電気工作物の所有者や占有者はこれを修理などして安全を確保するのが通常であるが，通知されても修理など適切な処置をとらないものに対しては，経済産業大臣が法的な権限に基づいて，その一般用電気工作物を修理・改造・移転・使用の一時停止，使用の制限を内容とする**技術基準適合命令**を発することができる。これは，一般用電気工作物の保安確保に対する最後の行政措置である（法第56条）。

このような場合に，一般用電気工作物が技術基準に適合しているかどうかを確認するため，経済産業大臣は職員に一般用電気工作物の設置の場所に立入検査させる権限を有している（法第107条第5項）。

（3） 調査業務の委託と登録調査機関

a） 調査業務の委託　電気工作物に電気的に接続する電線路の電線路維持運用者に調査義務が課せられているが，この調査業務を，経済産業省に登録された「**登録調査機関**」に委託することが認められている（法第57条の2）。登録調査機関に調査を委託した場合は，調査の義務もそれに伴う責任もなく，すべて委託を受けた登録調査機関が責任をもって調査をすることになる。

b） 登録調査機関　登録調査機関は，平成11年（1999年）に法改正が行われるまでは，公益法人であることが要件となっており，昭和41年（1966年）頃から全国に10の電気保安協会が指定され，調査業務の一部が委託されている。平成11年（1999年）の法改正により，公益法人の要件が削られたことから，平成11年7月から電気工事関係の組合や一般企業も登録調査機関となることができるようになった。

登録調査機関に関する登録の基準，調査の義務については，法及び同施行規則に詳細に規定されている（法第89条～第96条，施行規則第127条～第132条）。

2.7 電気工事士法

電気工事士法は，本来，一般用電気工作物の電気保安の確保に寄与するために作られた法律であるが，昭和62年（1987年）9月に，電気工事業の業務の適正化に関する法律（電気工事業法）とともに，その一部が改正され，最大電力500 kW未満の需要設備（非常用発電設備は含まれる）である自家用電気工作物の電気工事もこの法律の規制がかかることになった。その結果，一般用電気工作物の電気工事は**第1種又は第2種の電気工事士**が，上記の自家用電気工作物の電気工事は**第1種電気工事士**が，それぞれ行うことが義務付けられるなど大幅に内容が変わった。自家用電気工作物の電気工事に係る規制は，平成2年（1990年）9月から実施されている。

（1） 電気工事士法の目的

電気工事士法は，一般用電気工作物等，小規模事業用電気工作物（以下「一般用電気工作物」という）及び自家用電気工作物の電気工事の作業に従事する者の資格及び義務を定めることによって電気工事の欠陥による災害の発生の防止に寄与することを目的として制定された法律である（法第1条）。つまり，電気工事士法は，電気工事の欠陥によって発生する各種の災害を防止するため，その電気工事をする人を規制している。ここに，「防止に寄与する」とは，この法律のみで，すべて災害の発生を防止できるというものではなく，電気事業法や電気用品安全法と相まって災害の発生を防止するという意味である。

（2） 電気工事の種類と資格

電気工事士法でいう**電気工事**とは，一般用電気工作物等又は自家用電気工作物を設置し，又は変更する工事と定義されている。したがって，電気事業用の電気工作物の電気工事は，この法律でいう電気工事にはならないため，その工事に関しては特に資格は要求されない。この法律では，自家用電気工作物も定義されており，この定義から外れる自家用電気工作物の電気工事を行う場合も特に資格は要求されていない。各種の電気工作物の電気工事の種類と従事できる資格者の関係をまとめると表2.13のようになる。

一般用電気工作物は，電気事業法第38条第1項で定められている「一般用電気

表 2.13 電気工事の種類と資格

<table>
<tr><th colspan="4">電気工作物の種類と範囲</th><th>電気工事をする場合の資格</th></tr>
<tr><td>電気事業用電気工作物</td><td colspan="3">発電所，蓄電所，変電所，送電線路，配電線路，保安通信設備等</td><td></td></tr>
<tr><td rowspan="7">自家用電気工作物</td><td colspan="3">発電所，蓄電所，変電所，送電線路*1，保安通信設備等</td><td></td></tr>
<tr><td colspan="3">最大電力 500 kW 以上の需要設備</td><td></td></tr>
<tr><td colspan="3">最大電力 500 kW 未満の需要設備（配電設備も含まれる）</td><td>第 1 種電気工事士</td></tr>
<tr><td rowspan="3"></td><td rowspan="2">特殊電気工事</td><td>ネオン工事*2</td><td>ネオン工事に係る特種電気工事資格者</td></tr>
<tr><td>非常用予備発電装置工事*3</td><td>非常用予備発電装置に係る特種電気工事資格者</td></tr>
<tr><td>簡易電気工事</td><td>600 V 以下の電気設備の工事</td><td>第 1 種電気工事士又は認定電気工事従事者</td></tr>
<tr><td>一般用電気工作物等</td><td colspan="3">主として一般家庭の屋内配線，屋側配線等</td><td>第 1 種電気工事士又は第 2 種電気工事士</td></tr>
</table>

〔注〕 *1 **送電線路**とは，発電所相互間，変電所相互間又は発電所と変電所との間の電線路をいう。
*2 **ネオン工事**とは，ネオン用として設置される分電盤，主開閉器（電源側の電線との接続部分を除く），タイムスイッチ，点滅器，ネオン変圧器，ネオン管及びこれらの附属設備に係る電気工事をいう。
*3 **非常用予備発電装置工事**とは，非常用予備発電装置として設置される原動機，発電機，配電盤（他の需要設備との間の電線との接続部を除く）及びこれらの附属設備に係る電気工事をいう。

工作物」と同じであるが，自家用電気工作物の定義は，電気事業法第 38 条第 4 項で定める「自家用電気工作物」の定義から，発電所，蓄電所，変電所，最大電力 500 kW 以上の需要設備その他の経済産業省令で定めるものは除かれている（法第 2 条第 2 項）。経済産業省令では，送電線，開閉所及び保安通信設備が定められている。したがって，**自家用電気工作物の電気工事**というのは，最大電力 500 kW 未満の需要設備（非常用予備発電設備及び配電設備は需要設備の中に含まれる）である自家用電気工作物の電気工事ということになる（法第 2 条）。

一般用電気工作物等の電気工事の作業は，第 1 種電気工事士又は第 2 種電気工事士の免状の交付を受けているものでなければ行うことができない。自家用電気

表 2.14 電気工事士でなければできない電気工事の作業

① 電線相互を接続する作業（電気さく（定格一次電圧 300 V 以下であって感電により人体に危害を及ぼすおそれがないように出力電流を制限することができる電気さく用電源装置から電気を供給されるものに限る。以下同じ）の電線を接続するものを除く）
② がいしに電線（電気さくの電線及びそれに接続する電線を除く。③，④及び⑧において同じ）を取り付け，又はこれを取り外す作業
③ 電線を直接造営材その他の物件（がいしを除く）に取り付け又はこれを取り外す作業
④ 電線管，線ぴ，ダクトその他これらに類する物に電線を収める作業
⑤ 配線器具を造営材その他の物件に取り付け，若しくはこれを取り外し，又はこれに電線を接続する作業（露出型点滅器又は露出型コンセントを取り換える作業を除く）
⑥ 電線管を曲げ，若しくはねじ切りし，又は電線管相互若しくは電線管とボックスその他の附属品とを接続する作業
⑦ 金属製のボックスを造営材その他の物件に取り付け，又はこれを取り外す作業
⑧ 電線，電線管，線ぴ，ダクトその他これらに類する物が造営材を貫通する部分に金属製の防護装置を取り付け，又はこれを取り外す作業
⑨ 金属製の電線管，線ぴ，ダクトその他これらに類する物又はこれらの附属品を，建造物のメタルラス張り，ワイヤラス張り又は金属板張りの部分に取り付け，又はこれらを取り外す作業
⑩ 配電盤を造営材に取り付け，又はこれらを取り外す作業
⑪ 接地線（電気さくを使用するためのものを除く）を自家用電気工作物（自家用電気工作物のうち最大電力 500 kW 未満の需要設備において設置される電気機器であって電圧 600 V 以下で使用するものを除く）に取り付け，若しくはこれを取り外し，接地線相互若しくは接地線と接地極（電気さくを使用するためのものを除く）とを接続し，又は接地極を地面に埋設する作業
⑫ 電圧 600 V を超えて使用する電気機器に電線を接続する作業

〔注〕 * ⑪は，第2種電気工事士の場合は，「自家用電気工作物」とあるのを，「一般用電気工作物等」と読み替える。
** ⑫は，第1種電気工事士のみにかかる作業

工作物の電気工事の作業は，第1種電気工事士の免状の交付を受けているものでなければ行うことができない。ただし，自家用電気工作物の電気工事であっても低圧の電気工作物のみの電気工事の作業は，**認定電気工事従事者**が行うことができる（法第3条第4項）。

一方，自家用電気工作物の電気工事であっても，ネオン工事や非常用予備発電装置の特殊電気工事は，それぞれの**特種電気工事資格者**でなければ，その作業に従事することはできない。

表 2.15　電気工事士でなくても作業できる軽微な工事

①　電圧 600 V 以下で使用する差込み接続器，ねじ込み接続器，ソケット，ローゼットその他の接続器，又は電圧 600 V 以下で使用するナイフスイッチ，カットアウトスイッチ，スナップスイッチその他の開閉器にコード又はキャブタイヤケーブルを接続する工事
②　電圧 600 V 以下で使用する電気機器（配線器具を除く）又は電圧 600 V 以下で使用する蓄電池の端子に電線（コード，キャブタイヤケーブル及びケーブルを含む）をねじ止めする工事
③　電圧 600 V 以下で使用する電力量計若しくは電流制限器又はヒューズを取り付け，又は取り外す工事
④　電鈴，インターホーン，火災感知器，豆電球その他これらに類する施設に使用する小型変圧器（二次電圧が 36 V 以下のものに限る）の二次側の配線工事
⑤　電線を支持する柱，腕木その他これらに類する工作物を設置し，又は変更する工事
⑥　地中電線用の暗きょ又は管を設置し，又は変更する工事

（3）　電気工事士でなければできない電気工事の作業

電気工作物の種類や対象設備の種類による電気工事の区分は，（2）項で述べたとおりであるが，電気工事の作業のうち，電気保安上有資格者でなければ行ってはならない作業が詳細に定められている。

具体的には，表 2.14 の電気工事の作業がこれに該当するものである。ただし，この表に掲げる作業であっても，電気工事士が作業するときに，電気工事士でないものが電気工事士の作業を補助することは差し支えない（施行規則第 2 条）。

（4）　電気工事士でなくても作業できる軽微な工事

表 2.14 に示された電気工事の作業のうちでも，表 2.15 に示すような電気保安上支障のないものは，特に軽微な工事として，電気工事士等の資格がない者でもその工事を行うことができることになっている（施行令第 1 条）。

（5）　電気工事士免状その他の資格者認定証の交付

電気工事士免状の種類は，第 1 種電気工事士免状と第 2 種電気工事士免状とがあり，それぞれ都道府県知事に交付申請することにより，都道府県知事から交付される。特種電気工事資格認定証及び認定電気工事従事者証は経済産業大臣から交付される。

a）　第 1 種電気工事士免状の交付　　第 1 種電気工事士免状は，次のいずれかに該当する者に交付される（法第4条第3項，施行規則第2条の4及び5)。

① 第1種電気工事士試験に合格し，**3年**以上の電気工事の実務の経験のある者

② ①に掲げる者と同等以上の知識及び技能を有していると都道府県知事が認定した者

②の都道府県知事の認定の基準は経済産業省令により定められており，第1種から第3種の電気主任技術者免状の交付を受けている者で，電気工作物の工事，維持又は運用に関する実務に5年以上従事している者やこれと同等以上と経済産業大臣が認めた者* が認定される。

なお，経過措置として，旧電気工事士の免状を受けているもので，電気工事の実務経験が3年以上の者又は無資格者でも電気工事の実務経験が10年以上ある者は，通商産業大臣より指定された講習を平成2年（1990年）8月までに受けることにより，第1種電気工事士の免状が交付された。

b） 第2種電気工事士免状の交付　第2種電気工事士免状は，次のいずれかに該当する者に交付される（法第4条第4項，施行規則第4条)。

① 第2種電気工事士試験に合格した者

② 経済産業大臣の指定した養成施設で所定の課程を修了した者

③ ①及び②に掲げるものと同等以上の知識及び技能を有していると都道府県知事が認定した者**

このうち②の養成施設は，電気工事士養成施設といわれるもので，雇用促進事業団や各県の職業訓練所の電工科などが養成施設として認可されている。

c） 特種電気工事資格者の認定証の交付　特種電気工事資格者の認定証は，

---

* 通商産業省告示により，(一社)日本電気協会又は(一財)電気技術者試験センターが行った高圧電気工事技術者試験に合格し，電気工事の実務経験が3年以上ある者が認められている。

** この場合の認定の基準は，電気工事士法施行規則第4条に定められていて，旧電気工事技術者検定規則による検定に合格したもの，職業訓練法による電工の職業訓練指導員免許を試験に合格してもらったもの，職業訓練法による電工の職業訓練指導員の免許を認定により得た者で，公共又は認定職業訓練の実務に1年以上従事している者，旧電気工事人取締規則による免許を受けたもので，昭和25年(1950年) 1月1日以降屋内配線，又は屋側配線の業務に10年以上従事していたもの，その他上記の者と同等以上と経済産業大臣が認めたものとなっている。

ネオン工事に係るものと非常用予備発電装置に係るものとがあり，それぞれの工事ごとに次のいずれかに該当するものに交付される（法第4条の2，施行規則第4条の2）。

①　**ネオン工事に係るもの**

ア）　電気工事士であって，免状の交付を受けた後，ネオン用の分電盤，主開閉器，タイムスイッチ，点滅器，ネオン変圧器，ネオン管及びこれらに附属する設備の工事（以下「**ネオン工事**」という）に5年以上従事し，かつ，ネオン工事資格者認定講習の課程を修了した者

イ）　電気工事士であって，免状の交付を受けた後，経済産業大臣が定めるネオン工事に必要な知識及び技能を有するかどうかを判定するための試験に合格した者

②　**非常用予備発電装置に係るもの**

ア）　電気工事士であって，免状の交付を受けた後，非常用予備発電用の原動機，発電機，配電盤及びこれらに附属する設備の工事（以下「**非常用予備発電装置工事**」という）に5年以上従事し，かつ，非常用予備発電装置工事資格者認定講習の課程を修了した者

イ）　経済産業大臣が定める受験資格を有する者であって，経済産業大臣が定める非常用予備発電装置工事に関する講習（ア）に規定するものを除く）の課程を修了し，かつ，経済産業大臣が定める非常用予備発電装置工事に必要な知識及び技能を有するかどうかを判定するための試験に合格した者

d）　認定電気工事従事者の認定証の交付　　認定電気工事従事者認定証は，次のいずれかに該当する者に交付される（施行規則第4条の2第2項）。

①　第1種電気工事士試験に合格した者

②　第2種電気工事士であって，免状の交付を受けた後，電気工事の実務経験3年以上を有し，又は認定電気工事従事者認定講習の課程を修了したもの

③　電気主任技術者免状の交付を受けた後又は電気主任技術者となった後，電気工作物の工事，維持若しくは運用に関し3年以上の実務の経験を有し，又は認定電気工事従事者認定講習の課程を修了したもの

④　①～③に掲げる者と同等以上の知識及び技能を有していると経済産業大臣が認定した者

e）　各種免状等の交付申請手続　　第１種又は第２種の電気工事士免状の交付を受けるには，都道府県知事に，次の書類を作成し申請する（法第４条，施行令第２条，施行規則第５条，第６条）。

①　電気工事士免状交付申請書（施行規則様式第２によるもの）
②　住民票
③　写真（6か月以内に撮影した横3cm，縦4cmのもの，裏面に氏名記入）2枚
④　第１種又は第２種の電気工事士のそれぞれの資格要件に該当するものであることを証明する書類

なお，第１種及び第２種の電気工事士の資格で認定を受ける必要がある者は，認定申請書（施行規則様式第１の４によるもの）を同時に出し，認定を受ける必要がある。

特種電気工事資格者又は認定電気工事従事者の認定証の交付を受けるには，所轄の産業保安監督部長に，次の書類を作成し申請する（法第４条の2，施行規則第5条の2，第９条の2）。

①　特種電気工事資格者（認定電気工事従事者）認定証交付申請書（施行規則様式第５の２によるもの）
②　特種電気工事資格者又は認定電気工事従事者のそれぞれの資格要件に該当する者であることを証明する書類
③　住民票，写真（電気工事士の場合と同じもの）２枚

これらの資格で認定を受ける必要がある者は，認定申請書（施行規則様式１の５によるもの）を同時に出し，認定を受ける必要がある。

これら各種の免状や認定証の交付後，本人の氏名など記載事項に変更があった場合は，これらの書換えを申請する必要がある。また，免状を損じたり紛失した場合は，再交付を受けることもできる。

なお，次のいずれかに該当するものは，電気工事士免状や各種認定証の交付を

表 2.16　定期講習の内容

科　　目	範　　囲
自家用電気工作物の保安に関する法令	電気工事士法，同法施行令及び同法施行規則並びにその他関係法令の概要及び改正の内容
自家用電気工作物に係る電気工事に関する知識	①　自家用電気工作物に係る電気工事の施工方法の概要 ②　自家用電気工作物に係る電気工事に関する技術進歩の内容
自家用電気工作物に係る電気工事に関する事故例	自家用電気工作物に係る電気工事に関する事故及びその原因

行わないことができることになっている。

①　電気工事士免状又は特種電気工事資格者若しくは認定電気工事従事者証の返納を命ぜられ，その日から1年を経過しないもの

②　この法律の規定に違反し，罰金以上の刑に処せられ，その執行を終わり，又は執行を受けることがなくなった日から2年を経過しないもの

(6)　第1種電気工事士の講習

第1種電気工事士の場合は，免状の交付を受けた日から5年以内ごとに，経済産業大臣に指定された一般財団法人 電気工事技術講習センター等が行う自家用電気工作物の保安に関する**定期講習**を受けなければならない（法第4条の3)。

定期講習の内容は，表2.16のとおりである。次に掲げるような事由がある場合は，5年以内に受けることができない場合や，やむを得ない場合として延期することも認められている。

①　海外出張をしていたこと。

②　疾病にかかり，又は負傷したこと。

③　災害に遭ったこと。

④　法令の規定により身体の自由を拘束されていたこと。

⑤　社会の慣習上又は業務の遂行上やむを得ない緊急の用務が生じたこと。

⑥　前各号に掲げるもののほか，経済産業大臣が指定する者（(一財)電気工事技術講習センター）がやむを得ないと認める事由があったこと。

表 2.17　筆記試験の科目

試験の種類	科目	
第1種電気工事士試験	①　電気に関する基礎理論 ②　配電理論及び配線設計 ③　電気応用 ④　電気機器，蓄電池，配線器具，電気工事用の材料及び工具並びに受電設備 ⑤　電気工事の施工方法	⑥　自家用電気工作物の検査方法 ⑦　配線図 ⑧　発電施設，送電施設及び変電施設の基礎的な構造及び特性 ⑨　一般用電気工作物等及び自家用電気工作物の保安に関する法令
第2種電気工事士試験	①　電気に関する基礎理論 ②　配電理論及び配線設計 ③　電気機器，配線器具並びに電気工事用の材料及び工具 ④　電気工事の施工方法	⑤　一般用電気工作物等の検査方法 ⑥　配線図 ⑦　一般用電気工作物等の保安に関する法令

表 2.18　技能試験の内容

①　電線の接続 ②　配線工事 ③　電気機器，蓄電池*及び配線器具の設置 ④　電気機器，蓄電池*，配線器具並びに電気工事用の材料及び工具の使用方法 ⑤　コード及びキャブタイヤケーブルの取り付け	⑥　接地工事 ⑦　電流，電圧，電力及び電気抵抗の測定 ⑧　一般用電気工作物等又は自家用電気工作物*の検査 ⑨　一般用電気工作物等又は自家用電気工作物の操作*及び故障箇所の修理

〔注〕　*印は第1種電気工事士試験のみ

(7)　電気工事士試験

電気工事士試験には，**第1種電気工事士試験**と**第2種電気工事士試験**があり，第2種電気工事士試験は一般用電気工作物の保安上必要な知識及び技能について行われる。第1種電気工事士試験は自家用電気工作物の保安上必要な知識及び技能についても行われる（法第6条）。

試験は，経済産業大臣が行うことになっているが，経済産業大臣が指定する者に実施事務を行わせることができることになっており，実際はこの指定試験機関（(一財)電気技術者試験センター）が行っている（法第7条）。

試験は，**筆記試験**と**技能試験**により行われ，技能試験は筆記試験の合格者及び筆記試験の免除者について行われるものである。**筆記試験の免除者**とは，第1種電気工事士試験は，電気主任技術者免状の交付を受けているもの，第2種電気工事士試験は，このほか，新制工業高校又は旧制工業学校以上の学校において，電気理論・電気計測その他の電気工事士法施行規則で定める学科を修めて卒業した者及び改正前の鉱山保安法第18条による試験のうち電気保安に関する事項を分掌する係員の試験に合格した者となっている。

技能試験は，筆記試験に合格した年に失敗しても，もう一度次回の技能試験を受けることができる。筆記試験及び技能試験の内容は，表2.17及び表2.18に掲げるような内容のものである。

- **受験手続**　試験を受験しようとする場合は，次の書類を指定試験機関（経済産業大臣が行う場合は，所轄産業保安監督部長を経由して経済産業大臣）に提出しなければならない（施行令第11条）。

①　電気工事士試験受験願書

②　写真（6か月以内に撮影した横3 cm，縦4 cmのもの）1枚

③　筆記試験の免除を申請する場合は，免除されることを証明する書類も添付する。

（8）電気工事士等の義務

電気工事士，特種電気工事資格者又は認定電気工事従事者（以下「電気工事士等」という）の義務としては，次のようなものがある。

①　電気工事士等は，電気工事の作業に従事するときは，電気事業法による電気設備の技術基準に適合するようにその作業をしなければならない（法第5条）。

②　電気工事士等は，電気工事の作業に従事するときは，電気工事士免状又はそれぞれの認定証を携帯していなければならない（法第5条）。

③　都道府県知事から，電気工事士法第9条の規定により，電気工事の業務に関し報告を求められた場合は，報告しなければならない。

④　その他電気用品安全法第28条により，電気用品を電気工事に使用する場合は，それぞれ所定の表示のあるものを使用しなければならない。

2.8　電気用品安全法

社会文明の発達に伴う電気用品の増加は，その種類や数量において著しいものがある。これらの電気用品には，電気こたつ，電気毛布，電気がま等，各種のものがあるが，その安全を保つことは，消費者保護の観点から重要なことである。電気用品に対する安全は主として製造面や輸入販売の段階において不良電気用品が出ないようにすることが肝要となってくる。

不良電気用品による火災や感電を防止するため，昭和10年（1935年）には電気用品取締規則が，昭和36年（1961年）11月には電気用品取締法が公布（昭和37年（1962年）8月から施行）され，取締りが行われてきた。この電気用品取締法は，時代の要請により再三改正が行われ，特に最近は国際化時代を迎え外国の電気製品が我が国でも容易に販売ができるよう外国からの要請，行政簡素化の面から平成7年（1995年）に大幅な改正が行われ，官による認証制度のみでなく「第三者認定制度」が導入された。そして平成11年（1999年）には，法の名称も「**電気用品安全法**」となり，民間事業者の自主的な活動の促進により，電気用品の安全性を確保することに主眼が置かれた大幅な改正が行われた。

この「電気用品安全法」は平成13年（2001年）4月より施行され，それまでの間は電気用品取締法により規制が続いた。その後，平成19年（2007年）11月にはリチウムイオン蓄電池が，平成23年（2011年）9月にはLEDランプ・LED電灯器具が電気用品の対象になった。

（1）　電気用品安全法の目的

電気用品安全法は，電気用品の製造，販売などを規制するとともに，電気用品の安全性の確保につき民間事業者の自主的な活動を促進することにより，電気用品による危険及び障害の発生を防止することを目的として制定された法律である（法第1条）。

この目的でもわかるように，粗悪な電気用品が出ないようにするために，不良品を，① 製造又は輸入させないこと，② 販売させないこと，③ 使用させないこ

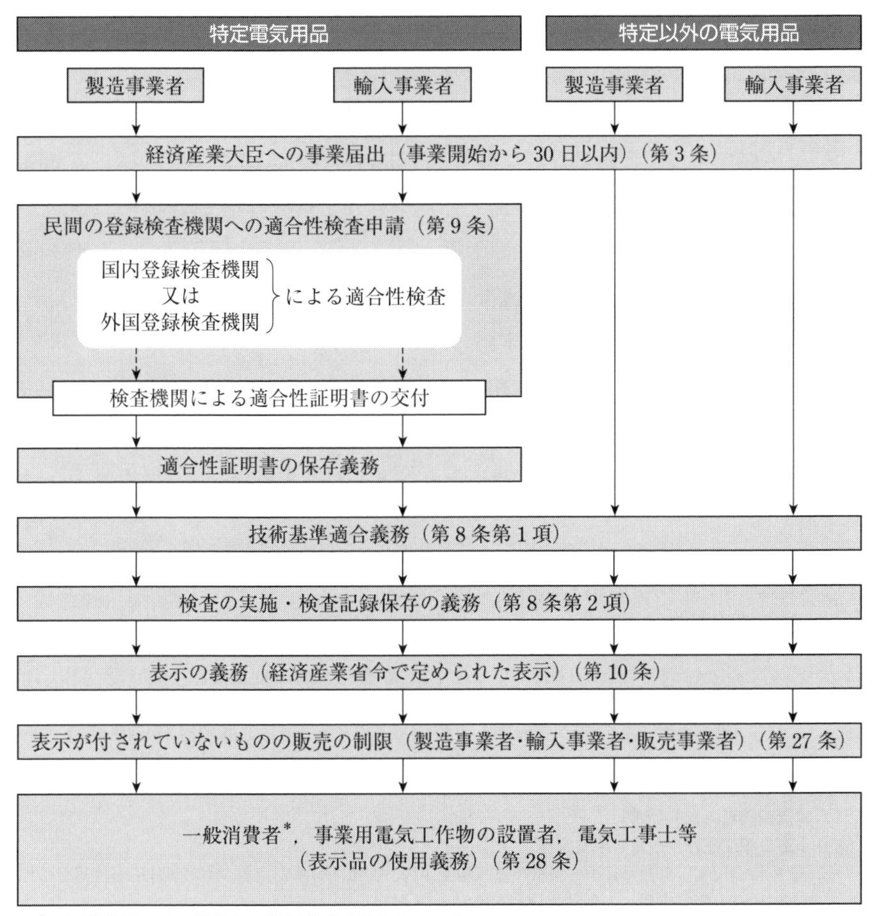

*一般消費者には，法律上は使用義務は課されていない。

図 2.2　電気用品安全法の体系（安全規制の内容及び手続）

と，の段階で取締りを行っている。

電気用品安全法の体系を図示すると，図2.2のようになる。

（2）　電気用品の範囲

電気用品安全法で取り締まられる電気機器や電気材料をこの法律では**電気用品**

と呼んでおり，その電気用品のうち，危険性の高いものを「**特定電気用品**」と定義し，強制認証の対象としている（法第2条）。

a） 電気用品の範囲　電気用品の全体の範囲を，次のように定義している。

ア） 一般用電気工作物等（電気事業法で定められたものをいう。2.3.2項参照）の部分となり，又はこれに接続して用いられる機械器具又は材料であって政令で定められているもの

イ） 携帯発電機等であって，政令で定められているもの

ウ） 蓄電池であって，政令で定められているもの

① **特定電気用品**　特定電気用品は，電気用品のうちで構造又は使用方法その他の使用状況からみて，特に危険又は障害の発生する度合が多いものが指定される。そして，これを製造したり輸入したりする場合は，後述のように，

表2.19 特定電気用品の範囲（116品目）の概要

（1）**電線類**（ゴム系及び合成樹脂系のもの） ①絶縁電線，②ケーブル，③コード，④キャブタイヤケーブル
（2）**ヒューズ**（100 V以上300 V以下） ①温度ヒューズ，②その他ヒューズ（主として定格電流1 A以上200 A以下）
（3）**配線器具** ①点滅器（タンブラースイッチ，中間スイッチ，タイムスイッチ等），②開閉器（箱開閉器，フロートスイッチ，圧力スイッチ，ミシン用コントローラー，配線用遮断器，漏電遮断器等），③カットアウト，④接続器（差込み接続器，ねじ込み接続器，ソケット等）
（4）**電流制限器**（100 A以下）
（5）**小形単相変圧器，放電灯用安定器** ①家庭機器用変圧器，②電子応用機械器具用変圧器，③蛍光灯用安定器，④水銀灯用安定器その他の高圧放電灯用安定器，⑤オゾン発生器用安定器
（6）**電熱器具**（10 kW以下のもの） ①電気便座，②電気温蔵庫，③水道凍結防止器，ガラス曇り防止器等の凍結・凝結防止用電熱器具，④電気温水器，⑤電熱式吸入器その他の家庭用電熱治療器，⑥電気スチームバス用電熱器，⑦電気サウナバス用電熱器，⑧観賞魚用ヒーター，⑨観賞植物用ヒーター，⑩電熱式おもちゃ
（7）**電動力応用機械器具** ①電気ポンプ，②冷蔵・冷凍用ショーケース，③アイスクリームフリーザー，④ディスポーザー，⑤電気マッサージ器，⑥自動洗浄乾燥式便器，⑦自動販売機，⑧電気気泡発生器，⑨電動式おもちゃ等
（8）**高周波脱毛器**
（9）**その他交流用電気機械器具** ①磁気治療器，②電撃殺虫器，③電気浴器用電源装置，④直流電源装置
（10）**携帯発電機**（30 V以上300 V以下）

表 2.20　その他の電気用品の範囲の概要（341 品目）

（1）電線・電気温床線
①絶縁電線（蛍光灯電線，ネオン電線），②ケーブル（導体の公称断面積が 22 mm^2 を超え 100 mm^2 以下のもの），③電気温床線

（2）電線管類
①電線管，可とう電線管，②フロアダクト，③線ぴ，④電線管類の附属品，⑤ケーブル配線用スイッチボックス

（3）ヒューズ
①筒形ヒューズ，②栓形ヒューズ

（4）配線器具
①リモートコントロールリレー，②開閉器（カットアウトスイッチ，カバー付きナイフスイッチ，分電盤ユニットスイッチ，電磁開閉器），③ライティングダクトとその附属品

（5）小形単相変圧器，電圧調整器，放電灯用安定器
①小形単相変圧器（ベル用変圧器，表示器用変圧器等），②電圧調整器，③放電灯用安定器（ナトリウム灯用安定器，殺菌灯用安定器）

（6）小形交流電動機
①単相電動機，②かご形三相誘導電動機

（7）電熱器具（10 kW 以下）
①電気足温器，電気カーペット等の採暖用電熱器具，②電気トースタ，電気ホットプレート，電磁誘導加熱式調理器等の調理用電熱器具，③ひげそり用湯沸器，ヘアカーラー等理容用電熱器具，④電熱ナイフ，電気溶解器等の工作・工芸用電熱器具，⑤タオル蒸し器，投込み湯沸器，電熱ボード（マット，シート），電気ふ卵器，電気香炉等

（8）電動力応用機械器具
ベルトコンベア，電気冷蔵庫等，電動ミシン，電気鉛筆削機，電気芝刈機，電気捕虫機，農業用機械器具，園芸用電気耕土機，こんぶ加工機及びするめ加工機，ジューサー，電気製めん機，電気もちつき機，コーヒーひき機，電気缶切機，電気肉ひき機，電気かつお節削り機，電気洗米機，精米機，ほうじ茶機，包装機械及び荷造機械，電気置時計及び電気掛時計，自動印画定着器及び自動印画水洗機，事務用機械器具，ラミネーター，洗たく物の仕上機械及び洗たく物折たたみ機械，おしぼり巻機，自動販売機及び両替機，理髪いす，電気歯ブラシ，電気バリカン，扇風機，換気扇，温風暖房機，電気洗濯機（脱水機，乾燥機），電気楽器，電気オルゴール，ベル，チャイム，電気グラインダーなどの電動工具，家庭用電動力応用治療器（特定用品のものを除く），浴槽用電気温水循環浄化器（1.2 kW 以下）等

（9）光源応用機械器具
写真焼付器，マイクロフィルムリーダー，スライド映写機，写真引伸機，白熱電球，蛍光ランプ，庭園灯器具，LED ランプ，LED 電灯器具，白熱電灯器具，放電灯器具，広告灯，検卵器，電気消毒器，家庭用光線治療器，充電式携帯電灯，複写機（1.2 kW 以下）等

（10）電子応用機械器具
電子時計，電子式卓上計算機，電子冷蔵庫，インターホン，電子楽器，ラジオ受信機，テープレコーダー等の音響機器，ビデオテープレコーダー，TV 受信機，消磁器，TV 受信機用ブースター，高周波ウェルダー，電子レンジ，超音波ねずみ駆除機，超音波加湿機，超音波洗浄機，電子応用遊戯器具，家庭用低周波治療器，家庭用超音波・超短波治療器

（11）その他
電灯付き家具・コンセント付き家具その他の電気機械器具付き家具，調光器，電気ペンシル，漏電検知器，防犯警報器，アーク溶接機，雑音防止器，医療用物質生成器，家庭用電位治療器，電気冷蔵庫（吸収式のもの），電気さく用電源装置

（12）リチウムイオン蓄電池
単電池 1 個当たりの体積エネルギー密度が 400 Wh/L 以上のものに限り，自動車用，原動機付自転車用，医療用機械器具用及び産業用機械器具用のものを除く。

各種の規制が行われている。この電気用品に該当するものの概要を示すと，表2.19に掲げられているものである（施行令第1条の2，別表第1）。

② **その他の電気用品**　特定電気用品以外の電気用品に該当するものの概要を示すと表2.20に掲げられているものである（施行令第1条，別表第2）。

電気用品の範囲は，おおむね表2.19及び表2.20（各用品の種類により定格や容量に制限があるので詳細は，電気用品安全法施行令の別表第1と別表第2により規制の対象となるかどうか確める必要がある）に示されているものであるが，電気用品の定義からしても一般用電気工作物等の部分となり，又はこれに接続して用いられるということから，

ア）定格電圧は，特殊なものを除き，100 V 以上 300 V 以下（電線は 600 V 以下）のもの

イ）使用周波数は 50 Hz 及び 60 Hz のもの

ウ）容量は比較的小さなもの

というように限定されている。ウ）の「容量の比較的小さなもの」とは，一般の電線であれば導体公称断面積が 100 mm^2 以下のものであり，ケーブルは，同 22 mm^2 以下，線心7本以下等のものに限られる。

電熱器具であれば 10 kW 以下のものが対象となり，電動力応用機器では，特殊な大型のルーム・クーラー等を除き 300 W 以下，又は 500 W 以下等のものが多い。

③ **蓄電池**　蓄電池は，平成19年（2007年）11月21日に電気用品安全法施行令が改正され，電気用品として規制の対象となった。その後平成23年（2011年）9月1日に再び規制の対象範囲が拡大され，リチウムイオン蓄電池（単電池1個当たりの体積エネルギー密度が 400 Wh/L 以上のものに限り，自動車用，原動機付き自転車用，医療用機械器具用及び産業用機械器具用のものを除く）が非特定電気用品として対象となった。

④ **LED ランプ・LED 電灯器具**　平成23年（2011年）9月1日に電気用品安全法施行令が改正され，LED ランプ（定格消費電力が1 W 以上のものであって，一の口金を有するものに限る）及び LED 電灯器具（定格消費電力が1 W 以上のものに限り，防爆型のものを除く）が電気用品の対象となった。

(3)　事業の届出

電気用品の製造又は輸入の事業を行う者は，電気用品の区分に従って，事業開始の日から30日以内に次の事項を経済産業大臣に届け出なければならない（法第3条）。

ア）　氏名又は名称及び住所。法人の場合はその代表者の氏名。

イ）　電気用品の型式の区分。

ウ）　電気用品を製造する工場又は事業場の名称及び所在地。輸入事業者の場合は，電気用品の製造事業者の氏名又は名称及び住所。

この届出をした者は「届出事業者」となり，届出事項に変更があった場合，事業を廃止した場合には経済産業大臣に届け出る必要がある（法第5条，第6条）。

(4)　基準適合義務と記録の保持

特定用途の電気用品で経済産業大臣の承認を受けた場合や試験的に製造又は輸入する場合を除き，届出事業者には，製造又は輸入する電気用品を技術基準に適合するようにする義務と，そのための検査記録を保存する義務が課せられている（法第8条）。

「電気用品の技術上の基準を定める省令（電気用品の技術基準）」は，平成25年（2013年）7月1日に基準を性能規定化するための大改正が行われた。従来，電気用品に係る構造，材料，性能，強度及び表示事項など詳細に規定されていたが，機能化された電気用品の基準は5つの章と20の条文となり，各電気用品の具体的な詳細と規格等は，新しい基準に基づく「電気用品の技術基準の解釈」として従来の基準の内容が規定されている。

(5)　特定電気用品の適合性検査

特定電気用品を製造又は輸入する場合は，その電気用品を販売する時までに，その特定電気用品と検査設備について，経済産業大臣に登録されている「国内登録検査機関」又は「外国登録検査機関」の検査（「適合性検査」という）を受ける必要がある。

検査をして，それぞれの技術基準に適合しているときは「合格証明書」が交付される。交付された証明書は保存する義務がある。

(6)　表示の権利とその禁止

届出事業者には，電気用品を検査して技術基準に適合している場合又は，検査機関による技術基準の適合証明が得られた場合は，経済産業省令に定める方式(図2.3参照）により表示することができる。この表示と紛らわしい表示を他の者がすることは禁止されている（法第10条)。

これらの表示は，次の場合には，経済産業大臣は1年以内の期間を定めて，表示禁止命令が出せることになっている。

① 技術基準に不適合で，危険又は障害の発生を防止するために特に必要があると認められる場合。

② 技術基準適合の検査，その記録，保存の義務を履行していない場合。

③ 経済産業大臣の業務の改善命令に違反した場合（法第12条)。

(7)　販売及び使用の規制

製造や輸入の段階での規制のみでは，完全に不良電気用品を追放することはできないので，これを販売したり，使用したりするものに対して次のような規制が行われている。

a）　販売の規制　電気用品の販売事業者は，図2.3に示された所定の表示がない違法の電気用品を販売したり，販売の目的で陳列してはならない（法第27条)。

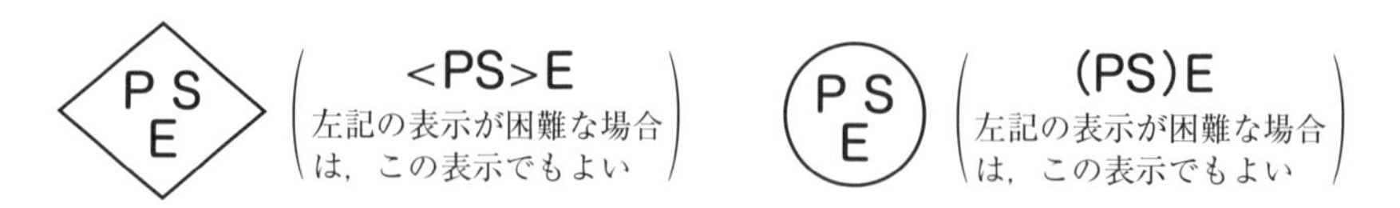

(a)　特定電気用品　　(a)　自己確認品目（特定電気用品以外のもの）

図2.3　電気用品に付するマーク

b） 使用の規制　使用の規制は，主として材料や配線器具などの電気用品を工事に使用する場合の規制であって，電気事業者，自家用電気工作物の設置者及び電気工事士は，図2.3に示すような所定の表示のない電気用品を，電気工作物の設置や変更の工事に使用してはならない。

また，電気用品を部品又は附属品として使用する物品であって，政令で指定されたもの（**指定物品**）の製造を行うものは，所定の表示が付されているものでなければ，指定物品の部品又は附属品として使用することはできない（法第28条）。

（8） 危険等防止命令

経済産業大臣には，次に掲げる事由により危険又は障害が発生するおそれがあると認められる場合には，販売した電気用品の回収と危険や障害の拡大防止対策を命ずる権限が与えられている。

① 電気用品の製造，輸入又は販売の事業を行う者が，表示を付されていないものを販売し又は販売の目的で陳列したこと。

② 届出事業者が技術基準不適合のものを製造，輸入又は販売したこと。

（9） その他の規制

以上のように，電気用品は製造，輸入，販売及び使用の段階で取締りが行われているが，これらの事業者が法律どおりに十分義務を果たしているかどうかをチェックするために，経済産業大臣に報告の徴収，立入検査，電気用品の提出命令及び改善命令などの権限が与えられている（法第45条～第46条の3）。

表2.21 主要な我が国の国内登録検査機関

国内登録検査機関	試験する特定電気用品
一般財団法人 日本品質保証機構	電子応用機械器具に組み込まれる点滅器，電子応用機械器具用変圧器，自動販売機（発振管を有するものに限る）
一般財団法人 電気安全環境研究所 （旧日本電気用品試験所）	上記以外のすべての電気用品

(10)　国内登録検査機関と関連規定

電気用品の技術基準適合性検査を行う機関として，経済産業大臣の登録を受けた**国内登録検査機関**がある。平成11年（1999年）の法改正が実施される平成12年（2000年）4月までは，ほとんどの電気用品の試験は，表2.21に示す試験機関により行われていた。それ以降は，企業の試験機関でも国内登録検査機関になることができるようになり，「テュフ ラインランド ジャパン株式会社」など数社が国内登録機関として認定されているが，その要件は次のように定められている。国内登録検査機関は，公正かつ技術基準に適合する方法により適合性検査を行うこと，正当な理由がない限り適合性検査を拒否できないことが義務付けられている。

① 適合性検査の業務を適確かつ円滑に遂行するに足りる経理的基礎及び技術的能力を有するものであること。

② 法人にあっては，その役員又は法人の種類に応じて経済産業省令で定める構成員の構成が適合性検査の公正な実施に支障を及ぼすおそれのないものであること。

③ 前号に定めるもののほか，適合性検査が不公正になるおそれがないものとして，経済産業省令で定める基準に適合するものであること。

(11)　外国登録検査機関

適合性検査を行う事業所が外国にある場合は，経済産業大臣により登録された「外国登録検査機関」となり，国内登録検査機関とほぼ同様の取扱いを受ける。これは従来の特定外国試験機関に当たるものであるが，その例としては米国のUL社，ドイツのラインランド技術検査協会（TÜV），中国の中国品質認証センター（CQC）などがある。

(12)　第三者認証制度

第三者認証制度は，製造事業者等が民間の専用機関を利用して電気製品等が技術基準に適合していることを確認してもらい，電気製品の利用者がより安全性の

図 2.4　(一財)電気安全環境研究所の認証マークの例

高いものを選べることを目的とした制度である。安全性について客観的な判断を重視する欧米諸国においては，100 年も前から行われ広く普及している。第三者とは，「供給者と購入者以外」のことで，かつ，一般的には民間をさしている。

我が国においては，平成 7 年（1995 年）7 月に第三者認証制度が発足し，主として当時の乙種電気用品を対象として認証が実施されている。認証されたものには，図 2.4 のようなマークが付けられる。我が国では，現在，表 2.21 の 2 機関のほか，株式会社 UL Japan とテュフ ラインランド ジャパン株式会社が，認証サービスを実施している。マークのそばにそれぞれの機関の略称が付けられる。

2.9　電気工事業法

電気工事業法は，正確には「電気工事業の業務の適正化に関する法律」という。この法律は，電気工事業を営む者の登録及び主任電気工事士の設置その他の業務の規制を行うことにより，電気工事業を営む者の業務の適正な実施を確保し，もって，一般用電気工作物，小規模事業用電気工作物（以下「一般用電気工作物等」という）及び自家用電気工作物の保安の確保に資することを目的としている。

(1)　電気工事業を営む者の登録制度（法第 3 条）

① 一般用電気工作物等に係る電気工事業を営もうとする者は，2 つ以上の都道府県の区域内に営業所を設置して事業を営もうとするときは経済産業大臣の，1 つの都道府県の区域内にのみ営業所を設置して事業を営もうとするときは当該営業所の所在地を管轄する都道府県知事の登録を受けなければならない。

② 登録制度の有効適切な運用を確保するため，電気工事業者の登録に有効期間を設け，その期間を５年とし，その有効期間の満了後引続き電気工事業を営もうとする者* は，更新の登録を受けなければならない。

（2） 電気工事業を営む者の通知義務（法第17条の2）

500 kW 未満の自家用電気工作物のみに係る電気工事業を営もうとする者は，その事業を開始しようとする日の10日前までに，2つ以上の都道府県の区域内に営業所を設置して事業を営もうとするときは経済産業大臣に，1つの都道府県の区域内にのみ営業所を設置して事業を営もうとするときは当該営業所を所轄する都道府県知事に，その旨通知しなければならない。この通知をした後，経済産業大臣又は都道府県知事から事業開始までに事業開始の延期等勧告がなければ事業の開始をすることができる。そして，この電気工事業者は**通知電気工事業者**と呼ばれる。

（3） 主任電気工事士の設置義務（法第19条）

登録電気工事業者は，その営業所ごとに，その業務に係る電気工事の作業を管理させるため，第１種電気工事士又は第２種電気工事士の免状の交付を受けた後，電気工事に関し３年以上の実務の経験を有する第２種電気工事士を主任電気工事士として置かなければならない。

（4） 電気工事業者の業務規制

電気工事業者に対して，本法律の目的及び関係法令の規定との関係において，次のとおり規定が設けられている。

① 電気工事業者は，その業務に関し，第１種電気工事士でない者を自家用電

* ②の登録を受けた者を**登録電気工事業者**という。登録を受けなければならない者は電気事業法で定められている一般電気工作物を設置し，又は変更する工事を行う者である。ただし，家庭用電気機械器具の販売に付随して行う工事及び電気工事士でなくてもできるとされている軽微な工事のみをやっている場合は登録を受ける必要はない。

気工事の作業に，第1種電気工事士又は第2種電気工事士でない者を一般用電気工事の作業に，特種電気工事資格者でない者を当該特殊電気工事の作業に従事させてはならないこと（認定電気工事従事者が簡易電気工事の作業に従事する場合は認められる）（法第21条）。

② 請け負った電気工事を電気工事業者でない者に請け負わせてはならないこと（法第22条）。

③ 電気用品安全法による所定の表示が付されている電気用品でなければ，電気工事に使用してはならないこと（法第23条）。

④ 電気工事が適正に行われたかどうかを検査すること等のため，営業所ごとに，一般用電気工作物等の電気工事のみ行う場合は絶縁抵抗計，接地抵抗計及び回路計（抵抗と交流電圧を測定することができるもの）を，自家用電気工作物の電気工事を行う場合は，このほか低圧及び高圧の検電器，継電器試験装置，絶縁耐力試験装置を備えなければならない。なお，継電器試験装置と絶縁耐力試験装置は必要なとき使用できるよう措置してあれば常時備え付けなくてもよい（法第24条，施行規則第11条）。

⑤ 登録電気工事業者は，営業所及び電気工事の施行場所ごとに，その見やすい場所に，氏名（又は名称）及び法人にあっては代表者の氏名，営業所の名称，当該営業所の業務に係る電気工事の種類，登録の年月日及び登録番号，主任電気工事士等の氏名を記した標識を掲示しなければならない（法第25条，施行規則第12条）。

⑥ 通知電気工事業者は，営業所及び電気工事の施行場所ごとに，その見やすい場所に，氏名（又は名称）及び法人にあっては代表者の氏名，営業所の名称，法第17条の2第1項の規定による通知の年月日及び通知先を記した標識を掲示しなければならない（法第25条，施行規則第12条）。

⑦ 営業所ごとに帳簿を備え，電気工事ごとに，注文者の氏名又は名称及び住所，電気工事の種類及び施工場所，施工年月日，主任電気工事士等及び作業者の氏名，配線図，検査の結果を記載し，これを5年間保存しなければならない（法第26条，施行規則第13条）。

復習問題2

1. 電気工作物の種類をあげ，それぞれ簡単に説明せよ。
2. 電気事業法において，自家用電気工作物の保安を確保するための自主保安体制とは，どのようなことか説明せよ。
3. 電気主任技術者が，電気工作物の工事，維持及び運用に関する保安上の監督をすることができる範囲を免状の種類ごとに説明せよ。
4. 自家用電気工作物を設置する者は，次の事故が発生した場合，報告の方式（速報及び詳報の別），報告期限及び報告先について，電気関係報告規則ではどのように定められているか。
   （イ）感電死傷事故
   （ロ）電気火災事故
   （ハ）電圧3kV以上の自家用電気工作物の事故により，一般送配電事業者に供給支障事故を発生させた事故
5. 電気工事士における第1種電気工事士と第2種電気工事士が工事することができる電気工作物の範囲を述べよ。
6. 電気用品安全法で取り締まられる電気用品のうち，特定電気用品として指定されているものをあげよ。
7. 電気工事業法において，登録電気工事業者が備えておかねばならない電気工事における測定器具と検査器具をそれぞれ3つあげよ。

第3章　電気工作物の技術基準

電気工作物による危険や障害を防止するため，電気事業法では，事業用電気工作物は技術基準に適合するように維持されなければならないとしている。

技術基準は，このように電気保安の実質的な内容を定めた最も基本的なものであるから，電気技術者としてはその内容を十分理解しておく必要がある。なお，一般用電気工作物に対しては，電気工事士が技術基準どおりに工事を行うなどの義務があり，実質的に，技術基準はすべての電気工作物の基準である。

3.1　技術基準とは

本節では，電気事業法に基づく技術基準の種類やその性格を知るとともに，電気技術者に特に関係の深い電気設備の技術基準について，その歴史的な流れを学び，最近の技術革新と法規の動きを知り，また電気工作物の障害防止の基本的な考え方やそれがどのように規制されているか等を学ぶこととする。なお，平成9年（1997年）3月に技術基準は全面改正され，規制の性能規定化（機能性化ともいう）が図られ従来のものより大幅な簡素化が行われた。その結果，架空電線と建造物との離隔距離等障害防止のための具体的数値の大部分は技術基準で示されていない。具体的な数値等は，「技術基準の解釈」として公表され，従来の技術基準と同程度の規制内容が定められている。しかし，「解釈」は法令ではないので，その性格は従来の技術基準と異なるものである。

3.1.1　技術基準の種類と規制の内容

電気事業法に基づいて定められている技術基準を大きく分けると，電気工作物の維持基準で，かつ，検査の基準であるものと，検査基準のみであるものとになる。

(1)　電気工作物の維持基準及び検査基準

電気工作物の維持基準及び検査基準としての技術基準には，表3.1のように6つのものがある。電気設備，水力設備，火力設備，原子力設備，風力設備及び太陽電池設備のそれぞれの技術基準には，その解釈が公表されている。この解釈は，電気事業法による事業用電気工作物の工事計画の認可，定期検査及び使用前検査をする場合の審査基準（行政手続法第5条第1項に基づくもの）となることが経済産業省から公表されている。

これらの技術基準は，電気事業法では事業用電気工作物に対しては次の規制内容に示す4つのことが規制できると定められている（法第39条第2項）。一般用電気工作物に対しては，①と②の事項について規制できるとしている（法第56条）。

なお，原子力発電所の電気設備については表3.1の技術基準①が適用除外され，この電気設備に関しては，「原子力発電工作物に係る電気設備に関する技術基準を定める命令（平成24年（2012年）9月14日経済産業省令第70号）」に定められている。

a）　規制の内容

①　事業用電気工作物は，人体に危害を及ぼし，又は物件に損傷を与えないよ

表3.1　維持基準・検査基準としての技術基準及び告示・解釈

技術基準	①　電気設備に関する技術基準を定める省令（平成9年，通商産業省令第52号）* ②　発電用水力設備に関する技術基準を定める省令（平成9年，通商産業省令第50号） ③　発電用火力設備に関する技術基準を定める省令（平成9年，通商産業省令第51号） ④　発電用原子力設備に関する技術基準を定める命令（昭和40年，通商産業省令第62号） ⑤　発電用風力設備に関する技術基準を定める省令（平成9年，通商産業省令第53号） ⑥　発電用太陽電池設備に関する技術基準を定める省令（令和3年，経済産業省令第29号）
告示	発電用火力設備に関する技術基準の細目を定める告示（平成12年通商産業省告示）**
技術基準の解釈	①　電気設備の技術基準の解釈 ②　発電用水力設備の技術基準の解釈 ③　発電用火力設備の技術基準の解釈 ④　発電用原子力設備の技術基準の解釈 ⑤　発電用風力設備の技術基準の解釈 ⑥　発電用太陽電池設備に関する技術基準の解釈

*　以下，この省令を**電気設備技術基準**または**電技**という。
**　以下，これを**告示**という。

うにすること。

② 事業用電気工作物は，他の電気的設備その他の物件の機能に電気的又は磁気的な障害を与えないようにすること。

③ 事業用電気工作物の損壊により一般送配電事業者の電気の供給に著しい支障を及ぼさないようにすること。

④ 事業用電気工作物が一般送配電事業の用に供される場合にあっては，その事業用電気工作物の損壊により一般送配電事業に係る電気の供給に著しい支障を生じないようにすること。

上記①の内容を具体的に掲げると，人体への電撃の防止，漏電・フラッシオーバ・短絡など電気的異常状態による火災の防止，ダム決壊・鉄塔倒壊・ボイラーの爆発による物件の損傷防止，放射性物質の漏れによる人体への影響の防止，電気工作物に起因するばい煙による公害防止などである。②の内容を具体的に掲げると，誘導障害・電波障害・電食障害・磁気観測障害等である。

b） 技術基準の性格　表 3.1 の技術基準は，維持基準であると同時に検査基準の性格をもつものであるが，具体的には次のようになる。

① **維持基準である**　事業用電気工作物は，技術基準に適合するように維持しなければならない（法第 39 条）。

② **工事計画の認可基準である**　事業用電気工作物の工事計画の認可の際に技術基準適合が認可基準の 1 つである（法第 47 条第 3 項第一号）。

③ **工事計画の事前届出を審査する基準である**　事業用電気工作物は，その工事計画が技術基準に適合していないと認められるときは，経済産業大臣は，届出を受理した日から 30 日以内に，その工事計画の変更や廃止を命ずることができる（法第 48 条第 4 項）。

④ **使用前検査の合格基準である**　事業用電気工作物が経済産業大臣の検査を受ける場合の合格基準の 1 つである（法第 49 条第 2 項第二号）。

このほか，電気設備技術基準に対しては，次の 4 点が追加されている。

⑤ **法定自主検査の判定基準である**　使用前自主検査，定期自主検査，溶接自主検査のいわゆる法定自主検査では，技術基準に適合していることを確認

することになっている（法第49条第2項，第52条第2項，第55条第2項）。

⑥ **電気工事士等の作業基準である**　一般用電気工作物及び自家用電気工作物の電気工事の作業に従事する場合は，電気設備技術基準に適合するようにその作業をしなければならない（電気工事士法第5条）。

⑦ **一般用電気工作物の調査時の判定基準である**　電線路維持運用者又は登録調査機関は，一般用電気工作物が電気設備技術基準に適合しているかどうかを定期的に調査業務を行わなければならない。その結果，この技術基準に適合していないと認めるとき，その所有者又は占有者に対し，その旨を通知しなければならない（法第57条第1項，第2項）。

⑧ **一般用電気工作物の立入検査の改修基準である**　一般用電気工作物は，電気設備技術基準に適合していないと認められるときは，経済産業省の職員による立入検査が行われる場合があるが，その時の改修基準である（法第107条）。

(2) 検査基準としての技術基準

(1)に述べた技術基準は，電気工作物の維持基準及び検査基準であるが，これらの技術基準が制定された当時は，検査基準の技術基準として「発電用核燃料物質に関する技術基準を定める省令」及び「電気工作物の溶接に関する技術基準を定める省令」が定められていた。その後の改正により以下のように変更されている。

発電用核燃料物質に関する技術基準は，原子力発電設備の安全規制が経済産業省から原子力規制委員会に移行し，同委員会規則として「実用発電用原子炉に使用する燃料体の技術基準に関する規則」が平成25年（2013年）6月28日に公布された際に廃止された。新しい規則の内容は，従来の基準の内容と大きく変わるものではなく，原子力発電所で使用する核燃料物質は，その製作が不良である場合には，放射性物質による汚染を生ずる事故の原因となることから，その製作過程において検査方法などを規定している。

電気工作物に関する溶接の技術基準は，発電用ボイラー・タービンその他の圧力容器・管など又は発電用原子炉にかかる格納容器その他放射性管理設備若しくは廃棄設備に属する容器などの溶接の良否判定基準となるものである。これは当初火力発電設備と原子力発電設備の共通の技術基準として定められていたが，現在では，それぞれの発電設備技術基準の一部として取り込まれている。

溶接は，その性質上，溶接材，被溶接材，溶接設備などの種類・材質，溶接部位，溶接者の技術など各種の項を総合して，具体的な場合に即してその方法の適否を判断する必要があるが，これらのことをすべて技術基準として規定することは困難であること，及び基準の機能化の観点から溶接部に関する形状，割れ，欠陥及び強度について基本的なもののみが定められている。具体的な判断基準は，その解釈に定められ公表されている。

3.1.2 電気設備技術基準の変遷

技術基準のうち，電気設備技術基準以外のものは，昭和40年（1965年）7月に制定されたものであるが，電気設備技術基準は長い歴史があるので，この概要を学ぶことは，電気保安の取締りの歴史を学ぶことになるものである。

電気設備技術基準は，明治44年（1911年）9月に公布された**電気工事規程**がその源であるといえる。電気工事規程ができるまでの電気保安の取締りは，最初は各府県において行われたが，のちに逓信省により一元的に電気事業の監督を行うこととなり，明治29年（1896年）に**電気事業取締規制**が制定されている。この規則ですでに電気の安全を確保するための技術基準が設けられているが，その大半は，配電線及び電車線に関するもので，かつ，簡単なものであった。その後，送電電圧の上昇に伴い明治35年（1902年）に**特別高圧電線路取締規制**が設けられている。

(1) 電気工事規程

電気利用が普及するにつれて，これら配電線路や特別高圧送電線路のみの規程でなく，一般公衆に対する感電の危険，電気による火災の防止その他電気による障害の防止及び電気供給確保等について国の監督を強化することが必要となった。明治44年（1911年）3月に電気事業法が制定された際，この法律に基づいて**電気工事規程**が制定された。この電気工事規程は，現在の電気設備技術基準と根本的には同一のものであり，電気工作物が具備すべき技術的条件並びに電気工作物相互間及び電気工作物と他の工作物との間の障害を防止するために必要な施設が具備すべき技術的条件，さらに，電気機器の絶縁耐力，高低圧混触による危険防止に関する規定などが定められている。

（2） 電気工作物規程

大正8年（1919年）に至り，電気事業の発展に対応して，電気工事規程の大幅な改正が行われ，その名称も**電気工作物規程**となった。大正13年（1924年），同14年に小改正がなされ，昭和7年（1932年）には電気事業法の全文改正に伴い，電気工作物規程も全文改正が行われている。直流電圧による地中電線路の耐電圧試験，ネオン管灯工事等に関する規定は，このとき追加されたものである。昭和12年（1937年）には，エックス線装置に関する規定が追加され，昭和14年（1939年）には戦時体制のもとで，物資節約の目的で**電気工作物臨時特例**が公布され，大幅な緩和が行われた。第2次世界大戦後，社会情勢も平常化するに伴い，昭和24年（1949年）には国内の経済情勢，技術の進歩等に応じ大改正が行われ，高圧架空電線に裸線を使用すること，農事用・工事用等の臨時工事，強電流電線と弱電流電線の共架規程が追加されている。

講和条約成立前後から急速に外国の技術が導入され，これに伴う新技術や新製品の採用を容易にするためと，国内経済情勢も安定してきたので，施設水準を格上げするため，昭和29年（1954年）7月に**電気に関する臨時措置に関する法律**に基づき，新しく通商産業省令として電気工作物規程が制定され，従来の電気工作物規程（逓信省令）に代わることとなった。この電気工作物規程は，日本電気協会内に設けられた電気工作物規程調査委員会で約1年半にわたって研究討議された結論を主体として制定されたものである。その後，社会情勢の変化，技術の進歩等により，電気工作物規程も昭和30年（1955年）11月，同32年3月，同34年5月，同38年7月と改正が行われた。これらの改正のうち，昭和34年（1959年）

の改正では，発変電所の母線，機器などに関するもの，鋼板組立柱の使用，屋内配線のバスダクト工事及びキャブタイヤケーブル工事の採用，電気温床の施設等が規定され，昭和38年（1963年）の改正では，市街地に施設される特別高圧架空電線路の特例，建造物の上に施設される特別高圧架空電線路の特例，屋内分電盤内の開閉器の省略，危険場所における屋内配線の施設，接触電線の施設等が追加されている。

(3) 旧電気設備技術基準

昭和39年（1964年）に当時の新電気事業法が成立して，電気関係法令がすべて一新されるとともに，電気工作物の技術法令として親しまれてきた電気工作物規程は，**電気設備に関する技術基準を定める省令**として，昭和40年（1965年）6月15日に公布され，同7月1日から平成9年（1997年）5月31日までの実に32年間，電気工作物の技術基準として運用された。この旧電気設備技術基準は，電気工作物規程が昭和29年（1954年）制定以来，20回の改正を経て運用の実績からも信頼がおけるので，その内容の大部分が現技術基準に引継がれた。ただし，その性格は電気事業法によって，3.1.1項で述べたように規制範囲が明確にされるとともに維持基準としての性格が明らかにされたことによって整備され，また新製品の出現，技術の進歩等に対応するための改正が加えられたものであった。

(4) 現電気設備技術基準

平成6年（1994年）12月にまとまった「電気事業審議会需給部会・電力保安問題検討小委員会」の報告に沿って，電気設備技術基準が全面改正され，平成9年（1997年）3月に公布，同6月から施行された。技術基準の見直しは次のような視点で行われた。

① 技術進歩，環境変化等により，簡素化しても保安上支障がない条項を整理・削減し，技術基準を簡素化する。

② 設置者等の利便性が向上するとともに，技術基準の客観性が確保可能な場合には，基準の性能規定化をする。

③　公正，中立と認められるような外国の規格，民間規格等を導入できるようにする。

その結果，全条文で315条あった旧電気設備技術基準は，78条の電気設備技術基準となり，また旧電気設備技術基準の細目を定める告示も廃止された。新しい電気設備技術基準では，数値は特別な場合に限定されて規定されており，規制内容も具体的に定められているものは少なくなっている。したがって実際に工事計画の認可をする場合の判断に裁量の幅が広くなり過ぎることから，新たに「技術基準の解釈」が経済産業省から公表され，この解釈に適合する場合は，技術基準に適合するとして運用されることになった。仮に解釈に適合していなくても，技術基準の趣旨に適合していると判断される場合は，施設できることになる。その判断の基準としては外国の規格や民間の規格などオーソライズされた基準も考えられている。

令和3年（2021年）3月31日に太陽電池発電設備の支持物に関する規定が電気設備の技術基準の解釈から分離され，新たに「発電用太陽電池設備に関する技術基準を定める省令」として定められた。

（5）　技術基準の解釈

（4）項で述べたように，電気設備技術基準は具体的な内容を定めていないので，その判断基準として「解釈」が公表されている。この解釈の規制内容としては旧電気設備技術基準と同程度となっている。また，旧電気設備技術基準の細目を定める告示は廃止されたが，電線やケーブルの規格，鉄塔等の支持物の規格，防爆型の電気機器の規格等主要なものは解釈の中に取り入れられている。技術基準の解釈の電気事業法での位置づけについては，3.1.1（1）項において述べている。

この解釈も毎年改正されている。特に平成11年（1999年）11月の改正では第7章としてIEC規格「60364 低圧電気設備」が，平成16年（2004年）10月には第8章として分散型電源の系統連系設備が導入されている。

平成23年（2011年）7月1日には解釈が全面改正された。この改正は，解釈をより読みやすくするためと，経済産業省原子力安全・保安院編として公表されている「解釈の解説」の中に表示されている運用部分を解釈に取り入れるためのものが主体となっている。その結果内容の変更がなくてもほとんどの条文番号が変更されたほか，ビル建築物における接地方式にIEC規格の接地方式が取り入れられる等新たに取り入れられた規定もある。

3.1.3 電気設備技術基準の構成とその解釈

3.1.2(4)項で述べたように，電気設備技術基準は性能規定化という目的のために従来のものと比べ非常に簡素化された。また，基準の構成も次に示すように従来の発電所や電線路等と電気設備ごとに分類していたものに比べ，感電・火災の防止，電磁気障害の防止，供給支障の防止，公害の防止等の区分を縦糸にして，設備ごとには電気供給設備の施設と電気使用場所の施設に大きく分けて規制が行われている。

〔電気設備技術基準の目次〕
第1章　総　則
　第1節　定義（第1条・第2条）
　第2節　適用除外（第3条）
　第3節　保安原則
　　第1款　感電，火災等の防止（第4条～第11条）
　　第2款　異常の予防及び保護対策（第12条～第15条の2）
　　第3款　電気的，磁気的障害の防止（第16条・第17条）
　　第4款　供給支障の防止（第18条）
　第4節　公害等の防止（第19条）
第2章　電気の供給のための電気設備の施設
　第1節　感電，火災等の防止（第20条～第27条の2）
　第2節　他の電線，他の工作物等への危険の防止（第28条～第31条）
　第3節　支持物の倒壊による危険の防止（第32条）
　第4節　高圧ガス等による危険の防止（第33条～第35条）
　第5節　危険な施設の禁止（第36条～第41条）
　第6節　電気的，磁気的障害の防止（第42条・第43条）
　第7節　供給支障の防止（第44条～第51条）

一方，技術基準の解釈は，前述のように，電気設備技術基準が性能規定化されたため，具体的にどのように施設すべきかが明確でないので，その判断基準として定められたものであるが，条文構成については，旧電気設備技術基準とほぼ同じく，電気設備の共通事項，発電変電設備，電線路，電気使用場所の施設等，設備ごとになっている。

3.1.4　電気工作物による障害防止の基本的な考え方

電気工作物が正常な状態でなくなり，各種の障害を発生することを防止するために，電気工作物の技術基準は定められているが，技術基準は時代によっていろいろと変遷してきたことは3.1.2項で述べたとおりである。しかし，障害防止の基本となる考え方は，あまり変わってはいない。平成9年（1997年）6月からは，電気工作物による障害防止のため，技術基準とその解釈が定められたが，ここではこれらをまとめて基本となる考え方について述べる。

電気工作物による障害を防止するための対策は，絶無を期することが望ましいことであるが，技術的に困難なことも多く，また経済的にも莫大な費用を要する場合がある。したがって，一般には，障害による物的若しくは精神的損失又は社会的影響の程度と防止のために必要とされる費用・労力等とのバランスを考慮し，ある程度の障害発生はやむを得ないものとして許容されている。電気設備の技術基準及びその解釈（以下「**電気設備技術基準等**」という）では，その障害発生をどの程度にとどめるか，行政上の判断の基準として，主として施設面について定められている。

しかし，一般に障害の防止対策としては，大別して，施設を十分に安全なものとして事故の発生又は拡大を防止する方法と，監視・点検・操作等の取扱者又は管理者の点検又は操作上の処置に依存する方法の２つがあげられる。この両方を適当に組み合わせることによって，最も効率よい対策がとられるわけであって，単に施設面だけに障害防止対策を依存することは不十分である。

電気設備技術基準等は，電気工作物の技術的基準であるから，施設面の規制を目的としており，取扱者又は管理者が守るべき作業又は操作に関する規制をすることができず，作業又は操作の基準については労働安全衛生規則や管理者に任されている。一方，管理者については，主任技術者制度があり，その施設に応じて十分な電気的知識を有する者をその任に当たらせることになっている。また，各施設に応じた保安規程が作られ，これに基づいて監視・点検・操作をすることにしている。電気設備技術基準等での施設面の規制は，あくまでも通常の保安点検及び正常な作業又は操作が行われることを前提として規制されており，この意味で，取扱者のみが出入りするような場所における施設基準は，一般の場所に比較して大幅に緩和されている。

施設された電気工作物からの障害を防止する対策としては，次の３つの方法が考えられる。

①　電気工作物自体が損傷を生じないようにすること。

②　仮に電気工作物が損傷したとしても人畜や他の工作物に障害を与えないようにすること。

③　発生した事故による影響をできるだけ小範囲にとどめること。

これらの方法を電気設備技術基準についてみると，次のとおりである。

（1）　電気工作物自体の損傷の防止

電気工作物自体の損傷を防止するためのおもな方策は，異常電圧により生ずる損傷防止，短絡電流により生じる損傷防止，通常電流により生ずる熱的損傷防止，外力により生ずる損傷防止などがある。

a）　異常電圧により生ずる損傷防止　①電気工作物の電路に発生すると想定される異常電圧に十分耐える絶縁を電気工作物に施すこと（電技第5条，第10条），②高低圧混触があった場合でも事故を拡大させないこと（電技第12条，第31条），③適当な箇所に避雷器を施設すること（電技第49条）等である。異常電圧には，商用周波数のものはもちろんのこと，開閉サージ，雷によるサージ等が考えられる。

b）　短絡電流により生ずる損傷防止　電気工作物をその電路に生ずる短絡電流による電磁力に十分耐えるように機械的に丈夫なものとしておくこと等である（電技第45条）。

c）　通常電流により生ずる熱的損傷防止　電気工作物が使用されている状態において，その電路に流れることが予想される電流に対し，熱的に損傷を受け火災などを発生しないようにしておく等である（電技第8条）。

d）　外力により生ずる損傷防止　電気工作物が使用されている状態において，通常予想される外部からの衝撃，振動，擦り合いその他の外力に対し，損傷するおそれがないように施設する等である。

そのためには，①想定される外力に対し，電気工作物自体を十分安全な強度を有するものとするか，又は十分安全な強度を有するものにより保護すること，②他の工作物・植物等の倒壊により，電気工作物を損傷するおそれがあるものから十分な離隔をとるか，又はそれらの倒壊による損傷を防止する措置を講ずること，③電気工作物が重量物の下敷きになる，あるいは電気工作物に人が物を打ち当てる等の不確定な外力が加わるおそれのある箇所に施設することを避けるか，若しくはそれらの外力を想定して損傷を防止する措置を講ずること等が考えられている。

上記のほか，電気工作物自体の損傷の防止策としては，①**化学的腐食により生ずる損傷の防止**，②**可動部分の損傷の防止**，③設計上誤った使用の仕方をされないようにすること，④点検が十分にできるようにすること等が考えられる。

(2) 電気工作物が人や他の工作物に与える障害の防止

電気工作物が人や他の工作物に与える障害の防止については，障害の種類に応じ種々の方法が考えられるが，その基本的な事項としては，①**離隔距離を十分にとること**，②**電路と大地間を十分絶縁しておくこと**，③**感電防止処置を完全にしておくこと**等である。また，最近は，電気工作物に起因する公害防止の観点からの規制もされるようになってきた。

離隔距離については，電気工作物と他の工作物や植物が接近又は交差する場合に，相互の距離を十分とることであるが，風その他の外力による相互間隔の変化，支持物，樹木，造営材等の倒壊若しくは傾斜又は電線の断線等の異常状態における相互間隔の変化，造営物の上部における人の作業や窓から手を出す等の接近対象の状態，アーク発生の際の類焼防止の安全距離，静電誘導・電磁誘導・電波障害等による感電や通信障害等の支障が生じないための距離等について考慮されて定められている。

電路と大地との絶縁をすることは，正常時あるいは異常時に電流が大地を流れ，電磁誘導による通信障害や電食，大地に生ずる電位の傾きによる感電等各種の障害の発生を防止することである。

感電防止の処置としては，①人の触れるおそれがある箇所に施設する電気工作物の充電部分は，すべて十分な絶縁性能と機械的強度のある絶縁物で覆い，かつ，絶縁物が損傷しないようにすること，②電気機器の金属製の外箱等に漏電した場合に速やかに遮断したり，危険な電位にならないように十分な接地工事をする等の処置が考えられる。

電気工作物からの公害防止の規制としては，電波や高周波による障害の防止，騒音や振動の防止，PCB 入り機器の使用禁止等が定められている。

3.2 基 本 事 項

ここでは，電気設備技術基準（以下「電技省令」という）及びその解釈（以下「電技解釈」という）に使用される用語，電圧の区分やその考え方，電線に関する一般的な規定，電路の絶縁と接地に関する規定，その他，電気保安の観点から最も一般的な基本事項を学ぶことにする。

3.2.1　用語の定義

法律では，その法律で使用される専門的な用語は，定義を明確にして，法の適用される事項を明確にしている。条文を正確に判断するためには，用語の意義を正確に知る必要がある。従来条文の中で定義されていた用語は，平成23年（2011年）7月の改正により，頻繁に出てくる用語であって各章に関連するものは第1条に，第3章の電線路に関するものは第49条に，第4章の電力保安通信設備に関するものは第134条に，第5章の電気使用場所の施設及び小規模発電設備に関するものは第142条に，第6章の電気鉄道等に関するものは第201条に，第8章の分散型電源の系統連系設備に関するものは第220条にそれぞれ定義されることとなった。

電技省令及び電技解釈に用いられている用語のうち，基本的となるものは次のとおりである。

（1）　電圧に関する用語

電圧については，「使用電圧」，「最大使用電圧」，「対地電圧」等の用語が使用されている。**使用電圧**は，線間電圧をいい，普通，電線路の場合は公称電圧をとっている。例えば，高圧配電線の電圧は3.3 kV，6.6 kVである。**最大使用電圧**は，電技省令では2つの意味に使われていて，その1つは波高値を表す場合で，他はその電路に想定される使用状態における最大線間電圧を表す場合である。後者については，低圧では公称電圧の1.15倍，高圧及び特別高圧では公称電圧の（1.15/1.1）倍の電圧をさしている。**対地電圧**は，接地式電路においては電線と大地との間の電圧，非接地式電路においては線間電圧をいう。例えば，三相440 Vの電路の中性点が接地されている場合，対地電圧は254 V，非接地の場合は対地電圧は440 Vということになる（図3.1参照。電技省令第58条，電技解釈第1条第一号，第二号）。

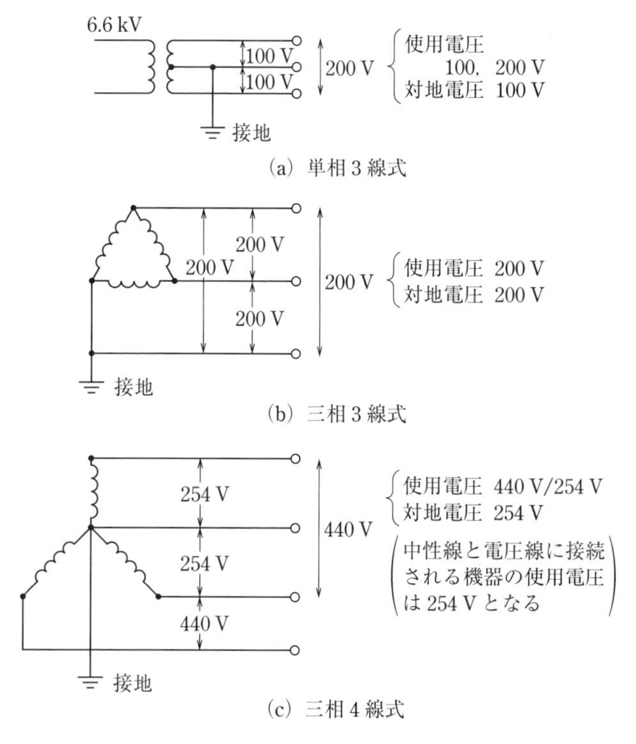

(a) 単相 3 線式

(b) 三相 3 線式

(c) 三相 4 線式

図 3.1　使用電圧と対地電圧

(2) 電路と電気機械器具

「電路」とは，通常の使用状態で電気が通じているところをいう。したがって故障時のみ電流が流れる接地線や誘導等により副次的に電位の生ずる金具のようなものは，電技省令でいう電路ではない。「電気機械器具」とは，電路を構成する機械器具をいっている。この中には，配線器具や電気を使用する電気使用機械器具が含まれる（電技省令第 1 条第一号，第二号）。

(3) 電線と弱電流電線

一般に電線という場合には，強電流，弱電流の別なく，電気を伝送するために使用する導体をさすが，電技省令でいう**電線**は，強電流の電気を伝送するために使用する電気導体，絶縁物で被覆した電気導体又はこれらに保護被覆を施したものをいい，例えば裸線，絶縁電線，コード，ケーブル等の電線が該当する。電信線，電話線等のような弱電流電気を伝送するために使用する電線を**弱電流電線**と呼んで，強電流電線とは区別している。なお，光ファイバケーブルは通信線ではあるが弱電流電線ではない（電技省令第1条第六号，第十一号）。

（4） 発電所，蓄電所，変電所，開閉所，電気使用場所等の定義

発電所とは，発電機，原動機，燃料電池，太陽電池その他の機械器具を施設して電気を発生させる所をいっている。一般に，発電所という場合には，水路，ダム等の土木工作物を含めていう場合と，原動機，発電機，変圧器等の電気設備がある構内のみをさす場合とがあるが，ここでは後者の意味である。なお，電気事業法第38条第2項に規定されている**小規模発電設備**（2.3.2項参照），非常用予備電源を得る目的で施設するもの及び電気用品安全法の適用を受ける**携帯発電機**がある場所は電技省令の発電所に該当しない。したがって発電所に係る規制はかからないことになる。

蓄電所とは，構外から伝送される電力を構内に設置した電力貯蔵装置に貯蔵し，必要なときに応じて，構外へ同一電圧・同一周波数で伝送する所をいう。また，発電設備や変電設備，需要設備に併設されている電力貯蔵装置については規模に関わらず蓄電所には含まれない。

変電所とは，構外から伝送される電気を構内に施設した変圧器，整流器その他の機械器具により変成し，変成した電気をさらに構外に伝送する所をいう。電気事業法施行規則でいう「変電所」には，変成した電気をさらに構外に伝送しないいわゆる受電所であっても100 kV以上の電圧で受電するものが含まれているので注意を要する。図3.2は，自家用電気工作物における例であるが，受電所は変電所ではないので変電所に準ずる場所となる。電技解釈上の規制の差はない。なお，電気事業法施行規則の別表第2の中の変電所の項で「**受電所**」という言葉が定義されている。

構内とは，さくやへい等によって区切られ，ある程度以上の大きさを有する場

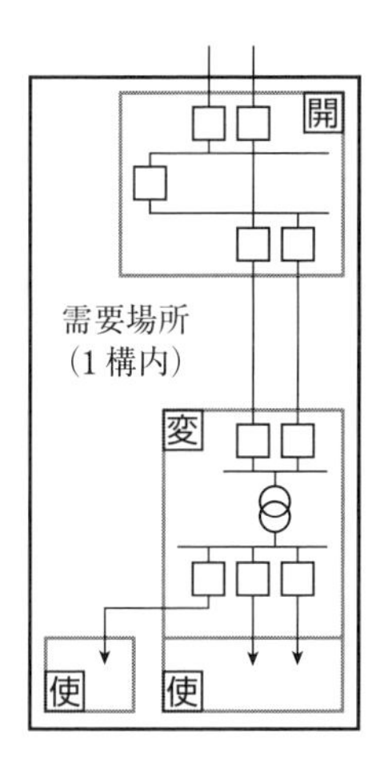

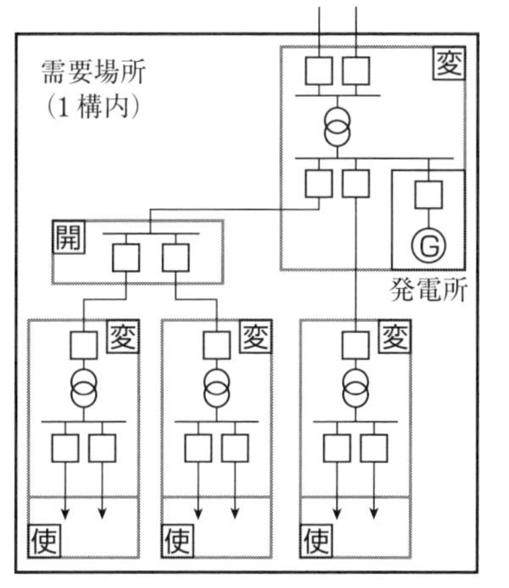

図 3.2 自家用電気工作物の例

所で，施設関係者以外のものが自由に出入りできない所，又はこれに準ずる場所をいう。したがって，需要家構内の変電設備のように，変成した電気をすべてその需要家構内で消費し，外部にその電気を伝送しないもの，及び柱上変圧器の施設場所や変圧塔の施設場所のような簡易なものは変電所とはいわない。

開閉所とは，構内に施設した開閉器その他の装置により電路を開閉する所であって，発電所，変電所及び需要場所以外の場所をいう。単に線路開閉器のみを施設し，遮断器を有しない開閉器の施設場所はこれに含まれない。

このほか**変電所に準ずる場所**という用語があるが，これは変成した電気を構外に伝送せずに需要家構内で消費してしまう以外の点では，変電所と同様なものであって，需要家構内にある比較的電圧も高く，容量も大きい自家用変電設備がこれに該当する。**電気使用場所**は，電気を使用するための電気設備を施設した建物その他の狭義における電気を使用する場所をいい，**需要場所**は，これら電気使用場所を含む1つの構内の場所であって，発電所，変電所，開閉所以外の場所である（図 3.2 参照。電技省令第1条，電技解釈第1条）。

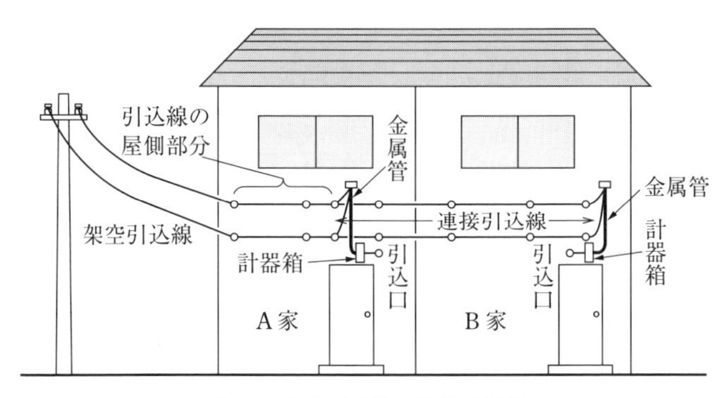

図 3.3 架空引込線，連接引込線

(5) 電線路

電線路とは，発電所，蓄電所，変電所，開閉所及びこれらに類する場所並びに電気使用場所相互間の電線並びにこれを支持し，又は保蔵する工作物をいう。ただし，電車線路は含まれない。電線路は，用途からは送電線路と配電線路に分類されるが，電技省令では保安上の観点から，その施設形態により，**架空電線路**，**地中電線路**，**屋側電線路**というように区分して規制を行っている。電線路の中には引込線も含まれ，**引込線**とは，架空引込線及び需要場所の造営物の側面等に施設する電線であって，当該需要場所の引込口に至るものをいう。引込線の関連用語として**架空引込線**，**連接引込線**等がある（図 3.3 参照。電技省令第1条第八号，第十六号，電技解釈第1条第九号，第十号）。

(6) き電線，電車線等

電気鉄道において発変電所から他の発変電所を経ないで，直接電車線に至る電線を**き電線**といい，き電線及びこれを支持し，又は保蔵する工作物を**き電線路**という。**電車線**とは，電車・鉄道車両に動力用の電気を供給するために使用する接触電線及び鋼索鉄道（ケーブルカー）の車両内の信号装置や照明装置等に電気を供給するために使用する接触電線をいい，これには架空電車線，第三軌条，モノレール用電車線等がある。ただし，遊園地等に施設する遊戯用電車は電車には含まれない（電技省令第1条第七号，電技解釈第1条第八号，第201条第四号，第五号）。

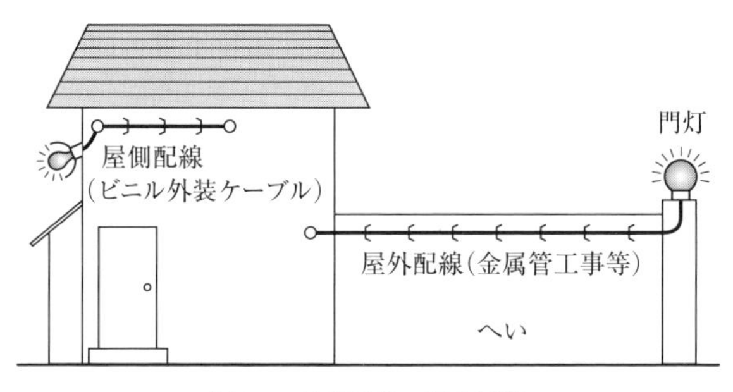

図 3.4　屋側配線，屋外配線

(7) 配 線

配線とは，電気使用場所において施設する電線（電気機械器具内の電線及び電線路の電線を除く）をいうと定義されている（電技省令第１条第十七号）。

電技解釈では，配線をさらに屋内，屋側，屋外に分けて定義し規制を行っている（図 3.4 参照）。低圧の屋内配線，屋側配線及び屋外配線をまとめて低圧配線と定義している。これらは，それぞれの場所で固定して施設されるものである（電技解釈第１条第十一号～第十三号，第 142 条第三号）。

(8) 工作物，造営物，建造物

工作物は，自然物に対する言葉で，人により加工された物体をさしており，造営物は工作物のうち，土地に定着する屋根，柱及び壁を有するものをいう。造営物のうち，人が居住し，若しくは勤務し，又は頻繁に出入りし，若しくは来集するものが建造物であり，電線等が接近する場合に厳しい規制がある。

(9) 水気のある場所，湿気のある場所，乾燥した場所

水気のある場所は，水を扱う場所，雨露にさらされる場所その他水滴が飛散する場所であり，また常時水が漏出し，又は結露する場所をさしている。

湿気のある場所は，水蒸気が充満する場所や湿度が著しく高い場所をさしている。上記以外の場所は乾燥した場所であり，これらの場所の関係を示すと図 3.5 のようになる（電技解釈第１条第二十六号～第二十八号）。

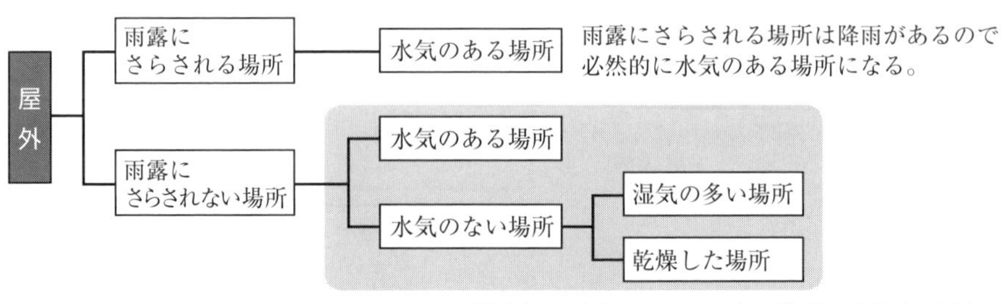

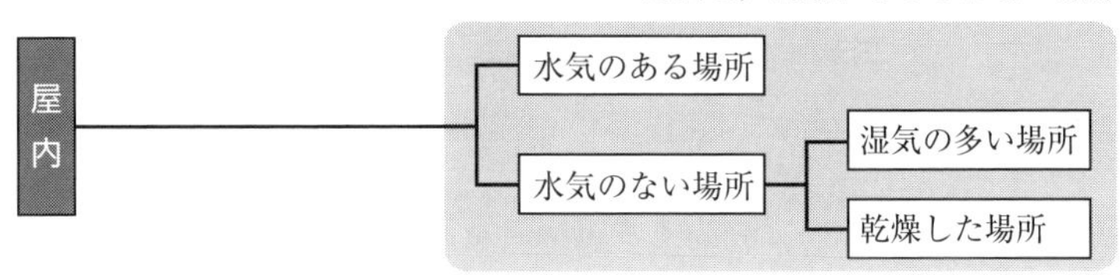

図 3.5 水気のある場所

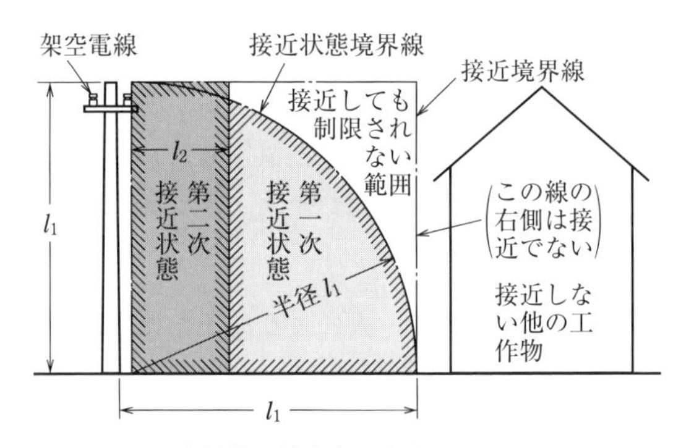

l_1：支持物の地表上の高さ，l_2：3 m

図 3.6 接近状態

(10) 接近状態に関する用語

電技省令では，架空電線が他の工作物と接近する場合に，接近する状態により，**第 1 次接近状態**，**第 2 次接近状態**に分け，それぞれ規制に差をつけている。これを示すと図 3.6 のとおりである（電技解釈第 1 条第二十一号，第 49 条第九号，第十号）。

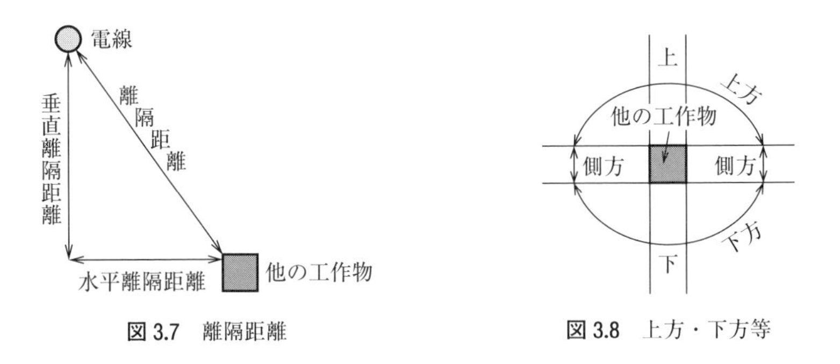

図 3.7 離隔距離

図 3.8 上方・下方等

(11) 離隔に関する用語

架空電線が他の工作物や植物に接近する場合に用いられる用語に，**離隔距離**，**水平離隔距離**，**垂直離隔距離**，**水平距離**等がある。離隔距離という場合は予想される気象条件による電線の変化を考慮して，例えば，風による横振れ等の最悪状態による振れを考慮して定められた距離をとっている（図 3.7 参照）。また，**上方**，**側方**，**下方**，**上**，**下**等の用語は，電線と他の物体とが接近する場合に用いられている（図 3.8 参照）。

(12) 道 路

公道であるか私道であるかを問わず，横断歩道橋を除いたすべてのものが道路と定義されている。従来条文中で農道その他の交通の激しくない道路は除かれていたが，架空電線と道路との接近する場合を規定している条文ごとに「車両の往来がまれであるもの及び歩行の用のみに供される部分」は除かれている。

(13) 接触防護措置・簡易接触防護措置

従来条文において，「人が触れるおそれがないように施設すること」又は「人が容易に触れるおそれがないように施設すること」と規定されていた行為を用語として定義し，規制の明確化と条文の簡素化が図られた。

接触防護措置は，設備を屋内にあっては床上 2.3 m 以上，屋外にあっては地表上 2.5 m 以上の高さに，かつ，人が通る場所から手を伸ばしても触れることのな

表 3.2　電技省令による電圧の区分

電圧の区分	交　流	直　流
低　　圧	600 V 以下	750 V 以下
高　　圧	600 V を超え 7 kV 以下	750 V を超え 7 kV 以下
特 別 高 圧	7 kV を超えるもの	7 kV を超えるもの

い範囲に施設すること，**簡易接触防護措置**は上記の数値から 0.5 m 減じた高さに設備し，かつ，人が通る場所から容易に触れることのない範囲に施設することが規定されている。

また，双方の防護装置とも人が設備に接近又は接触しないよう，さく，へい等を設け，又は当該設備を金属管に収める等の防護措置を施すことも規定している。

3.2.2　電圧の区分

電気工作物は，電圧が高くなるほど危険性が増加するので，電圧の高低により電気工作物に対する施設規制に差をつける必要がある。電技省令第 2 条では電圧を表 3.2 のように**低圧**，**高圧**，**特別高圧**に区分し，おおむねこの電圧ごとに保安上大きく差があると考えて規制している。また，さらに同じ低圧でも電圧値によりいろいろの施設上の規制が異なっている。

(1)　低　圧

低圧は，主として電気使用場所で使用される電圧で，公称電圧として 100 V，200 V，400 V が使用されている。低圧の中にさらに詳細な電圧区分として，30 V，60 V，対地電圧 150 V，300 V 等がある。特に，対地電圧 150 V については，一般家庭で使用する機器は，この対地電圧以下を原則としており，電技省令では保安面から境界に当たる電圧値としている。30 V 未満の電圧は，電気事業法及び電気用品安全法において，人が充電部に直接触れても危険性はない電圧として規制が緩和されている。

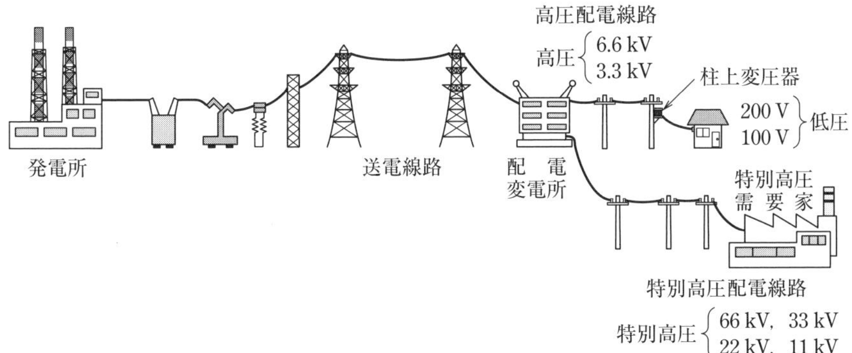

図 3.9 日本で使用されている公称電圧

(2) 高 圧

高圧は主として配電線に使用される電圧で，公称電圧 3.3 kV 及び 6.6 kV がある。高圧の中では，保安上の差はほとんどつけていない。高圧は，一般の人が触れるおそれがないように施設することを原則として規制が行われている。

(3) 特別高圧

15 kV，35 kV，100 kV，170 kV を境界として保安上の規制の差がある。170 kV を超える電圧は俗に**超高圧**と呼ばれ，すでに電線路の公称電圧では 187 kV，220 kV，275 kV，500 kV が我が国では採用されているが，この次の段階としては 1 000 kV 級の送電電圧が採用されている（図 3.9 参照）。特別高圧は，人が接近できないような場所に施設することを原則として規制が行われている。

35 kV 以下の特別高圧架空電線路は，配電線として使用されているので，電技解釈第 106 条にまとめて規定され，高圧架空電線の施設方法に近い施設方法が規定されている。

表 3.3 電線の性能の例

電線の種類＼性能の概要		構　造	絶縁体の厚さ	完成品試験
絶縁電線	低　圧		「別表第4」	3 kV，3.5 kV 1分間
	高　圧		規定なし	12 kV 1分間
	特別高圧		規定なし	25 kV 1分間
ケーブル	低　圧		「別表第4」	1.5 kV～3.5 kV 1分間
	高　圧	金属製の電気遮へい層	規定なし	9 kV，17 kV 10分間
	特別高圧	金属製の電気遮へい層又は金属被覆を有すること	規定なし	規定なし

3.2.3 電　　線

電線については，電技解釈第3条に電線の補強索，セパレータ等の共通事項が規定されており，電線・ケーブルの性能と規格が電技解釈第4条から第11条までに規定されている。電技解釈前書きにおいて，性能と規格が併記して規定しているものはいずれかの要件を満たせば電技省令を満たすとしている。要するに性能（主として**基本構造**，**絶縁体**，**完成品試験**）を満たせば使用できる。性能として低圧絶縁電線や低圧ケーブルには絶縁体の厚さが規定されているが，高圧ケーブルや特別高圧ケーブルには絶縁体の厚さは規定されておらず，所定の完成試験に適合すること及び金属製の遮へい層又は金属被覆を有することが求められている（電技解釈第10条第1項，第11条）。

絶縁電線，ケーブル，コード等の電気用品安全法の規制対象になっているもの（例えば，導体の公称断面積 100 mm^2 以下のもの）については同法によることとして，電技省令及び電技解釈では規定していない。

電技解釈第4条から第11条に掲げられている電線の性能の要点をまとめると表3.3となる。

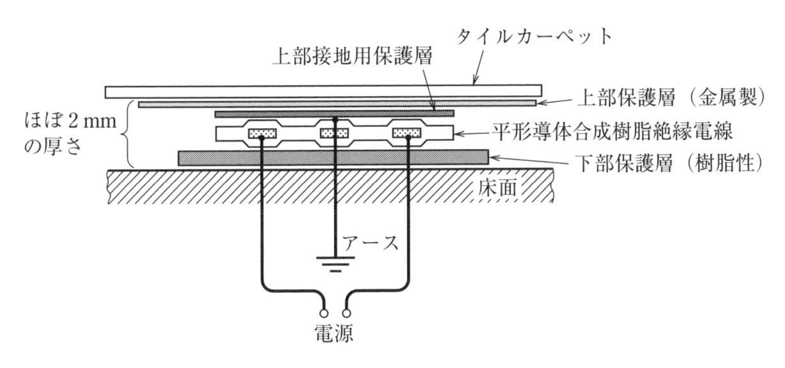

図 3.10 平形導体合成樹脂絶縁電線

（1） 裸電線

裸電線及び支線，架空地線，保護網等に使用される金属線は，ともにその規格が電技解釈に定められている。電技解釈では導電率と引張強さについて規定しており，より線の引張強さは一般に素線の引張強さの合計の9割とされている。金属線の種類としては，硬銅線，軟銅線，銅合金線，硬アルミ線，アルミ合金線，銅覆鋼線，アルミ覆鋼線，鉄線，硬銅線と銅覆鋼線及びアルミ系電線と鋼線若しくはアルミ覆鋼線との複合より線等がある。光ファイバを内蔵したアルミ線等の規格も規定している（電技解釈第4条）。

（2） 絶縁電線

絶縁電線は配線及び架空電線に使用されるもので，用途も広くその種類も多い。低圧の絶縁電線では導体の断面積が100 mm^{2}以下のものは電気用品安全法の適用を受けているので，解釈では100 mm^{2}を超えるものについてのみ，その規格を定めている。

絶縁電線としては，600 V ビニル絶縁電線（IV 線），600 V ポリエチレン絶縁電線（OE 線），600 V ふっ素樹脂絶縁電線，600 V ゴム絶縁電線（RB 線），屋外用ビニル絶縁電線（OW 線），高圧絶縁電線，22〜23 kV 特別高圧配電線に使用される特別高圧絶縁電線の規格が規定されている。図 3.10 に示す**平形導体合成樹脂絶**

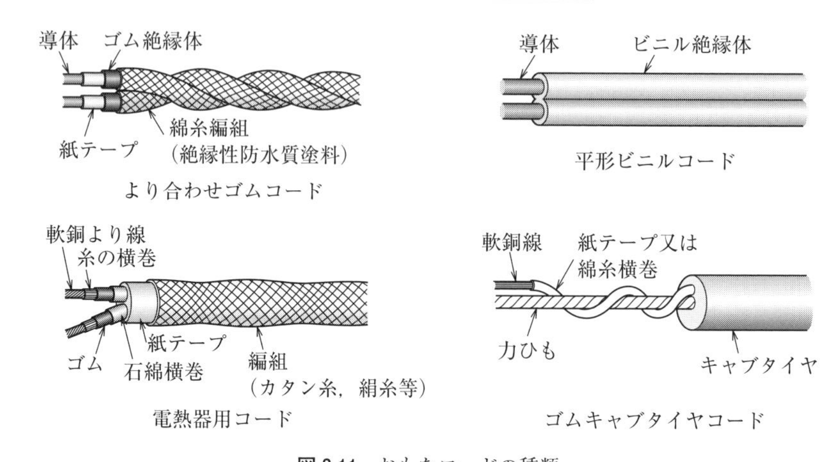

図 3.11　おもなコードの種類

縁電線は，電技解釈第165条第4項に規定されている（電技解釈第5条）。

(3)　多心型電線

多心型電線は，1本の裸線と絶縁電線を2本以上より合せたもので，300 V 以下の架空電線に使用されるものである。裸線には硬銅線，硬アルミ線が用いられ，これは中性線として使用されるのが普通である。一般に，2本よりのものをデゥプレックス（duplex），3本よりのものをトリプレックス（triplex）と呼んでいる（電技解釈第6条）。

(4)　コード

コードは，電球線や低圧の移動用機器に附属する移動電線等の可とう性を要求されるところに使用される。比較的損傷を受けるおそれが少ないところで使われるので，絶縁被覆も薄くなっている。現在，コードには，ゴムコード，ビニルコード，ゴムキャブタイヤコード，ビニルキャブタイヤコード，電熱器用コード，金糸コード，防湿コード等があり，これらはすべて電気用品安全法の適用を受けており，電技省令及び電技解釈では特に規格を示しておらず，電気用品安全法の適用を受けるものを使用することを義務付けている（電技解釈第7条）。図 3.11

におもなコードを示す。

(5) キャブタイヤケーブル

600 V 以下の移動用機器に附属して使用する移動電線及びケーブル工事用として屋内配線に使用される。コードに比べて機械的に丈夫であるので，衝撃を受ける場所の移動電線に適している。被覆の機械的強度の程度に応じ，弱い第 1 種から強い第 4 種までのものがあり，外装としてゴム，ビニル，クロロプレンを用いたものがある。キャブタイヤケーブルは，導体の公称断面積が 100 mm^2 以下，線心が 5 本以下のものは電気用品安全法の適用を受けるので，これ以外のものの規格を定めている（電技解釈第 8 条）。

(6) ケーブル

ケーブルは，一般に導体の上に絶縁被覆を施した線心を外傷から防護し，あるいは水，腐食性ガス又は溶液等が浸透することを防止するため，線心の外側にさらに保護被覆を設けたものである。

低圧のケーブルはキャブタイヤケーブルと同様に，導体の公称断面積が 100 mm^2 以下で，線心の構造が同一で，かつ，その数が 7 本以下のものは電気用品安全法の適用を受けるので，電技解釈ではそれ以外のものの規格を定めている。ケーブルの種類としては，鉛被ケーブル，アルミ被ケーブル，クロロプレン外装ケーブル，ビニル外装ケーブル，ポリエチレン外装ケーブル，MI ケーブル，有線テレビジョン用給電兼用同軸ケーブル等がある（電技解釈第 9 条）。

高圧ケーブルについては，電技解釈第 10 条第 1 項において性能が規定されており，前述したように構造として金属製の遮へい層のあるものが要求されている。第 2 項以下の項において，この性能を満たす高圧ケーブルの規格が定められている。絶縁体の規格としては，絶縁紙，天然ゴム混合物，ブチルゴム混合物，エチレンプロピレンゴム混合物又は架橋ポリエチレン混合物の規格が定められている（電技解釈第 10 条）（図 3.12 参照）。

特別高圧用のケーブルについては，使用者の技術的水準が高いという理由から，

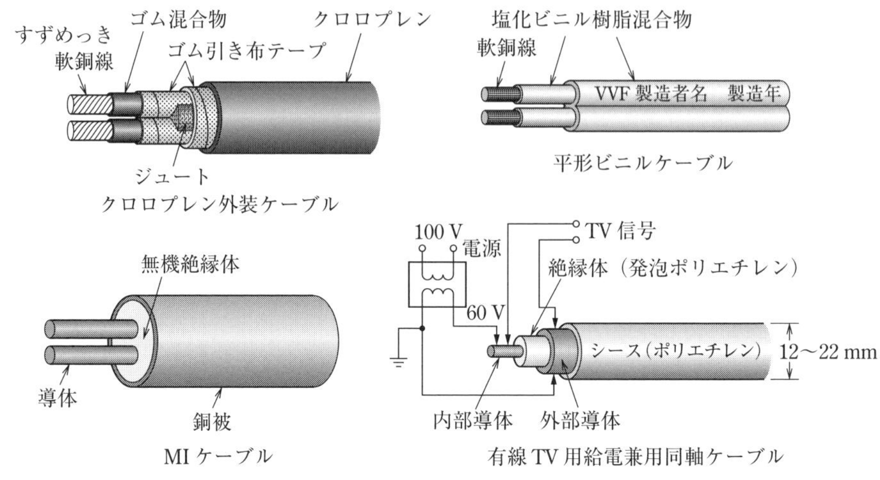

図 3.12　おもなケーブルの種類

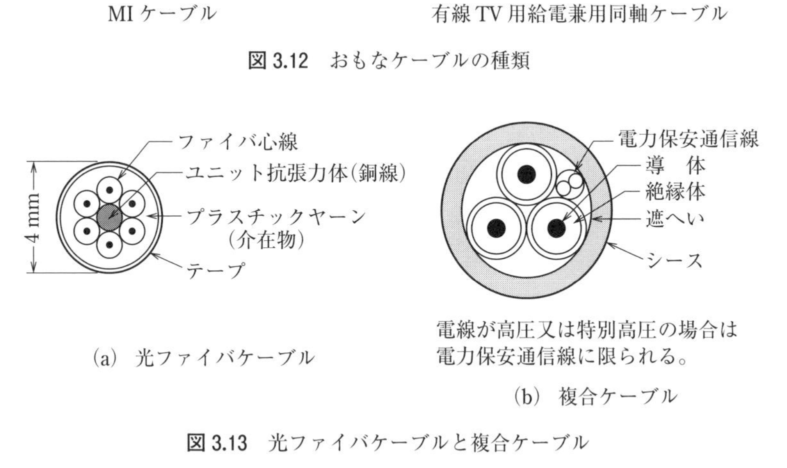

図 3.13　光ファイバケーブルと複合ケーブル

高圧のものと同様に金属製の遮へい層又は金属被覆のあるもののみが要求されている（電技解釈第11条)。

(7)　光ファイバケーブルと複合ケーブル

光ファイバケーブルは，光信号の伝送に使用されるもので，図 3.13(a)に示すように，細いガラスの線心を各種の保護被覆で保護したものである。このものは電線ではないので，電技省令による直接規制は定められていない。

複合ケーブルは，図(b)に示すように，電線と弱電流電線とが同一のケーブルの中に入っているもので，電線の電圧が高圧又は特別高圧の場合は，電力保安通信線用の弱電流電線に限定されている（電技解釈第10条第5項，第11条第三号）。複合ケーブルの規格は，電力保安通信線用の複合鉛被ケーブル，複合アルミ被ケーブル，複合クロロプレン外装ケーブル，複合ビニル外装ケーブル，複合ポリエチレン外装ケーブルが定められており，いずれも電線の使用電圧は高圧用のものである。電線が特別高圧用のものは特別高圧ケーブルに準じたものでよく，特に規格はない。光ファイバと電線とを同一のケーブルとしたものは複合ケーブルの定義からはずれており，複合ケーブルとしての取扱いは受けない。

(8) 電線の接続

電線の接続が不完全であると，断線，過熱等による障害や接続箇所の絶縁不良による感電，漏電等の危険が生ずる。これについては**電技省令第7条**では，「電線を接続する場合は，接続部分において電線の電気抵抗を増加させないように接続するほか，絶縁性能の低下（裸電線を除く。）及び通常の使用状態において断線のおそれがないようにしなければならない。」と電線接続の原則を定めている。具体的には，**電技解釈第12条**に次のような主旨が定められている。

① 接続箇所において電気抵抗を増加させないこと。

② 電線の引張強さを2割以上減少させないこと。ただし，電線に加わる張力が電線の有する引張強さに比べて著しく小さい場合及びコード相互，キャブタイヤケーブル相互又はケーブル相互若しくはこれらのもの相互を接続器具を使用して接続する場合は，この限りでない。

③ 接続部分には，接続管その他の器具を使用して接続するか又はろう付けすること。ただし，架空電線相互若しくは電車線相互を接続する場合又は鉱山の坑道内において電線相互を接続する場合であって技術上困難である場合は，この限りでない。

④ 絶縁電線相互又は絶縁電線とコード，キャブタイヤケーブル若しくはケーブルを接続する場合は，接続部分の絶縁電線と同等以上の絶縁効力のある接続器を使用するか，接続部分をその電線の絶縁物と同等以上の絶縁効力のあ

るもので十分に被覆すること。

⑤　キャブタイヤケーブル相互又はケーブル相互を接続する場合は，接続箱その他の器具を使用する場合を除き，④によること。

⑥　コード相互，断面積 8 mm² 以下のキャブタイヤケーブル相互，コードとキャブタイヤケーブル若しくはケーブルを接続する場合は，コード接続器，接続箱その他の器具を使用すること。

⑦　アルミ電線と銅電線とを接続する場合等，電気化学的性質の異なる導体を接続する場合は接続部分に電気腐食が生じないようにすること。

⑧　アルミの絶縁電線又はケーブルを配線に使用する場合の接続には，電気用品安全法の適用を受けた接続器を使用すること。

電線と**配線器具や電気使用機械器具に接続する場合**は，ねじ止めその他これと同等以上の効力のある方法により，堅ろうに，かつ，電気的に完全に接続するとともに，接続点に張力が加わらないようにすることが定められている（電技解釈第150条第1項第三号，第151条第4項）。

3.2.4　電路の絶縁と絶縁耐力

(1)　電路の絶縁の原則

電技省令第5条に，電路の絶縁の原則を次のように定めている。

第5条　電路は，大地から絶縁しなければならない。ただし，構造上やむを得ない場合であって通常予見される使用形態を考慮し危険のおそれがない場合，又は混触による高電圧の侵入等の異常が発生した際の危険を回避するための接地その他の保安上必要な措置を講ずる場合は，この限りでない。

2　前項の場合にあっては，その絶縁性能は，第22条及び第58条の規定を除き，事故時に想定される異常電圧を考慮し，絶縁破壊による危険のおそれがないものでなければならない。

3　変成器内の巻線と当該変成器内の他の巻線との間の絶縁性能は，事故時に想定される異常電圧を考慮し，絶縁破壊による危険のおそれがないものでなければならない。

表 3.4 大地から絶縁しなくてもよい場合

（1） 保安上の必要から電路の一部を接地した場合の接地点
① 低圧電路に接地工事を施す場合の接地点（解釈第 24 条，第 28 条，第 109 条）
② 電路の中性点や変圧器の安定巻線に接地工事を施す場合の接地点（解釈第 19 条）
③ 電子機器に接続する使用電圧が 150 V 以下の電路に接地工事を施す場合の接地点（解釈第 19 条第 6 項）
④ 計器用変成器の二次側電路に接地工事を施す場合の接地点（解釈第 28 条）
⑤ 低圧架空電線の特別高圧架空電線と同一支持物に施設される部分に接地工事を施す場合の接地点（解釈第 104 条）
⑥ 特別高圧系統に分散型電源を連系する場合の変圧器の中性点の接地（解釈第 230 条第三号）
（2） 絶縁できないことがやむを得ない部分
① 電路の一部を大地から絶縁しないで電気を使用することがやむを得ないもの（試験用変圧器，電力線搬送用結合リアクトル，電気さく用電源装置，X 線発生装置，電気防しょく用の陽極，単線式電気鉄道の帰線等）
② 大地から絶縁することが技術上困難なもの（電気浴器，電気炉，電気ボイラー，電解そう等）

〔注〕 絶縁の例外は接地工事の接地点と接地がやむを得ない部分だけで，電圧側の電線はもちろん接地側の電線も接地点以外は絶縁しなければならない。

電路は絶縁することが原則であるが，保安上の措置が必要な場合や通常の使用状態からして危険のおそれのない場合は，絶縁する必要がないことが，電技省令第 5 条ただし書きに記されている。具体的には，電技解釈に定められていて，まとめると表 3.4 のようになる。

（2） 絶縁性能

電路の絶縁の強さがどの程度であるかを**絶縁性能**といい，この絶縁の強さ又は良さは，絶縁耐力試験又は絶縁抵抗試験により試験する。前者の方法は，試験しようとする電路の最大使用電圧を基準として，定められた試験電圧を連続して 10 分間加え，異常が生じないかどうかを確認する方法であり，後者の方法は，試験しようとする電路の絶縁抵抗が何メガオーム〔MΩ〕であるかを測定し，使用状態における漏れ電流の大きさを確認する方法である。電技省令第 5 条の第 2 項及び第 3 項は，絶縁性能の強さの基本的な考え方を事故時に想定される異常電圧を考慮して絶縁破壊をしない程度にすることを定めている。絶縁耐力試験の具体的な方法は，電技解釈に定められており，低圧電線路及び低圧電路の絶縁抵抗値は電技省令に規定されている（電技省令第 22 条，第 58 条）。

表3.5　低圧電路の絶縁抵抗

電路の使用電圧		絶縁抵抗値
300 V 以下	対地電圧 150 V 以下	0.1 MΩ 以上
	対地電圧 150 V を超える場合	0.2 MΩ 以上
300 V を超える場合		0.4 MΩ 以上

a）　絶縁抵抗の値　　絶縁抵抗は，電路の絶縁状態を判定する有力な値である。特に低圧電路は絶縁耐力試験は行われないのが一般で，絶縁抵抗を絶縁抵抗計又は漏れ電流計により測定し，その値により絶縁性能を判定している。電気設備技術基準では，その値を次のように定めている。

①　低圧の電線路　　絶縁部分の電線と大地間及び電線の線心相互間の絶縁抵抗は，使用電圧に対する漏れ電流が，最大供給電流の 1/2 000 を超えないように保つ（電技省令第22条）。

②　電気使用場所の低圧電路　　電路の開閉器又は過電流遮断器で区切ることのできる電路ごとに，電路と大地間及び電線相互間（非接地式の場合）の絶縁抵抗は，表3.5の値以上とする（電技省令第58条）。なお，電技解釈第14条では，絶縁抵抗測定が停電させられないことなどにより困難な場合は，漏れ電流計により測定し，漏れ電流が1 mA 以下であればよいとされている。

③　電車などの場合　　特に漏れ電流による電食障害等が問題になるので，この場合の絶縁抵抗は，軌道の延長1 km ごとの漏れ電流について，次のように定めている。

（i）　遊戯用電車は，使用電圧に対する漏れ電流を，軌道の延長1 km につき，次の値以下に保つ（電技解釈第189条第一号，第二号）。

（イ）　接触電線と大地間……100 mA/km

（ロ）　電車内電路と大地間……規定電流の 1/5 000

（ii）　直流式電気鉄道用電車線路は，絶縁部分と大地間の使用電圧に対する漏れ電流を，軌道の延長1 km につき，次の値以下に保つ（電技解釈第205条）。

（イ）　架空直流電車線……10 mA/km

表 3.6　高圧及び特別高圧電路の絶縁耐力試験電圧（解釈第 15 条）

最大使用電圧 (E)	① 7 kV 以下	② 7 kV を超え 15 kV 以下の中性点接地式電路（中性線を有するものであって，その中性線に多重接地するものに限る）	③ 7 kV を超え 60 kV 以下（②に掲げるものを除く）	④ 60 kV を超えるもの **		⑤ 170 kV を超える中性点直接接地式電路に接続されるもの	
				中性点非接地式電路に接続されるもの（電位変成器を用いて接地するものを含む）	中性点接地式電路に接続されるもの（⑤に掲げるものを除く）	中性点が直接接地されている発変電所に施すもの	その他のもの
試験電圧	$E\times 1.5$ *	$E\times 0.92$	$E\times 1.25$（最低 10.5 kV）	$E\times 1.25$	$E\times 1.1$（最低 75 kV）	$E\times 0.64$	$E\times 0.72$

〔注〕 * 7 kV 以下で交流の場合は，1.0 倍となる。
** 60 kV を超えるもので，整流器に接続されるものは除く。

（ロ） その他の場合（例えば，第三軌条，モノレール等）……100 mA/km

（iii） 鋼索車線は，鋼索車線と大地間の使用電圧に対する漏れ電流を，軌道の延長 1 km につき，10 mA/km を超えないように保つ。

b） 絶縁耐力試験　絶縁性能を絶縁耐力試験により確認するものにあっては，その電路と大地との間に最大使用電圧 E に応じ，表 3.6 の試験電圧を連続して 10 分間印加することが規定されている。なお，試験電圧は，その電路の使用電圧が交流であれば交流，直流であれば直流によるのが原則であるが，高圧や特別高圧の電線路にケーブルを使用する場合は交流電圧の 2 倍，交流の回転機（回転変流機を除く）の場合は交流電圧の 1.6 倍の直流電圧で試験することが認められている。60 kV を超える整流器に接続される電路は，特別なものとして，交流側及び直流高電圧側に接続されている電路は交流側の最大使用電圧の 1.1 倍の交流電圧又は直流側の最大使用電圧の 1.1 倍の直流電圧で，直流側の中性線又は帰線となる電路（直流低圧側電路）は，次式により求めた交流試験電圧 E〔V〕で試験を行う。ただし，電線にケーブルを使用する場合は，E の 2 倍の直流で行う。

$$E = V\times\frac{1}{\sqrt{2}}\times 0.51\times 1.2\,〔\mathrm{V}〕$$

V〔V〕は，逆変換器転流失敗時に中性線又は帰線となる電路に現れる交流性の

表 3.7　変圧器の電路の絶縁耐力試験方法（解釈第16条）

<table>
<tr><th colspan="2">巻　線　の　種　類
（電圧は最大使用電圧 E）</th><th>試 験 電 圧</th><th>試　験　方　法</th></tr>
<tr><td colspan="2">①　7 kV 以下の巻線</td><td>$E\times1.5$
（最低 500 V）</td><td rowspan="6">試験される巻線と他の巻線，鉄心及び外箱との間に試験電圧を連続して 10 分間加える。</td></tr>
<tr><td colspan="2">②　7 kV を超え 15 kV 以下の巻線であって，中性点接地式電路（中性線を有するものであって，その中性線に多重接地するものに限る）に接続するもの</td><td>$E\times0.92$</td></tr>
<tr><td colspan="2">③　7 kV を超え 60 kV 以下の巻線（②に掲げるものを除く）</td><td>$E\times1.25$
（最低 10.5 kV）</td></tr>
<tr><td rowspan="3">④　60 kV を超える巻線</td><td>中性点非接地式電路（電位変成器を用いて接地するものを含む）に接続するもの</td><td>$E\times1.25$</td></tr>
<tr><td>中性点に避雷器を施設するもの</td><td>$E\times0.72$</td></tr>
<tr><td>その他の巻線（⑤に掲げるものを除く）</td><td>$E\times1.1$
（最低 7.5 kV）</td></tr>
<tr><td rowspan="2">⑤　170 kV を超える巻線（星型結線のものに限る）であって，中性点接地式電路に接続するもの</td><td>中性点に避雷器を施設するもの</td><td>$E\times0.72$</td><td>試験される巻線の中性点端子，他の巻線（他の巻線が2つ以上ある場合は，それぞれの巻線）の任意の1端子，鉄心及び外箱を接地し，試験される巻線の中性点端子以外の任意の1端子と大地の間に試験電圧を連続して 10 分間，さらに中性点端子と大地間に最大使用電圧の 0.3 倍の電圧を連続して 10 分間加える。</td></tr>
<tr><td>中性点を直接接地するもの</td><td>$E\times0.64$</td><td>試験される巻線の中性点端子，他の巻線（他の巻線が2つ以上ある場合は，それぞれの巻線）の任意の1端子，鉄心及び外箱を接地し，試験される巻線の中性点端子以外の任意の1端子と大地との間に試験電圧を連続して 10 分間加える。</td></tr>
<tr><td>⑥　60 kV を超える整流器に接続する巻線</td><td colspan="2">整流器の交流側の最大使用電圧の 1.1 倍の交流電圧又は整流器の直流側の最大使用電圧の 1.1 倍の直流電圧</td><td rowspan="2">試験される巻線と他の巻線，鉄心及び外箱との間に試験電圧を連続して 10 分間加える。</td></tr>
<tr><td>⑦　その他の巻線</td><td colspan="2">最大使用電圧の 1.1 倍の電圧（最低 75 kV）</td></tr>
</table>

表 3.8　回転機及び整流器の絶縁耐力試験電圧（解釈第 16 条第 2 項，第 3 項）
（E_{AC}：交流側の最大使用電圧，E_{DC}：直流側の最大使用電圧）

被試験機器の別			試験電圧	試験方法
回転機	発電機，電動機，調相機，その他の回転機	$E_{AC} \leqq 7$ kV	$E_{AC} \times 1.5$（最低 500 V）	巻線と大地との間に連続して 10 分間加える
		$E_{AC} > 7$ kV	$E_{AC} \times 1.25$（最低 10.5 kV）	
	回転変流機		$E_{DC} \times 1$ の交流電圧（最低 500 V）	
整流器	$E_{AC} \leqq 60$ kV		$E_{DC} \times 1$の交流電圧（最低 500 V）	充電部分と外箱との間に連続して 10 分間加える
	$E_{AC} > 60$ kV		$E_{AC} \times 1.1$ の交流電圧又は$E_{DC} \times 1.1$ の直流電圧	交流側及び直流高電圧側端子と大地の間に連続して 10 分間加える

異常電圧の波高値。回転機，整流器及び変圧器（放電灯用，エックス線管用，試験用等，特殊の用途に供されるものは除く）については，その構造上特別な考慮が必要であり，表 3.7，表 3.8 の試験電圧と試験方法により耐圧試験を行い，これに耐えなければならないことになっている（電技省令第 5 条，電技解釈第 15 条，第 16 条）。

表 3.7 の④欄のその他の巻線のうち，60 kV を超える星形結線の巻線で，中性点接地式電線に接続し，かつ，中性点に避雷器を施設する変圧器については，誘導試験による耐電圧試験が認められている。すなわち，試験される巻線の中性点端子以外の任意の 1 端子，他の巻線（他の巻線が 2 つ以上ある場合は，それぞれの巻線）の任意の 1 端子，鉄心及び外箱を接地し，試験される巻線の中性点端子以外の各端子に三相交流の試験電圧を誘導により連続して 10 分間加える方法が定められている。また，三相交流の試験電圧を加えることが困難な場合は，単相交流による誘導試験の方法も認められている。また，スコット結線（三相交流を単相交流に変換する変圧器）もこの中に含めて規定されている。

変圧器や開閉器，遮断器，電力用コンデンサ等の器具については，日本電気技術規格委員会規格の JESC の規定により絶縁性能を確かめたものは，表 3.6 や表

3.7による絶縁耐力の確認方法によらなくてもよいとされている。このJESCにおいては，例えば，変圧器は電気学会の規格JEC-2200に，電力用コンデンサはJEC規格4902により，工場において試験したものであって，その機器が設置された現場において常規対地電圧を電路と大地との間に連続して10分間加えて確認したときにこれに耐えることが規定されている（電技解釈第16条第1項，第6項）。

3.2.5 接地工事

接地工事は，保安上，機能上，経済上重要な役割を果たしている。接地工事には，電路に施す場合と，常時は充電されていないが事故時には充電されるおそれのある機器の外箱等の部分に施す場合とがある。前者に含まれる接地工事には，**電路の中性点に施す接地工事**及び**B種接地工事**があり，後者に含まれる接地工事には，**A種接地工事**，**C種接地工事**及び**D種接地工事**がある。電路に施す接地工事は，電路の絶縁原則のところでも述べたように，絶縁するよりは保安上接地したほうが望ましい場合に限り許されている（電技省令第10条）。

平成11年（1999年）11月の改正により，IEC規格60364「低圧電気設備」が，電技解釈第218条により導入されたが，この規格と電技解釈の大きな相異点は，安全保護に対する接地工事である（IEC規格は，「3.8 国際規格の取り入れ」参照）。

（1） 接地式電路

電路の中性点や高低圧混触時の低圧側の電位上昇を防止するため，その中性点又は電路の1端を接地した電路を**接地式電路**といっている。

a） 特別高圧の電路の中性点の接地 接地の方式としては，直接接地，抵抗接地，リアクトル接地及び抵抗とリアクトルの組合せによる接地等がある。これらの接地方式の効果については，発送配電において学ぶところであるが，要するに異常電圧の抑制，保護装置の確実な動作，対地電圧の低下による経済的絶縁設計等において有利なために採用されるものである。この半面，消弧リアクトル接地の場合を除き，地絡電流の増加をきたし，送電の安定度，電磁誘導による通信障害，アークによる損傷等を生ずるので，これらの障害を防止する対策が必要となる（電技解釈第19条）。

b） 高圧電路の中性点の接地　高圧電路の中性点接地についての考え方としては，特別高圧電路の場合と同様であるが，高圧電路は配電線に多く採用され，人家の密集した所に施設され，他の工作物と接近交差することが多い。したがって，高低圧混触による低圧側の電位上昇を抑制するため，我が国では地絡電流の小さい非接地式電路が一般に採用されていて，中性点は接地されていない。しかし，一部の電力会社でB種接地工事の地絡電流を抑制する目的で，中性点に変圧器を介して消弧リアクトル接地を採用している配電線もある。

c） 低圧電路の接地　低圧電路は一般の人の身近にあるものだけに，感電や火災を重視しなければならない。感電や火災の面からいえば，非接地式電路とすることが望ましい。しかし，低圧は多くの場合，高圧から変圧器により変成され，また低圧電線は高圧電線と併架されていることが多い。したがって，高圧電路と低圧電路が混触した場合には，低圧電線に高圧が侵入して，低圧機器の絶縁を破壊し，またそれに触れた人を死傷させることになる。これを防ぐためには，高圧電路と低圧電路が混触しても，その低圧電路の対地電位の上昇を原則として150 V* 以下にする必要がある。この具体的な方法として，低圧側の中性点又はその1端子にB種接地工事を施すことが行われる。低圧側の電路の使用電圧が300 Vを超える電路は，低圧側の1端子にB種接地工事を施すことは認められていないので，図3.14のように，低圧側の巻線を星型として，この中性点に接地工事を施さなければならない（電技省令第12条第1項，電技解釈第24条）。高圧側と低圧側に混触防止板を設けた**混触防止板付変圧器**は，混触による低圧側の電位上昇の危険性が少ないので，低圧側のB種接地工事は省略することができる。この場合には，変圧器以外の場所で高低圧の混触を防止する措置をすることが義務付けら

*　近年配電系統の拡大とケーブル系統の拡大により配電系統の対地静電容量が増大し，1線地絡電流が大きくなっている。この結果，B種接地抵抗値も非常に低いものが要求されて，この値を取ることが困難になってきた。そこで，電圧上昇限度を上げても早急に遮断すれば低圧側の絶縁破壊を防止できることから，35 kV以下の特別高圧又は高圧と低圧電路が混触した場合に1秒を超え2秒以内に自動的に高電圧側電路を遮断すれば300 Vまで，同じく1秒以内に自動遮断すれば600 Vまで低圧電路の電圧上昇を許容することとしてB種接地抵抗値を計算している。

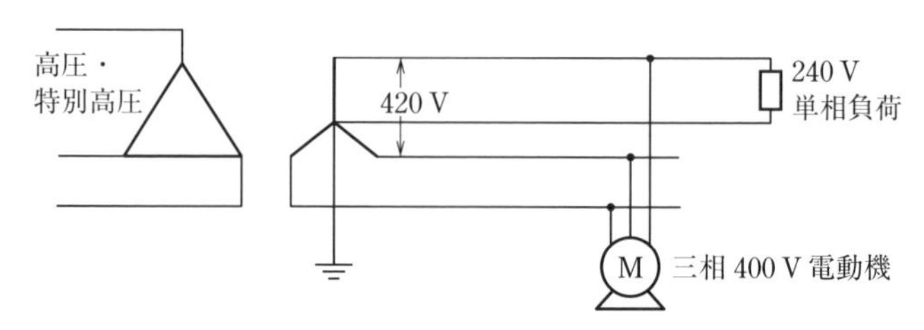

図 3.14　三相4線式 400 V 配線

れている（電技解釈第24条第5項）。

d）　接地工事の共用　　電技解釈においては，A種からD種までの接地工事その他電路の中性点に施す接地等の工事方法や接地抵抗値が規定されている。これらの接地工事の接地線を共用又は連接することについては，A種接地工事やB種接地工事の接地線に被接地電気機器の絶縁破壊により地絡電流が流れた場合にこれらの接地工事の接地線の対地電位が上昇する。この接地線がC種やD種の接地線と接続されている場合は，低圧機器の外箱に対地電圧が発生することになり，この対地電圧が 50 V 以上となる場合は，感電負傷の危険があるおそれがある。

したがって，A種又はB種の接地線とC種又はD種の接地線を接続する場合，すなわち接地極を共用することができる場合には一定の条件が電技解釈第18条第1項と第2項に規定されている。

① 建物の鉄骨等の一部が地中に埋設されている鉄骨等と電気機器の接地その他水道管等が接地線で連結されている場合（等電位ボンディングされている場合），A種，B種，C種及びD種接地工事はもとより，第19条の規定による電路の中性点に施す接地工事の接地極として，これら鉄骨を使用することを認めたものである（電技解釈第18条第1項）。

② 非接地式高圧電路に接続される高圧変圧器の2次側に施すB種接地工事の接地抵抗値が，2Ω以下の場合は，建物の鉄骨等をA種とB種の接地極として使用することが認められている（電技解釈第18条第2項）。

（2） 低圧，高圧又は特別高圧の電路の中性点に施す接地工事

電路に不平衡負荷等がある場合には，中性点にも電位を生じ，零相電流が流れるので，次のような接地工事が要求されている（電技省令第11条，電技解釈第19条）。

① 接地極は，故障の際に，接地極の接地抵抗のため，大地との間に生ずる電位差により，人，家畜又は他の工作物に危険を及ぼすおそれがないように施設すること。

② 接地線には，直径4 mm（低圧電路の中性点に施設するものにあっては引張強さ1.04 kN以上及び直径2.6 mm）の軟銅線又は引張強さ2.46 kN以上の強さの容易に腐食しがたい金属線で，故障の際に流れる電流を安全に通ずることのできるものを使用し，かつ，これに損傷を受けるおそれがないように施設すること。

③ 抵抗器やリアクトル等を使って接地する場合，抵抗器やリアクトル等は，故障の際に流れる電流を安全に通じることができるものであること。

④ 接地線，抵抗器，リアクトル等は，取扱者以外の者が立入ることができないように設備した場所に施設するものを除き，人が触れないように施設すること。

上記の接地は，主としては特別高圧電路の中性点に施されるものであるが，電子機器が接続される低圧の電路に基準電圧を安定させるため，1次電圧が低圧の変圧器の2次側に接地することが必要となってきた。保安上は1次側と2次側の混触により，低圧機器に高電圧が進入する危険性も少ないので2次側の接地が機能接地として認められた（電技解釈第19条第6項）。

（3） B種接地工事

B種接地工事は，図3.15のように高圧又は特別高圧の電路と低圧電路とを結合する変圧器の二次側の中性点に施すもので，高圧又は特別高圧側の電路と低圧側電路が混触した場合に，低圧側電路に接続される機器の絶縁が破壊することを防止するためのものである。低圧側の使用電圧が300 V以下の場合は，変圧器の1

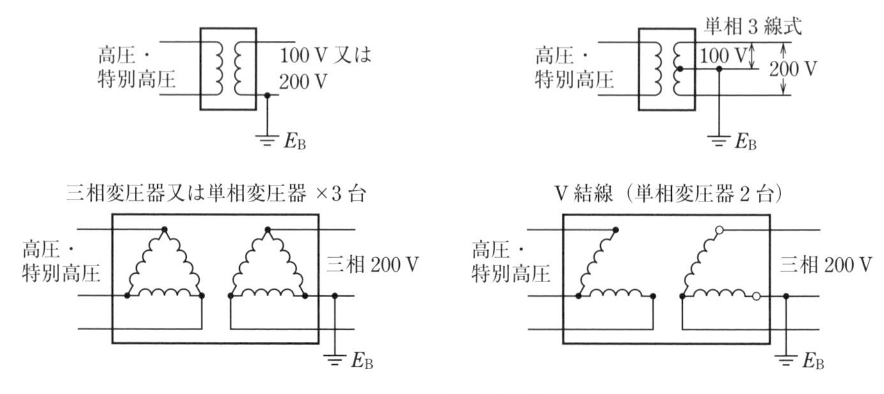

図 3.15　B 種接地工事

端子に接地工事を施すことができる（電技省令第12条，電技解釈第24条）。

B 種接地工事の施設は，変圧器の施設箇所ごとに施すのが原則であるが，土地の状況によって規定の抵抗値が得がたい場合は，**架空接地線**（引張強さ 5.26 kN 以上のもの又は 4 mm の硬銅線）により，変圧器から 200 m 以内の離れた箇所で接地することができる。また，土地の状況によりやむを得ない場合には，**共同地線**により 2 つ以上の変圧器に共通の 2 つ以上の B 種接地工事を施すこともできる（電技解釈第 24 条第 3 項）。近年，配電線系統は，ケーブル系統の増加により対地充電電流が増大し，B 種接地抵抗値の確保の困難性と地絡継電器の検出感度の低下などの問題が発生している。

B 種接地工事は，次のように施設しなければならない。

a）　接地線の種類　　変圧器により低圧電路と高圧電路又は 15 kV 以下の特別高圧電路と結合する場合は引張強さ 1.04 kN 以上の金属線又は直径 2.6 mm 以上の軟銅線，特別高圧電路と結合する場合は引張強さ 2.46 kN 以上の金属線又は直径 4 mm 以上の軟銅線で，容易に腐食しがたい金属線であって，故障の際に流れる電流を安全に通じることのできるもの（電技解釈第 17 条第 2 項第三号）。

b）　接地抵抗値　　変圧器の高圧側又は特別高圧側の電路の 1 線地絡電流のアンペア数で 150（変圧器の高圧側の電路又は使用電圧が 35 000 V 以下の特別高圧

表 3.9　1 線地絡電流の計算式

<table>
<tr><th colspan="2">電路の種類</th><th>計算式</th></tr>
<tr><td rowspan="2">中性点非接地式電路</td><td>下記以外のもの</td><td>$1+\dfrac{\dfrac{V'}{3}L-100}{150}+\dfrac{\dfrac{V'}{3}L'-1}{2}$　(＝I_1 とする)
第 2 項及び第 3 項の値は，それぞれ値が負となる場合は，0 とする。</td></tr>
<tr><td>大地から絶縁しないで使用する電気ボイラー，電気炉等を直接接続するもの</td><td rowspan="2">$\sqrt{{I_1}^2+\dfrac{V^2}{3R^2}\times 10^6}$</td></tr>
<tr><td colspan="2">中性点接地式電路</td></tr>
<tr><td colspan="2">中性点リアクトル接地式電路</td><td>$\sqrt{\left(\dfrac{\dfrac{V}{\sqrt{3}}R}{R^2+X^2}\times 10^3\right)^2+\left(I_1-\dfrac{\dfrac{V}{\sqrt{3}}X}{R^2+X^2}\times 10^3\right)^2}$</td></tr>
</table>

〔注〕V'：電路の公称電圧を 1.1 で除した電圧〔kV〕
L　：同一母線に接続される高圧電路（電線にケーブルを使用するものを除く）の電線延長〔km〕
L'：同一母線に接続される高圧電路（電線にケーブルを使用するものに限る）の線路延長〔km〕
V　：電路の公称電圧〔kV〕
R　：中性点に使用する抵抗器又はリアクトルの電気抵抗値（中性点の接地工事の接地抵抗値を含む）〔Ω〕
X　：中性点に使用するリアクトルの誘導リアクタンスの値〔Ω〕

側の電路と低圧側の電路との混触により低圧電路の対地電圧が 150 V を超えた場合に，1 秒を超え 2 秒以内に自動的に高圧電路又は使用電圧が 35 000 V 以下の特別高圧電路を遮断する装置を設けるときは 300，1 秒以内に自動的に高圧電路又は使用電圧が 35 000 V 以下の特別高圧電路を遮断する装置を設けるときは 600）を除した値に等しいオーム数以下。

この場合の 1 線地絡電流は，高圧電路については実測値又は表 3.9 に示すような算式により計算した値（2 A 未満となる場合は 2 A），特別高圧電路については実測値，あるいは実測値を測定することが困難な場合は，線路定数により計算した値によることができる（電技解釈第 17 条第 2 項）。

c）　共同地線工事の施設方法　B 種接地工事は，変圧器の施設してある場所で行うのが原則であるが，柱上変圧器等で規定の接地抵抗値が得られない場合は，共同地線を施設することが認められており，その施設方法も定められている（電技解釈第24条第3項～第5項)。

d)　人が触れるおそれがある箇所における工事方法　接地線が損傷を受けたり，大地に危険な電位の傾きが生じないようにするため，人が触れるおそれのある箇所における接地工事は，次のような特別な注意が必要である。ただし，発電所，変電所，開閉所若しくはこれらに準ずる場所で，かつ，接地極を故障の際接地極の近傍の電位差により人畜や他の工作物に危険を及ぼすおそれがないように施設するときは例外である（電技省令第11条，電技解釈第17条第1項)。

①　接地線が木柱等に沿う場合

（i）　接地極は，地下0.75 m以上の深さに埋設する。

（ii）　接地線の接地極から地表上0.6 mまでの部分には，絶縁電線（屋外用ビニル絶縁電線を除く)，又は通信用ケーブル以外のケーブルを使用する。

（iii）　接地線の地下0.75 mを超え地表上2 mまでの部分は，電気用品安全法の適用を受ける合成樹脂管等又はこれと同等以上の絶縁効力及び強さのあるもので覆う。

②　接地線が鉄柱等の金属体に沿う場合

（i）　図3.16のように施設する。

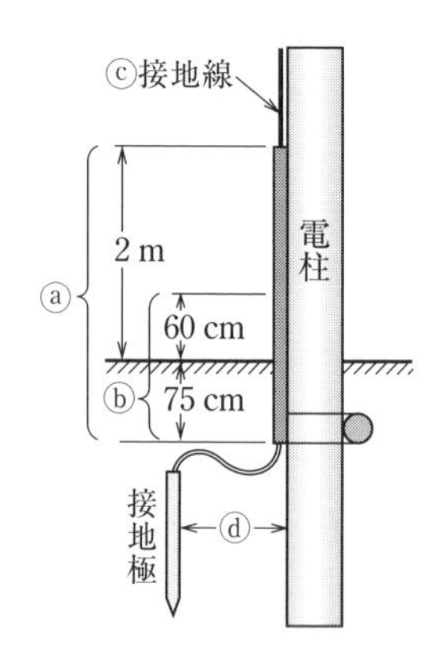

ⓐ の部分の接地線を電気用品安全法の適用を受ける合成樹脂管等で覆う。
ⓑ の部分の接地線には絶縁電線（OW線を除く)，又は通信ケーブル以外のケーブルを使用する。
ⓒ 接地線を鉄柱等に沿って施設する場合は，ⓑと同じ電線を使用する。
ⓓ 接地線を鉄柱等に沿って施設する場合は，1 m以上離す。接地極を鉄柱の底面から30 cm以上の深さに埋設する場合はⓓの制限はない。

図3.16　A種及びB種接地工事の方法

(4) A 種接地工事，D 種接地工事，C 種接地工事

a) A 種接地工事　A 種接地工事は，常時は充電されていない部分に施すものであるが，絶縁が破壊したとき，その部分の電位の上昇を抑制して，感電や他の工作物に与える障害を食い止める目的と，事故電流の検出を容易にして電路を遮断し，事故の拡大を防止する目的との 2 つのことを目的としたものである。なお，目的は異なるが，避雷器や放電装置の接地にも A 種接地工事が行われる。

A 種接地工事は，主として特別高圧又は高圧で使用される電気機器やケーブル等の非充電金属製部分及び避雷器や放電装置の接地工事に用いられるもので，したがって，故障電流も大きいので接地抵抗も低くとる必要があり，かつ，接地線の種類及び人が触れるおそれがある場合の工事は，B 種接地工事の場合と同様に工事しなければならない。A 種接地工事が要求されている箇所のおもな例を掲げると表 3.10 のようになる。

b) D 種接地工事及び C 種接地工事　D 種接地工事は主として 300 V 以下の低圧で，C 種接地工事は 300 V を超える低圧で，それぞれ使用される電気機器や，配線工事に使用される金属管や金属ダクトの非充電金属部分の接地工事に用いられるものである。具体的に例をあげると表 3.11 のようになる（3.2.6（1）項参照）。

c) 接地線・接地抵抗値　各接地工事の接地線には，表 3.12 の軟銅線と同等以上の強さ及び太さの容易に腐食しがたい金属線で，かつ，故障の際に流れる電流を安全に通じることのできるものを使用する。接地抵抗値も，表 3.12 に示されるところであるが，D 種及び C 種の接地抵抗値は，接地工事を施すべき機器に地絡が生じた場合に 0.5 秒以内に自動的に電路から遮断する装置が施設されている

表 3.10　A 種接地工事が要求される具体例

①　高圧，特別高圧用の電気機械器具の金属製の台，金属製外箱（外箱のない場合は変圧器では鉄心）の接地（解釈第 29 条第 1 項）
②　高圧及び特別高圧の電路に施設する避雷器の接地（解釈第 37 条第 3 項）
③　特別高圧計器用変成器の二次側の接地（解釈第 28 条第 2 項）
④　高圧屋内配線のケーブルの外被の接地（ただし，人が触れない場所では D 種接地工事でよい）（解釈第 168 条第 1 項）
⑤　電極式温泉用昇温器の遮へい装置の電極（解釈第 198 条第 3 項）

表 3.11　D 種・C 種接地工事の具体例

①　電気機械器具の金属製の台，金属製外箱（外箱のない変圧器では鉄心）等の接地（解釈第 29 条第 1 項） （i）　300 V 以下の低圧のもの ………………D 種接地工事 （ii）　300 V を超える低圧のもの ……………C 種接地工事
②　配線工事の金属体（電線管，線ぴ，ダクト，接続箱等）の接地（解釈第 159 条第 3 項第五号，第 161 条第 3 項第二号ハほか） （i）　300 V 以下の低圧のもの ………………D 種接地工事 （ii）　低圧電線と電話線とを収める場合……C 種接地工事 （iii）　300 V を超える低圧のもの ……………C 種接地工事 ・人が触れるおそれのない場所の電気機器は D 種でもよい ・太陽電池モジュールその他蓄電池の電圧 450 V 以下の直流回路に接続される電気機器は条件により接地抵抗値は 100 Ω でよい（解釈第 29 条第 4 項）
③　ケーブルの金属被覆，金属製の暗きょ，管，接続箱等の接地（解釈第 123 条，第 164 条第 1 項第四号，第五号ほか） （i）　300 V 以下の低圧屋内配線のケーブル工事 （ii）　地中電線路のケーブルの場合 （iii）　高低圧架空ケーブルのちょう架用金属線 （以上 i～iii）……D 種接地工事 （iv）　300 V を超える低圧屋内配線のケーブルの外被の接地……C 種接地工事（ただし，人が触れない場所では D 種接地工事でよい）
④　高圧計器用変成器の二次側の接地…………………………D 種接地工事（解釈第 28 条第 1 項）
⑤　誘導障害防止のために施設する遮へい用金属体の接地…D 種接地工事（解釈第 214 条第 7 項）

表 3.12　接地抵抗値及び接地線の太さ

接地工事の種類	接地抵抗値〔Ω〕	接地線の最小太さ〔直径 mm〕
A 種 接 地 工 事	10 以下	2.6
C 種 接 地 工 事	10 以下	1.6
D 種 接 地 工 事	100 以下	1.6

場合は，500 Ω までとすることができる（電技解釈第 17 条第 3 項，第 4 項）。

d）　接地工事を省略できる場合　　D 種接地工事及び C 種接地工事については，それを施す必要のあるものと大地とが，何らかの方法で，例えばビルディングの鉄骨に接続するなどして，大地との間の値が規定の接地抵抗値以下である場合には，その接地工事が施されたものとみなされている（電技解釈第 17 条第 5 項，第 6 項）。

(5) 計器用変成器の二次側接地

高圧又は特別高圧の電路に施設される計器用変成器については，混触等による危険防止のため，その二次側電路には，高圧用のものはD種接地工事，特別高圧用のものはA種接地工事を施す（電技解釈第28条）。

3.2.6 電気機械器具の施設

(1) 外箱，金属製の台等の接地

電気機械器具の金属製の台や金属製外箱は，内部電路の絶縁破壊等により充電されたり，高電圧では静電誘導により大地に対して電位をもつなど，人畜に対して危害を及ぼすことが予想される。これに対する防止対策としては，人が触れるおそれのある金属部分には接地工事を施し，絶縁破壊等により充電された金属部分と大地との間の電位をできるだけ低くすることが義務付けられている。この目的で施す接地工事の種類は，すでに3.2.5項においても述べたが，これをまとめると表3.13に示すようになる（電技省令第10条，第11条，電技解釈第29条）。同表の接地工事の種類は，経済性を考慮して定められたものであって，絶対的なものではない。例えば，図3.17のように，B種接地工事（接地抵抗R_Bとする）を施

表3.13 機械器具の鉄台及び外箱の接地

使用電圧	接地工事の種類
高圧用又は特別高圧用のもの	A種接地工事
300Vを超える低圧用のもの	C種接地工事
300V以下の低圧用のもの	D種接地工事

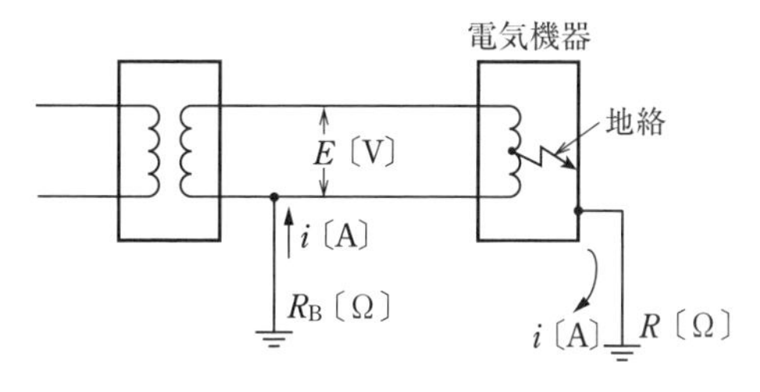

図3.17 低圧機器の地絡

表 3.14　接地工事が省略できる場合（解釈第29条第2項）

①　使用電圧が直流300V又は交流対地電圧150V以下の機械器具を乾燥した場所に施設する場合
②　低圧用の機械器具を，乾燥した木製の床その他これに類する絶縁性の物の上から，取り扱うように施設する場合
③　電気用品安全法の適用を受ける二重絶縁の構造の機械器具を施設する場合
④　低圧用の機械器具に電気を供給する電路の電源側に絶縁変圧器（二次電圧が300V以下であって，定格容量が3kVA以下のものに限る）を施設し，かつ，当該絶縁変圧器の負荷側の電路を接地しない場合
⑤　水気のある場所以外の場所に施設する低圧用の機械器具に電気を供給する電路に電気用品安全法の適用を受ける漏電遮断器（定格感度電流が15mA以下，動作時間が0.1秒以下の電流動作型のものに限る）を施設する場合
⑥　金属製の台又は金属製外箱の周囲に適当な絶縁台を設ける場合
⑦　外箱のない計器用変成器がゴム，合成樹脂等の絶縁物で被覆したものである場合
⑧　低圧用又は高圧用の機械器具を，人の触れるおそれがないように，木柱その他これに類するものの上に施設する場合

してある電路（使用電圧E）に接続した場合，人体に危険を及ぼす電圧を仮に50V（IEC規格では，50Vを一応安全な電圧の目安にしている）とすると，外箱に施すべき接地工事の接地抵抗Rは，

$$R \leqq \frac{50R_B}{E-50}\,[\Omega]$$

となる。$E=100$〔V〕，$R_B=40$〔Ω〕の場合は$R \leqq 40$となり，電技解釈で定めているD種接地工事の接地抵抗値100Ωよりも小さい値にしておかなければ，接地工事としての役割は果たせないことになり，このような点からD種接地抵抗値をチェックする必要がある。なお，機械の施設が表3.14に該当する場合には，危険性が少ないとして接地工事の省略が認められている。

（2）　裸充電部の施設

感電防止のために，電気機械器具は充電部が露出しないよう，外箱などに収めて施設することが望ましい。特に，一般の人が取り扱う電気機器については，その必要性が強く，電熱器の発熱線，電気溶接器の電極，接触電線等の技術的にやむを得ないものを除いては，充電部を露出することは禁じられている。しかし，特定の取扱者しか出入りできないように設備した場所に施設する場合は施設する

ことができるが，このような場所でも人の手の届くような所にある充電部には必ず絶縁防護の覆いを設ける必要がある（電技省令第4条，第59条，電技解釈第151条第1項）。

（3） PCB入り機器の施設禁止

ポリ塩化ビフェニル（PCB）は，電気絶縁性が優れ，かつ，難燃性という点から電気絶縁油として使用されていたが，これは分解されにくく，かつ，毒性があるため，廃棄された場合に動植物に集積され，人間がこれを食べることにもなるので大きな公害問題となった。

このような観点から，PCBを含有する電気機器や電線（OFケーブル）の使用が禁止され，今日に至っているが，平成28年（2016年）8月1日にPCB特措法*が施行され，高濃度PCB含有電気工作物の処分が期日を限定して示された。高濃度PCB含有物は，絶縁油に含まれるPCBの量が1 kg当たり0.5 mg以上ものである（電技解釈第32条）。

規制の対象物は，変圧器以下12のものが告示**で示されている。

PCBの処分については，電技省令附則2に基づき告示**にPCB含有電気工作物が設置されている県単位で平成30年，平成33年（令和3年）及び平成34年（令和4年）のそれぞれ3月31日を期限とすることが定められている（電技省令第19条第14項）。

（4） 磁界による人への影響（電力設備から発生する磁界に対する規制の導入）

変圧器，開閉器その他これに類する電気機械器具（発電所，変電所，開閉所及び需要場所に施設されるものは除く）又は電線路から電磁誘導作用により発生する磁束密度は，人が占める空間において平均値を200 μT〔マイクロテスラ；100 μT＝1ガウス（50 Hz）〕以下にすることが平成23年（2011年）3月31日に電技

* PCB特措法：p.73「c）高濃度PCB含有電気工作物に関する報告」参照。
** 平成28年経済産業省告示237号

省令第27条の2に規定された。変電所又は開閉所の周辺において測定した磁束密度も同様に規定された。この電技省令の改正に伴い，具体的な測定場所，測定器具及び測定方法については電技解釈に規定された。参考までに家電製品から発生している磁界の強さは，ヘアドライヤーでは2.5～53 μT，電気掃除機では2～20 μTである（電技解釈第31条，第39条，第50条）。

（5）　高圧又は特別高圧の機器の施設

高圧又は特別高圧の電気で充電する機器は，感電等の影響も大きいので，特定の人しか出入りできない電気室に施設するとか，機器の周囲に金網を設ける等して，一般の人等が触れるおそれがないように施設しなければならない。取扱者しか入れないような場所でも，露出した充電部分は容易に触れるおそれがないように施設する必要がある。

特に，配電線路に使用される高圧用の機械器具を施設する場合には，地表上4.5 m（市街地外においては4.0 m）以上の高さにし，人が触れるおそれがないようにすること，地上に施設する場合等はD種接地工事を施した金属製の箱に収め，充電部が露出しないようにする必要がある（電技省令第9条第1項，電技解釈第21条，第22条）。

また，高圧又は特別高圧用の機器のうち，開閉器，遮断器，避雷器等の動作時にアークを生ずるおそれがあるものは，アークにより周囲の可燃性の物に燃え移るのを防止するため，機器から可燃性の壁・天井等は離隔する必要がある。その離隔距離は，高圧用の機器にあっては1 m以上，特別高圧用の機器にあっては2 m以上とする必要がある。しかし，相互の間に耐火質の隔壁を設けた場合は，この離隔距離をとる必要はない（電技省令第9条第2項，電技解釈第23条）。

（6）　特別高圧用変圧器の施設

特別高圧用変圧器は，上記（5）項でも述べたように危険の程度が高いことから，発電所，蓄電所又は変電所，開閉所若しくはこれらに準ずる場所に限り施設することが認められている（電技省令第9条第1項，電技解釈第22条第2項）。しかし，路上等へ施設する場合，比較的電圧が低い（35 kV 以下）配電用のものについては，特例を設けて，路上等に施設することが認められている（電技解釈第 22 条第 1 項第七号）。

特別高圧から直接低圧に変成する変圧器は，事故発生の場合に，低圧回路に特別高圧が侵入するという危険があるため,次に掲げる場合に限り認められている。ただし，15 kV 以下（例えば 11.4 kV 配電）の特別高圧架空電線に接続される変圧器は，その性格上高圧と同じものであるので，高圧から低圧に変成する変圧器と同様に取り扱われている（電技省令第 13 条，電技解釈第 27 条）。

① 発電所，変電所，開閉所若しくはこれらに準ずる場所の所内用変圧器

② 使用電圧が 100 kV 以下で，特別高圧巻線と低圧巻線との間に 10 Ω 以下の B 種接地工事を施した金属製の混触防止板を設けた変圧器

③ 使用電圧が 35 kV 以下で，その内部に故障を生じたときに自動的に電路から遮断する保安装置を設けた変圧器

④ 電気炉等の大電流を必要とするものに供給する変圧器

⑤ 交流式電気鉄道用信号回路に電気を供給するための変圧器

3.2.7 開閉器及び過電流遮断器の施設

電路を適当に区分できるようにしておくことは，電路の保守運転上欠くことのできない要件である。この電路を区分するのが**開閉器**であり，区分された電路内に生じた異常に対する保護及び他に事故が波及することを防止するために設けられるのが**過電流遮断器**である。電技省令第 14 条（過電流からの電線及び電気機械器具の保護対策）には，次のように定められている。

> **第 14 条** 電路の必要な箇所には，過電流による過熱焼損から電線及び電気機械器具を保護し，かつ，火災の発生を防止できるよう，過電流遮断器を施設しなければならない。

この規定により，電技解釈では，屋内幹線や分岐回路の過電流遮断器の施設のほか，個々の施設ごとに過電流遮断器を設けることを定めている。

(1)　施設箇所

表3.15に示す箇所には開閉器を施設することが一般的に義務付けられている。

また，表3.16に示す箇所には過電流遮断器を施設することが，各条文に義務付けられている。

開閉器は，一般にはその施設箇所の各極に設けられるが，過電流遮断器も多くの場合各極に設ける（電技解釈第148条第1項第六号，電技解釈第149条第1項第三号）。

過電流遮断器は，接地工事の接地線，多線式電路の中性線及び低圧電路の一部に接地工事を施した低圧電線路の接地側電線に施設することが禁じられている（電技解釈第35条）。

(2)　開閉状態の表示

開閉器及び過電流遮断器のうち，高圧又は特別高圧のものは，危険度も高く，かつ，構造上開閉の状態が明らかでないものが多く，誤認による事故の原因となるので，その動作に伴い，その開閉状態を表示する装置を有することが義務付けられている（電技解釈第34条第1項第二号）。

表3.15　開閉器の施設箇所

①　特別高圧配電用変圧器の1次側（解釈第26条第三号）。
②　低圧屋内電路の引込口に近い箇所（解釈第147条）。
③　低圧屋内幹線から分岐して電気使用機械器具に至る低圧屋内電路の屋内幹線との分岐点から電線の長さが3m以下の箇所（解釈第149条第1項第三号）。

表3.16　過電流遮断器の施設箇所

①　電路中の機械器具及び電線を保護するために必要な箇所（電技第14条）。
②　特別高圧架空電線路に接続する変圧器の一次側（解釈第26条第三号）。
③　低圧屋内幹線から分岐する低圧屋内電路の屋内幹線との分岐点からの分岐回路電線の長さが3m以下の箇所（解釈第149条第一号）。

(3) 誤動作及び誤操作の防止

高圧又は特別高圧の開閉器は，重力等により自然に動作したり，開くべきでない開閉器を誤って開閉したりすることは危険であるので，重力等により自然に動作するおそれがあるものは，鎖錠装置その他これを防止する装置を設けること，負荷電流を遮断するためのものでない開閉器は，負荷電流が通じているときは開路することができないように施設することが定められていたが，平成9年（1997年）6月の改正で，電技解釈から削除された。このインターロック装置は保安上重要である。

3.2.8 電路の保安装置

電路を異常電圧や過電流等から保護し，又は事故の拡大を防止するため，各種の保安装置が義務付けられている。ここでは，3.2.7項で述べたもの以外のものについて述べることとする。

(1) 地絡事故の保護

電路の地絡事故により異常電圧を発生することが多いが，この異常電圧に対しては設計上あらかじめ考慮されていることであり，それに対する保護は特に問題ではない。しかし，地絡事故は電線の断線，混触，他の工作物との接触等により生じているものであり，危険な電圧を発生する場合，地絡電流により通信障害を起こす場合，漏電により火災が発生する場合など，ともかくそれを放置しておくと大事故に発展するおそれがある。

電技省令第15条（地絡に対する保護対策）では，次のように定めている。

第15条 電路には，地絡が生じた場合に，電線若しくは電気機械器具の損傷，感電又は火災のおそれがないよう，地絡遮断器の施設その他の適切な措置を講じなければならない。ただし，電気機械器具を乾燥した場所に施設する等地絡による危険のおそれがない場合は，この限りでない。

具体的には，電技解釈第36条（地絡遮断装置の施設）において定められている。

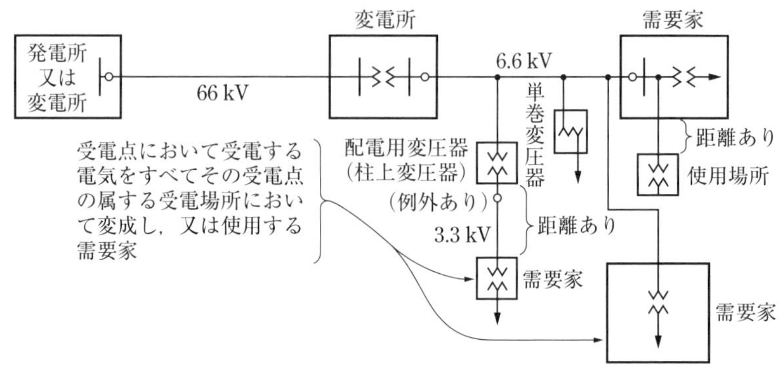

図 3.18　地絡事故遮断装置

a）　低圧電路の地絡保護　　使用電圧が 60 V を超える機械器具（外箱が金属製のもの）で，人が容易に触れるおそれのある場所に施設してあるものに電気を供給する低圧電路には，地絡保護をすべきことを定めている。

しかし，その機械器具が乾燥した場所にある場合，接地抵抗が 3 Ω 以下で外箱が接地されている場合，機械器具が二重絶縁のものである場合等，機械器具の絶縁が破れ，漏電した場合でも安全性が確保される場合は，その電路に地絡保護装置を設置しなくてもよいことになっている。

b）　高圧・特別高圧の電路の地絡保護　　危険の高い高圧及び特別高圧の電路について，地絡を生じたときに自動的に電路を遮断するための装置を次の箇所に施設しなければならない。図 3.18 はこれを示している。

①　発電所又は変電所若しくはこれに準ずる場所の引出口

②　他の者から供給を受ける受電点（例外あり）

③　配電用変圧器（単巻変圧器を除く）の 2 次側（2 次側地絡の場合，1 次側の電源で遮断する場合を除く）

このほか，中性線を有する 300 V を超える低圧の多線式電線には，中性線と電圧線の間に，300 V 以下の一般の低圧機器が接続されるので，特に 1 線地絡した場合に対地電圧の上昇が高いと危険度も高くなることから，地路を生じた場合に

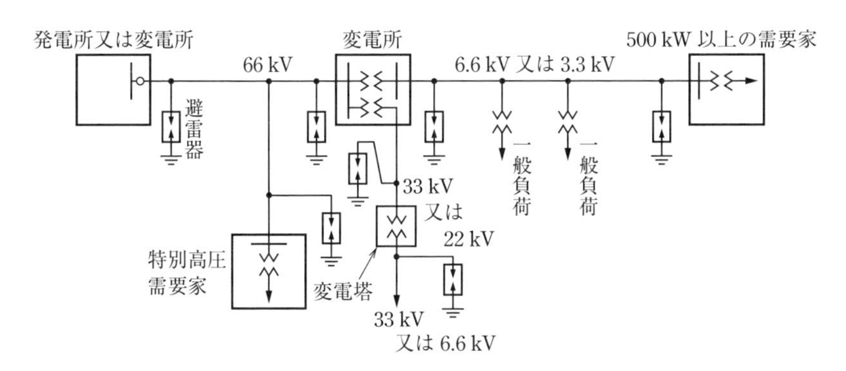

図 3.19 避雷器の施設が義務付けられている箇所

自動的に電路を遮断する装置の施設を義務付けている(電技解釈第 36 条第 3 項)。

また，低圧又は高圧の電路であって，停止すると公共の安全に支障を生ずるおそれのある非常用照明装置，鉄道用信号装置等の電路においては，地絡時に技術員駐在所に警報する装置を施設することにより前述 a）と b）の地絡保護装置を施設しなくてよいとされている（電技解釈第 36 条第 5 項)。

(2) 避雷器の施設

雷その他の異常電圧から電路及び電路に直接接続される機器を保護するために施設するのが避雷器であり，各所に施設されているが，電技省令では次の箇所に施設することを要求している（電技省令第 49 条，電技解釈第 37 条)。図 3.19 はこれを示している。

① 発電所又は変電所若しくはこれに準ずる場所の架空電線の引込口及び引出口

② 架空電線路に接続する配電用変圧器の高圧側及び特別高圧側

③ 高圧架空電線路から供給を受ける受電電力の容量が 500 kW 以上の需要場所の引込口

④ 特別高圧架空電線路から供給を受ける需要場所の引込口

避雷器の接地は，その保護効果を期待するためには接地抵抗値は低いほどよいが，電技解釈では原則としてA種接地工事を要求している。ただし，高圧架空電線路に施設する避雷器については，A種接地工事によらなくてよい場合が規定されており，避雷器が動作した場合にB種接地工事の接地極の電位が上昇して低圧側に高い電圧が侵入しないよう考慮して定めている。すなわち，変圧器のB種接地工事の接地極と避雷器のA種接地工事の接地極が1m以上離れている場合は30Ω以下，1m以下になれば変圧器のB種接地工事の接地極と避雷器のA種接地工事の接地極を連接接地したり，合成接地抵抗値を20Ω以下にすること等が定められている（電技解釈第37条）。

3.2.9　非常用予備電源の施設

非常用予備電源の電気が，停電している配電線を充電して配電作業員が感電することを防ぐために，常用電源の停止時に使用する非常用予備電源（需要場所に施設するものに限られている）は，需要場所に施設する電路以外の電路，すなわち配電線と電気的に接続されないよう施設しなければならない（電技省令第61条）。

3.2.10　サイバーセキュリティ確保

サイバーセキュリティ対策に関しては，従来，一般送配電事業，送電事業，配電事業，特定送配電事業又は発電事業の用に供する電気事業用電気工作物の運転を管理する電子計算機に対してその確保が要求されていた。令和4年6月10日に電気設備技術基準第15条の2（サイバーセキュリティの確保）が改正され自家用電気工作物に対してもサイバーセキュリティ（以下［CS］と略す）の確保が規定され，令和4年10月1日に施行されることになった。同時にこの条文に基づく電技解釈第37条の2に第三号が追加され，自家用電気工作物（発電事業の用に供するもの及び小規模事業用電気工作物を除く）に係る遠隔監視システム及び制御システムにおいては，「自家用電気工作物に係るCSの確保に関するガイドライン（内規）」に従ってCS対策を行うことが規定された。具体的にはCS対策をする必要のある自家用電気工作物を有する場合は，その自家用電気工作物の設置者が定める保安規程においてCS対策を明記することになっている。

電気事業用電気工作物に対するCS対策は，スマートメーターにおいては日本電気技術規格委員会規格 JESC Z0003（2019）「スマートメーターシステムセキュリティガイドライン」によること，及び電力制御システムにおいては同規格JESCZ0004（2019）「電力制御システムセキュリティガイドライン」よることが電技解釈第37条の2に規定されている。

3.3　発電所，蓄電所，変電所等の電気工作物

発電所，蓄電所，変電所等については，3.2節で述べた一般的な事項のほかに，発電所，蓄電所や変電所等に施設されている各機器の保護装置，騒音規制及び常時監視しない場合に必要な設備等について技術的な基準を定めている。

発電所における原動力設備関係については，すでに3.1節で述べたように，**発電用火力設備技術基準**及びその解釈，**発電用水力設備技術基準**及びその解釈並びに**発電用原子力設備技術基準**及びその解釈が定められており，電気設備技術基準及びその解釈では，これら原動力設備を除いた電気設備全般について規定している。

（1）　構内，構外の区分とさく・へいの施設

高圧又は特別高圧の機械器具，母線等を屋外に施設する発電所，蓄電所又は変電所，開閉所若しくはこれらに準ずる場所は，危険であるばかりでなく，公衆の不用意な動作により事故を引き起こす危険もあるので，構内には取扱者以外の者が立ち入らぬように，図3.20のようなさくやへいなどを設け，さらに出入口に立入りを禁止する旨の表示をするとともに，施錠装置等を施設しなければならない（電技省令第23条，電技解釈第38条第1項）。

この場合，さくやへいなどの高さh〔m〕とさくやへい等から充電部分までの距離d〔m〕との和は，使用電圧E〔kV〕に応じ，次のようにする。

①　$E \leqq 35$の場合　　　$h + d \geqq 5$

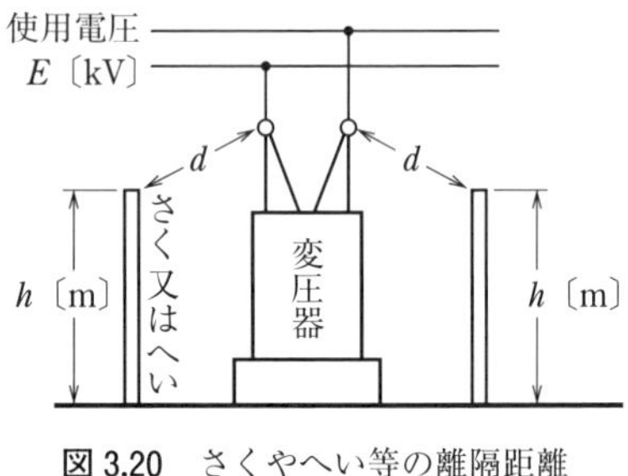

図 3.20　さくやへい等の離隔距離

② 35＜E≦160 の場合　$h+d \geqq 6$

③ 160＜E の場合　$h+d \geqq 6+\left(\frac{E-160}{10}\right)\times 0.12$

（カッコ内の値の小数点以下は切り上げる）

なお，高圧又は特別高圧の電路が屋内にある屋内用の発変電所については，これらに準じて施設するほか，堅ろうな壁を施設し，その出入口に立入り禁止の表示をするとともに施錠装置等を施設しなければならないことになっている。

（2） 絶縁油の構外流出防止

中性点接地式電路に接続する変圧器は，高電圧電力系統に接続されるもので，大容量であり，かつ，事故時におけるエネルギーも大きいことから油が大量に流出することも考えられる。このような観点から，中性点直接接地式電路に接続する変圧器を設置する箇所には，絶縁油の構外への流出及び地下への浸透を防止するため，防油堤等の油の流出防止設備を施設することが義務付けられている（電技省令第19条第10項）。

（3） 発電所の公害の防止等

電技省令第19条には，公害防止関連の規定がまとめて定められている。発変電所に関係する公害防止関連法としては，「大気汚染防止法」，「騒音規制法」，「振動規制法」が大きく関連しているが，そのほか，「水質汚濁防止法」，「特定水道利水障害の防止のための水道水源水域の水質の保全に関する特別措置法」が関係する場合がある。このほか公害防止ではないが，「急傾斜地の崩壊による災害の防止に関する法律」も関連する。ここでは大きく関連する法律の規制について概要を述べる。

a）　大気汚染防止法　　大気汚染防止法は，火力発電所のボイラー等から発生する硫黄酸化物（SO_x），窒素酸化物（NO_x），じんあい等による公害を防止する法律であるが，これは主としてボイラー等の原動機装置の規制を行っている発電用火力設備技術基準に規定されている（火技省令第4条）。

電技第19条第1項では，変電所，開閉所等の電気設備又は電力保安通信設備のうち，非常用予備動力装置等に対して，火技第4条第1項及び第2項が準用されることを規定している。要は，法で定められたばい煙発生施設があれば，同法の排出規制及び総量規制により排出量が制限される。

b）　騒音規制法　　一般の騒音を防止するための規則は，**騒音規制法**（昭和43年（1968年）法律第98号）により規制されているが，発変電所や開閉所からの騒音に関しては，電技省令により取締りが行われる。しかしながら，規制の内容は，騒音規制法に準じて行うこととして，騒音規制法第2条第1項に規定する特定施設を有する発変電所が取締りの対象となる。すなわち，発変電所等では，原動機の出力が7.5 kW以上の，空気圧縮機，送風機又は石炭のミルを有している発変電所等が各都道府県が定めた騒音指定地域にあれば規制の対象となる。騒音の限度は，騒音規制法の範囲内で各都道府県が定める基準内におさめなければならないことになっている（電技省令第19条第11項）。

c）　振動規制法　　この法律も体系としては，騒音規制法とほぼ同じで，規制の内容は，振動規制法（昭和51年（1976年）12月から施行）に準じて取締りが行われる。同法施行令第1条に規定されている特定施設が対象になるもので，発変電所においては，原動機の出力が7.5 kW以上の，圧縮機，破砕機（石炭ミル等）が特定施設となる。騒音規制法と同じく，指定地域内にある施設は，各都道府県知事が定める基準内におさめなければならない（電技省令第19条第12項）。

表 3.17　保護装置

機器名	容量等	事故の種類	保護装置
発電機	制限なし	過電流	発電機を電路から自動的に遮断する装置
	100 kW 以上	風車の圧油装置の油圧，圧縮空気装置の空気圧，電動式ブレードの制御装置の電源電圧が著しく低下	
	500 kW 以上	水車圧油装置の油圧又は電動式のガイドベーン，ニードル，デフレクタの各制御装置の電源電圧が著しく低下	
	2 000 kW 以上	水車発電機のスラスト軸受の温度が著しく上昇	
	10 000 kW 以上	• 発電機内部故障 • 蒸気タービンに接続される発電機は，スラスト軸受が著しく摩耗又は温度が著しく上昇	
燃料電池	制限なし	• 過電流，直流電路の短絡 • 発電要素の発電電圧に異常低下が生じた場合又は燃料ガス出口における酸素濃度若しくは空気出口における燃料ガス濃度が著しく上昇した場合 • 温度が著しく上昇	• 自動的に電路から遮断 • 燃料ガスの供給を自動的に遮断 • 燃料ガスを自動的に排除
蓄電池	常用として使用しているもの	過電圧，過電流，制御電圧の異常，断熱容器の内部温度の上昇	自動遮断装置
特別高圧用変圧器	バンク容量 5 000 kVA 以上 10 000 kVA 未満	変圧器内部故障	• 警報装置 • 自動遮断装置
	バンク容量 10 000 kVA 以上	変圧器内部故障	自動遮断装置
	他冷式	• 冷却装置の故障 • 変圧器の温度が著しく上昇	警報装置
調相機	バンク容量 15 000 kvar 以上	内部故障	自動遮断装置
電力用コンデンサ又は分路リアクトル	バンク容量 500 kvar を超え 15 000 kvar 未満	内部故障か過電流故障のいずれか 1 故障	自動遮断装置
	バンク容量 15 000 kvar 以上	• 内部故障 • 過電流か過電圧のいずれかの 1 故障	自動遮断装置

(4) 各機器の保護装置

各主要機器に事故が発生した場合に，これらの機器に決定的な損傷を与えないため，また事故の拡大を防止するため，発電機，蓄電池，燃料電池，変圧器，調相機及び電力用コンデンサの保護装置として，表3.17の各種の保護装置が要求されている（電技省令第44条，電技解釈第42条～第45条）。発電機のうち，一般用電気工作物等として設置される小規模発電設備に対しては，特例的な基準がある。

(5) 主機，母線等の施設

水素冷却式発電機及び調相機は，気密構造のもので，かつ，水素が大気圧において爆発する場合に生ずる圧力に耐える強度を有することのほか，機内水素の純度の維持，水素の入れ替えの場合の安全確保について規定されている（電技省令第35条，電技解釈第41条）。

また，発電機，変圧器，調相機及び母線並びにこれを支持するがいしは，短絡電流により生ずる機械的衝撃に耐えねばならない。また，水車に接続する発電機の回転部分は，負荷を遮断した場合におこる速度に対して，蒸気タービン，ガスタービン又は内燃機関に接続する発電機の回転部分は，非常調速装置が動作して達する速度に対して耐えるものであることが規定されている（電技省令第45条）。

(6) 圧縮空気装置及びガス絶縁機器の施設

開閉器又は遮断器に使用する圧縮空気装置又は圧縮ガス装置については，圧縮機・空気タンク・ガスタンク・管等の気密性，内圧に対する強度，異常内圧に対する安全弁等，補機自体の安全及び主機の機能を確保するための各項目にわたって規定されている。また，充電部分が圧縮ガスにより絶縁されたガス絶縁機器についても，ほぼ同様なことが規定されている（電技省令第33条，電技解釈第40条）。

(7) 太陽電池発電所等の施設

太陽電池には，一般家庭の屋根に施設される3～6 kW程度の施設と，広い敷地に多くの太陽電池パネルを設置して出力1 000～3 000 kW程度の施設がある。これら太陽電池発電は，再生可能エネルギー設備のエースとして期待され，大変な勢いで建設されているが，太陽電池設備の支持物に係る事故も多発している。これに対応して令和3年（2021年）3月に「発電用太陽電池設備に関する技術基準を定める省令」（「太陽電池省令」とする）とその解釈が公布された。

この省令と解釈は，太陽電池モジュールの支持物に関する規定（省令第4条）と支持物を施設する土地流失・崩壊に関する規定（省令第5条）が主たるものである。解釈はこの省令を踏まえてより具体的な事項を規定している。太陽電池を水面に施設する場合のフロートについても規定している。

これら太陽電池省令に基づく規定は，改正前の電技解釈第46条及び第200条第2項において規定された太陽電池設備の支持物に係る規定が中心となっている。

（8）遠隔常時監視制御発電所の施設

電技省令第46条（常時監視をしない発電所等の施設）ただし書きの発電所は「発電所構外から常時監視と同等な監視を確実にできる発電所」と位置づけられている。電技解釈第47条にこの発電所の設備の詳細が規定されている。この発電所は「**遠隔常時監視制御発電所**」と称されて，同条第3項に汽力発電所（地熱発電所を除く）の蒸気タービン等の原動機に関する規定が，同条第4項に出力10 000 kW以上のガスタービン発電所のガスタービンに関する規定がなされており，この2つの発電所が対象となっている。なお，出力10 000 kW未満のガスタービン発電所は，電技解釈第47条の2に遠隔監視発電所として規定されている（令和3年（2021年）3月31日の改正）。

（9）常時監視をしない発電所及び変電所の施設

電技省令第46条第1項では，①異常が生じた場合に人に危害を及ぼし，若しくは物件に損害を与えるおそれがないよう，異常の状態に応じた制御が必要となる発電所，又は，②一般送配電事業に係る電気の供給に著しい支障を及ぼすおそれがないよう異常を早期に発見する必要のある発電所に対し，常時，技術者により

表 3.18　常時監視をしない発電所に採用される監視制御方式

<table>
<tr><th>項　目</th><th>規定内容</th></tr>
<tr><td>水力発電所［第 3 項］</td><td rowspan="4">①随時巡回方式
②随時監視制御方式
③遠隔常時監視制御方式</td></tr>
<tr><td>風力発電所［第 4 項］</td></tr>
<tr><td>太陽電池発電所［第 5 項］</td></tr>
<tr><td>燃料電池発電所［第 6 項］</td></tr>
<tr><td>地熱発電所［第 7 項］</td><td>②随時監視制御方式
③遠隔常時監視制御方式</td></tr>
<tr><td>内燃力発電所（移動用発電設備を除く）［第 8 項］</td><td rowspan="2">①随時巡回方式
②随時監視制御方式
③遠隔常時監視制御方式</td></tr>
<tr><td>ガスタービン発電所［第 9 項］</td></tr>
<tr><td>内燃力とその廃熱を回収するボイラーによる汽力を原動力とする発電所［第 10 項］</td><td>②随時監視制御方式</td></tr>
<tr><td>工事現場等に施設する移動用発電設備［第 11 項］</td><td>①随時巡回方式</td></tr>
</table>

監視することを義務付けている。

同第 2 項では，上記以外の発電所又は変電所（100 kV を超える特別高圧の電気を変成する変電所（受電所）を含む）で，常時監視をしないものには，異常が生じた場合に安全かつ確実に停止することができる措置を義務付けている。

この規定に基づき電技解釈第 47 条の 2 と第 48 条に具体的な判断基準が定められている。すなわち，第 1 項に該当する発電所としては，汽力発電所，原子力発電所がある。水力発電所，風力発電所，太陽電池発電所，燃料電池発電所，地熱発電所，内燃力発電所，ガスタービン発電所，内燃力複合サイクル発電所及び変電所では，それぞれ出力や構造により技術的要件は異なるが，自動化による無人化が行われている。

a）　発電所　　電技解釈第 47 条の 2 第 1 項において，常時監視をしない発電所を**随時巡回方式**，**随時監視制御方式**及び**遠隔常時監視制御方式**の 3 種類とし，同条第 3 項から第 11 項にかけて，それぞれの発電所に採用できる監視制御方式が表 3.18 のように規定されている。

これらの各方式には，運転保守，事故時の保護装置等の基本的な事項が次のように定められている。

① **随時巡回方式**　技術員が適当な間隔をおいて発電所を巡回して，運転状態を監視するいわゆる無人発電所で，170 kV を超える送電線に連携されない発電所に採用できる方式である。発電所の異常の場合に停止しても需要家が停電することなく，また，電力系統の電圧や周波数に大きな変動を与えないことが要件となっている。

② **随時監視制御方式**　技術員が必要に応じ発電所に出向き運転状態を監視・制御するもので，発電所異常の警報に対して技術員（出力 2 000 kW 未満の場合は補助員）に警報される機能を有する方式である。この警報には，発電所火災，特別高圧変圧器の冷却装置の故障・温度上昇，ガス絶縁機器のガス圧低下の場合のほか発電所ごとに求められている警報がある。この方式の発電所も 170 kV を超える送電線には連携できない。

③ **遠隔常時監視制御方式**　技術員が制御所に常時駐在し，発電所の運転状態を監視・制御を遠隔操作できる方式で，随時監視制御方式の求められている警報を制御所に伝える装置が必要である。また，制御所には発電所の運転・停止を監視・操作する装置を施設することが求められている（地熱発電所の場合は，操作の装置は求められていない）。このほか，100 kV を超える変圧器が施設されている場合は，運転操作に常時必要な遮断器の開閉状態を監視する装置及び開閉する装置（地熱発電所の場合は，投入する装置は求められていない）を施設することが求められている。

各発電所にこれらの方式を採用するに当たっては，発電所ごとにさらに各種の要件が求められている。それらの例として主たるものを随時巡回方式の場合を代表例としてあげておく。

• **水力発電所**の場合　古くから無人化されている。随時巡回方式の場合は表 3.19 に掲げる要件が示されている。

このほか風力発電所，内燃力発電所及び燃料電池発電所について，水力発電所の場合の表 3.19 ほかに求められている要件を示すと次のようになる。

• **風力発電所**の場合　市街地その他人家の密集する地域に施設するものは，100 kW 以上の発電機に対し軸受の温度上昇の場合に，また 10 kW 以上の風車

表 3.19　水力発電所の随時巡回方式

① 出力は 2 000 kW 未満であること。
② 自動出力調整装置又は出力制限装置を施設すること。
③ 制御装置の油圧又は電源電圧の低下，著しい速度過昇，過電流，軸受の著しい温度上昇（500 kW 以上のもの），発電機内部故障（2 000 kVA 以上のもの）及び他冷式特別高圧変圧器の冷却装置の故障等の事故の場合に，水車を自動的に停止させ，発電機を電路から遮断する装置を施設すること。

の主要な軸受等に発生する振動の振幅が著しく増大した場合に発電機を停止することが義務付けられている。

- **内燃力発電所**の場合　冷却水の温度過昇又は供給停止の場合と潤滑油の圧力低下の場合に内燃機関への燃料を自動遮断する装置の設置が義務付けられている。
- **燃料電池発電所**の場合　上記水力発電所の場合の保護装置のほかに，運転制御装置異常，制御用の油圧，空気圧，電源電圧の異常低下等の場合に燃料電池の自動遮断，燃料ガスの自動排除装置（出力 10 kW 未満の固体高分子型のものは省略可）が義務付けられている。
- **太陽電池発電所**の場合　エネルギー密度の低い太陽エネルギーを利用しているので，保護装置もきわめて簡素化されており，随時巡回方式に求められている要件のほか，他冷式特別高圧変圧器の冷却装置の故障又は著しい温度上昇により，逆変換装置の自動遮断が義務付けられている。

b）**変電所**　電技解釈第 48 条では，常時監視をしない変電所を図 3.21 のように 4 つの方式に分類している。

① **簡易監視制御変電所**　技術員が必要に応じて変電所に向かい，変電所の監視及び機器の操作を行う変電所で，電圧 100 kV 以下の変圧器がある変電所に適用される。

② **断続監視制御変電所**　技術員が変電所から 300 m 以内にある技術員駐在所に常時駐在し，断続的に変電所又は変電制御所に行き，保守点検を行う変電所で，電圧 170 kV 以下の変圧器がある変電所に適用される。

③ **遠隔断続監視制御変電所**　技術員により変電制御所又は遠隔断続監視変電所から制御される変電所で，電圧 170 kV 以下の変圧器がある変電所に適用される。これらを示すと図 3.21(c)のようになる。

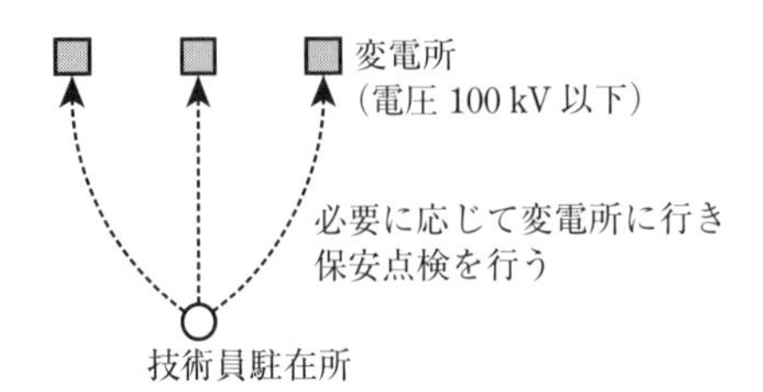

(a)　簡易監視制御方式

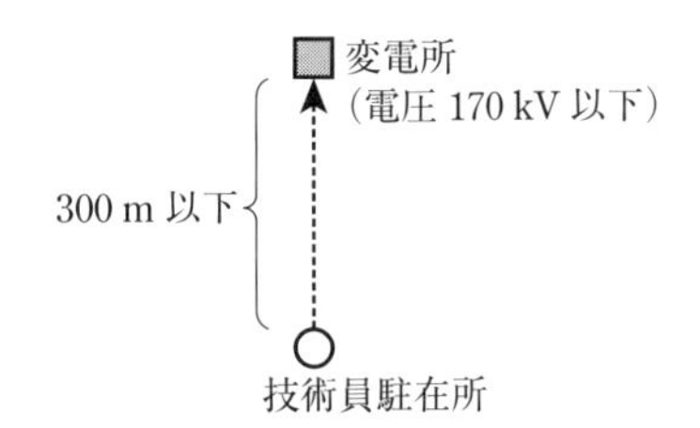

(b)　断続監視制御方式

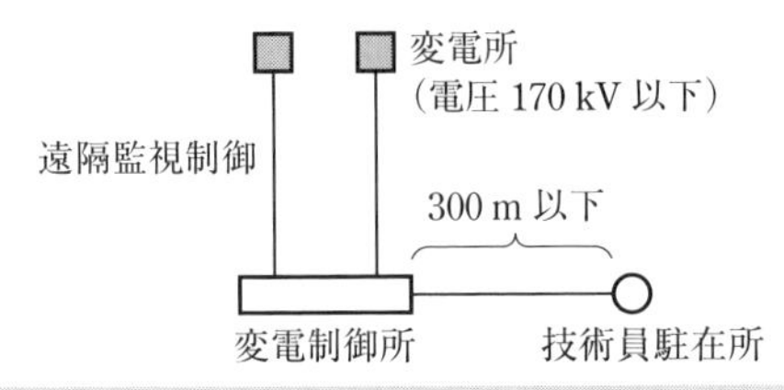

(c)　遠隔断続監視制御方式

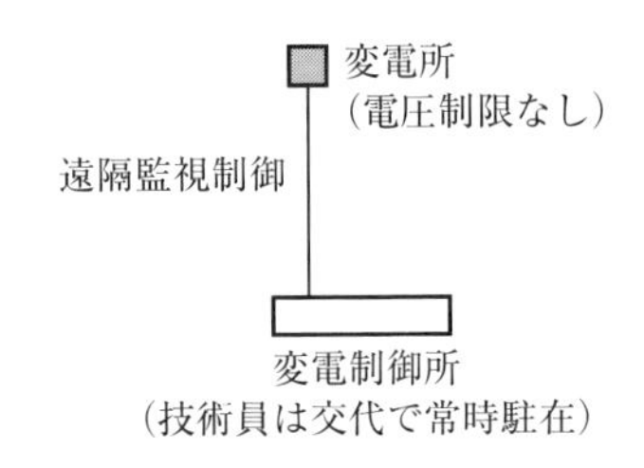

(d)　遠隔常時監視制御方式

図 3.21　変電所における制御方式

④　**遠隔常時監視制御変電所**　　技術員が変電制御所に常時駐在し，保守点検を行う変電所で，電圧に関係なくすべての変圧器がある変電所に適用される。

これら変電所の施設要件としては，次の事象が発生した場合に技術員駐在所（簡易監視制御変電所の場合は技術員か技術員に連絡する補助員）又は変電制御所に警報することが義務付けられている。

- 常時運転操作に必要な遮断器が自動的に遮断した場合（遮断器が自動的に再閉路した場合を除く）
- 主要変圧器の電源側電路が無電圧になった場合
- 制御回路の電圧が低下した場合
- 変電所に火災が発生した場合（全屋外変電所は除く）

- 3 000 kVA を超える特別高圧用変圧器の温度が著しく上昇した場合
- 他冷式特別高圧変圧器の冷却装置が故障した場合
- ガス絶縁機器の絶縁ガスの圧力が著しく低下した場合

これら以外に水素冷却式の調相機がある場合には，調相機内の水素の純度が90 % 以下に低下した場合や水素の圧力が著しく変動，水素の温度が著しく上昇した場合の技術員駐在所等に対する警報，水素の純度が 85 % 以下に低下した場合に調相機を電路から自動遮断する装置の施設が義務付けられている。

また，100 kV を超える変圧器を施設する変電所にあっては，上記のほかに，変電制御所から常時運転操作に必要な遮断器の開閉及び監視ができることが必要である。なお，170 kV を超える遠隔制御変電所は系統上重要であり，信頼性を増すうえからも，制御所から変電所の信号伝送経路は 2 ルート化にする必要がある。例えば 1 つが無線であれば，他を通信用ケーブル若しくは光ファイバケーブルを用いた通信線又は特別高圧線を用いた搬送線にすることである。ただし，変圧器のみにより昇圧・降圧のみを行い系統切替を行わない変電所は，この義務はかかっていない（電技解釈第 48 条）。

3.4 電　線　路

電線路は，超高圧送電線から一般住宅の引込線に至る広い地域にまたがって施設されるので，雷・風雪等の天然現象の影響を受けやすく，かつ，人畜や鳥獣等の接触による損傷，電線の切断，支持物の倒壊等による他の工作物への影響，電波障害，電磁的・静電的な誘導障害による通信設備への影響，地中管路への電食障害等を及ぼすおそれがある。

このため，電線路の施設に当たって，詳細な規定が必要とされ，電技省令及び電技解釈においては，電線路の使用電圧や施設形態等に応じて，規制が行われている。本節では，これら詳細な電線路の規制のうち，一般的な架空電線路と地中電線路について，その基本的な事項を述べ，電線路に関する規制の概念を学ぶことにする。

3.4.1　電線路の種類

電線路についての定義は，すでに3.2.1（5）項において述べたが，そこでいう「**これを支持し，又は保蔵する工作物**」とは，架空電線路では支持物，腕木，がいし，支線，支柱等の電線を支持するものであり，地中電線路ではケーブル等を保蔵する暗きょ，地中箱，接続箱等をいうのである。電線路を用途別に分類すれば，送電線路，配電線路になるが，電線路の施設形態に応じて分類すると，

①架空電線路　②屋側電線路　③屋上電線路　④地中電線路

などがある。電技解釈では，これら4つの電線路のほかに，特殊電線路として，トンネル内電線路，水上・水底電線路，地上に施設する電線路，橋に施設する電線路，電線路専用橋等に施設する電線路，がけに施設する電線路及び屋内に施設する電線路を規定している（電技解釈第126条～第132条）。

これらの電線路のうち，最も一般的なものが**架空電線路**と**地中電線路**である。

〔注〕① **屋側電線路**　造営物の側面に電線を取り付けて施設されるものである（電技解釈第110条～第112条）。
② **屋上電線路**　造営物の上面に電線を取り付けて施設するものである（電技解釈第113条～第115条）。
③ **トンネル内電線路**　1つの場所から他の場所に至る電線路のうちトンネル内に施設される部分である（電技解釈第126条）。
④ **水上電線路**　しゅんせつ船と陸上の電路とを結ぶ電線路のように，水面に浮かべた浮台にケーブルを取り付けて施設するものである（電技解釈第127条）。
⑤ **水底電線路**　海峡横断や河川横断のため，海底又は河床等に電線を施設するものである（電技解釈第127条）。

3.4.2　架空電線路の施設

架空電線路は，地中電線路に比較して経済的であり，保守も容易であるため古くから用いられているが，前述のような外部の影響を受けやすいので，特に詳細な規定が行われている。

（1） 規制の方法

架空電線路に対する規制としては，電波障害，電磁誘導，静電誘導等を防止するための規制と，架空電線路の支持物や電線の規制及び他の工作物との接近・交差する場合の施設方法に関する規制に分けることができる。

架空電線路の強度に関する規制は，支持物の強度，電線の強度，がいしの強度，径間の制限，支線の施設等がおもなものである。

他の工作物と接近する場合は，支持物の倒壊や電線の切断によりその影響するところが大であるので，これらの強度をいかに強くしなければならないかを定めるとともに，他の工作物との離隔等について定めている。

（2） 電波障害及び誘導障害の防止

a） 電波障害の防止　電波障害は，電線のコロナ放電やがいしの不良により，ラジオやテレビジョンその他の電線通信器に対して雑音を与える障害である。電技省令では，電線路が無線設備の機能に継続的かつ重大な障害を及ぼすおそれがある場合には，これを防止するように施設しなければならないことが定められている。発生電波の許容限度は，現在，高低圧架空電線路からは，電線路と直角の方向に水平距離で 10 m 離れた地点において，36.5 dB となっている（電技省令第42 条第 1 項，電技解釈第 51 条第 2 項）。

b） 誘導障害の防止　誘導障害については，特別高圧架空電線路が主として問題となるが，電気設備技術基準では低高圧架空電線路についても規制がなされている。

低高圧架空電線路については，原則として，架空弱電流電線と 2 m 以上の離隔をとっておけばよいとしているが，架空電線がケーブルである場合又は架空弱電流電線路の管理者の承諾を得た場合は 2 m 以下でもよいことになっている。2 m以上としても誘導障害がある場合には，これ以上離隔距離をとる，遮へい線を施設する，又は架空電線をねん架するなどの方法により対処することが定められている（電技省令第 42 条第 2 項，電技解釈第 52 条）。

特別高圧架空電線路は，架空電話線に対して，常時静電誘導作用により通信上の障害を及ぼさないようにすることが定められている。

また，電圧が非常に高くなると静電誘導作用により人への感知のおそれがないように，特別高圧架空電線路については，地表上1mにおける電界強度が3kV/m以下とすること及び電線路からの電磁誘導作用により，人の健康に影響を及ぼさないように人が占める空間の磁束密度が200μT（マイクロテスラ）以下とすることが定められている。

架空電話線に対する誘導電流については，その計算式と許容値が明確に定められている（電技省令第27条第1項，第27条の2第1項，電技解釈第52条）。

また，特別高圧架空電線路による電磁誘導作用による障害については，弱電流電線路に対し通信上の障害の防止と弱電流電線を通じて人に危険を及ぼすおそれのないよう施設することが定められている（電技省令第27条第2項，電技解釈第52条）。

（3）　支持物の昇塔防止

架空電線路には，架空電線路を保守する人が容易に昇塔できるように，足場金具が施設されているが，一般の人がこれらを使用して容易に昇塔できないように，足場金具を地表上1.8m未満のところに施設することを禁止している。ただし，さく，へい等やその他各種の昇塔防止の施設がある場合は，地表上1.8m未満の足場金具を施設することができる（電技省令第24条，電技解釈第53条）。

（4）　支持物の倒壊防止

架空電線路の**支持物*** において，支持物の倒壊による危険を防止するためその材料や構造について規制をすることは保安上重要なことである。電技省令第32条（支持物の倒壊の防止）として次のように定めている。

---

* 支持物とは，木柱，鉄柱，鉄筋コンクリート柱及び鉄塔並びにこれらに類する工作物であって，電線又は弱電流電線若しくは光ファイバケーブルを支持することを主たる目的とするものをいう（電技省令第1条第十五号）。

第 32 条　架空電線路又は架空電車線路の支持物の材料及び構造（支線を施設する場合は，当該支線に係るものを含む。）は，その支持物が支持する電線等による引張荷重，10 分間平均で風速 40 m/秒の風圧荷重及び当該設置場所において通常想定される地理的条件，気象の変化，振動，衝撃その他の外部環境の影響を考慮し，倒壊のおそれがないよう，安全なものでなければならない。ただし，人家が多く連なっている場所に施設する架空電線路にあっては，その施設場所を考慮して施設する場合は，10 分間平均で風速 40 m/秒の風圧荷重の 1/2 の風圧荷重を考慮して施設することができる。

2　架空電線路の支持物は，構造上安全なものとすること等により連鎖的に倒壊のおそれがないように施設しなければならない。

この電技省令第 32 条を根拠として，電技解釈では，支持物の種類ごとに，その強度計算方法，その基礎となる材料の許容応力，風圧荷重，安全率，基礎の安全率，径間等を定めている。以下これらについて具体的に述べる。

（5）　支持物の種類

支持物の種類には，**木柱**，**鉄柱**，**鉄筋コンクリート柱**及び**鉄塔**があり，これらの支持物は安全性に差があり，規制に差がつけられている。鉄柱，鉄筋コンクリート柱については電技解釈第 49 条第二号～第六号において定義されている。

a）　A 種鉄筋コンクリート柱　　基礎の計算を行わず，根入れ深さを電技解釈第 59 条第 2 項に規定する値以上とすることにより施設する鉄筋コンクリート柱（工場打ち鉄筋コンクリート柱，複合鉄筋コンクリート柱等が含まれる）

b）　A 種鉄柱　　基礎の計算を行わず，根入れ深さを電技解釈第 59 条第 3 項に規定する値以上とすることにより施設する鉄柱（鋼管柱*，鋼板組立柱**）

c）　B 種鉄筋コンクリート柱　　A 種鉄筋コンクリート柱以外の鉄筋コンクリート柱

d）　B 種鉄柱　　A 種鉄柱以外のもの

---

*　鋼管を柱体とする鉄柱

**　鋼板を管状にして組み立てたものを柱体とする鉄柱

なお，鋼管柱，鋼板組立柱，工場打ち鉄筋コンクリート柱及び複合鉄筋コンクリート柱については，その基礎の強度の検証を一般の鉄柱なみに行えばB種に入れられ，現場打ち鉄筋コンクリート柱についても基礎の強度の検証を簡易にする場合はa）に入れられる。

上述の**A種鉄柱**及び**A種鉄筋コンクリート柱**というのは，鋼管柱，鋼板組立柱又は鉄筋コンクリート柱で，その全長が16 m以下，設計荷重が6.87 kN（約700 kg）以下のものをはじめ，全長が20 m以下で設計荷重が14.72 kN（約1 500 kg）までの鉄筋コンクリート柱等，各種あり，根入れの強度を計算することなく柱の全長や設計荷重により根入れの深さが規定されているものをいう。**B種鉄柱**及び**B種鉄筋コンクリート柱**というのは，A種鉄柱及びA種コンクリート柱以外のものをいう（電技解釈第49条第二号～第六号)。

（6） 支持物の強度

架空電線路に使用する支持物を構成する部材については，部材の種類及び許容

表3.20 支持物に加わる風圧荷重

種	別	適用
甲種風圧荷重	10分間平均風速40 m/sの風があるものと仮定した場合に生じる風圧荷重（電技第32条）	高温季について適用する。ただし，氷雪の多い地方で，かつ，低温季において最大風圧を生じる地方にあっては低温季についても適用する。
乙種風圧荷重	電線その他の架渉線に氷雪（厚さ6 mm，比重0.9）が付着した状態で甲種の場合の1/2の風圧を受けるものと仮定した場合に生じる風圧荷重	氷雪の多い地方において低温季について適用する。
丙種風圧荷重	甲種の場合の1/2の風圧を受けるものと仮定した場合に生じる風圧荷重	氷雪の多くない地方において低温季について適用する。
着雪時風圧荷重	架渉線の周囲に比重0.6の雪が同心円状に付着した状態に対し，甲種風圧荷重の0.3倍を基礎として計算したもの	降雪の多い地域の河川等を横断する鉄塔に用いる。

〔注〕 人家が多く連なっている場所に施設する低圧又は高圧架空線路（35 kV以下の特別高圧架空電線路に併架されているものを含む）及び特別高圧絶縁電線又はケーブルを使用した35 kV以下の特別高圧架空電線路については，丙種風圧荷重をとればよい。

応力が定められている。支持物の強度の算定に当たっては，風圧荷重のほか，架渉線やがいし装置の重量等，基本的な事項が規定されている。

a）　風圧荷重　　支持物に加わる荷重のうち，風による荷重（風圧荷重）について，表 3.20 のように甲種，乙種，丙種及び着雪時の 4 種の種類を定め，地域によりその適用範囲を定めている。

表 3.20 からもわかるように，風圧荷重の値は甲種風圧荷重が基本になっている（電技解釈第 58 条第一号）。

甲種風圧荷重は，支持物，電線その他の架渉線，がいし装置及び腕金類について，構成材の垂直投影面積 1 m^2 につき何 kg の風圧がかかるかを計算し，これを国際単位のパスカル〔Pa〕（1 kg/m^2＝9.8 Pa）に換算して，その結果を表 3.21 のように定めている（電技解釈第 58 条）。例えば，甲種風圧の適用地域の配電線では，木柱，丸形鉄柱，丸形鉄筋コンクリート柱，丸形鉄塔については 780 Pa（80 kg/m^2），多導体以外の電線については 980 Pa（100 kg/m^2）の風圧がかかるものとして支持物の強度を計算する。

b）　支持物の強度計算に考慮すべき荷重　　支持物の強度を計算する場合に，

表 3.21　甲 種 風 圧 荷 重

風圧を受けるものの区分	木柱，丸形鉄柱，丸形鉄筋コンクリート柱，丸形鉄塔	鉄筋コンクリート柱（丸形以外）	鉄柱（丸形以外）				鉄塔（丸形以外）			電線その他の架渉線		特別高圧用がいし装置	特別高圧用の腕金類（木柱，丸形鉄柱，丸形鉄筋コンクリート柱用のもの）	
			三角形又はひし形	鋼管構成の四角形	その他		単柱（六角形又は八角形のもの）	鋼管により構成されるもの（単柱を除く）	その他のもの	多導体*	その他のもの		単一材として使用する場合	その他の場合
					腹材が前後面で重なるもの	その他のもの								
風圧荷重**〔Pa〕	780 (80)	1 180 (120)	1 860 (190)	1 470 (150)	2 160 (220)	2 350 (240)	1 470 (150)	1 670 (170)	2 840 (290)	880 (90)	980 (100)	1 370 (140)	1 570 (160)	2 160 (220)

〔注〕 * 多導体の適用は，構成する電線が 2 条ごとに水平に配列され，その電線相互間の距離が電線外径の 20 倍以下のものに限られている。

** 風圧荷重の（　）は，kg/m^2 で表した値。

表 3.22　支持物の強度計算に考慮すべき荷重

電圧 支持物の種類	低圧架空電線路用のもの	高圧架空電線路用のもの	特別高圧架空電線路用のもの
木柱 A 種鉄柱 A 種鉄筋コンクリート柱	風圧荷重のみ	風圧荷重（鋼板組立柱，鋼管柱及び複合鉄筋コンクリート柱については垂直荷重を考える）	同　　左
B 種鉄柱 B 種鉄筋コンクリート柱	風圧荷重のみ	常時想定荷重* の 1 倍	同　　左
鉄塔	風圧荷重のみ	常時想定荷重* の 1 倍	常時想定荷重の 1 倍又は異常時想定荷重** の 2/3 倍（腕金材については 1 倍）のどちらか大きいもの

〔注〕　* **常時想定荷重**とは，架渉線の断線を考慮しない場合の荷重である。
　　　** **異常時想定荷重**とは，架渉線の断線を考慮する場合の荷重である。なお，異常時想定荷重は鉄塔の場合のみに適用する。

上記の風圧荷重以外にどれだけの荷重を考慮して設計すべきかを，電圧別，かつ，支持物の種類別に規定している。これを示すと表 3.22 のようになる（電技解釈第 59 条）。このほか降雪の多い地域において，一級又は二級河川等を横断する径間 600 m を超えて施設される特別高圧架空電線路の横断鉄塔については，異常着雪時想定荷重の 2/3 倍の荷重に耐えることが規定されている。

鉄塔の場合は，地域的に特殊な風が予想される場合は，地域別基本風速による風圧を計算し甲種風圧荷重と比べて大きい方の荷重を考慮することになっている。また鉄塔が特殊地形の箇所に施設される場合は，局地的に強められた風による風圧荷重も考慮することが規定されている（電技解釈第 58 条第 4 項）

c）　安全率　　支持物の強度の算定に当たってとるべき安全率の最低値は，木柱の場合は 2.0 である。これらは常に維持されるべき安全率であるので，木柱の場合は木柱の取替時の安全率として定められている。高圧や特別高圧用の木柱は，このほか末口が 12 cm 以上のものを使用することが定められている。

木柱以外のものの場合は，計算に使用する荷重により生ずる応力が部材の許容応力より小さいことが必要であり，特に安全率は規定しておらず，安全率は，部材の許容応力や B 種鉄柱及び B 種鉄筋コンクリート柱については，設計荷重の

表 3.23　高圧・特別高圧架空電線路の径間制限　〔単位 m〕

支持物の種類	木柱，A 種鉄柱，A 種鉄筋コンクリート柱	B 種鉄柱，B 種鉄筋コンクリート柱	鉄　塔
普通箇所	150 以下	250 以下	600 以下 *
長径間工事	300 以下	500 以下	制限なし

〔注〕（1）高圧の径間が 100 m を超える場合は，電線には，引張強さ 8.01 kN 以上のもの又は直径 5 mm 以上の硬銅線を用い，木柱の風圧荷重に対する安全率は 2.0 以上としなければならない。
（2）* 使用電圧が 170 kV 以上の場合は 800 m。

中におり込まれている（電技解釈第 59 条）。

（7）　支持物の基礎の強度

支持物の基礎の強度は，安全率を 2.0 以上として計算した強度を有することが原則であるが，木柱，A 種鉄柱及び A 種鉄筋コンクリート柱の支持物については，**根入れの深さ**を支持物の全長の 1/6（全長が 15 m を超えるときは 2.5 m）以上とし，かつ，地盤が軟らかい箇所では特に堅ろうな根かせを施すこととし，1 つひとつの強度の計算は省略してよいことになっている。なお，鉄塔の場合の異常時想定荷重に対する基礎の安全率は 1.33 以上あればよいとされている（電技解釈第 60 条）。

（8）　径間の制限

径間が長くなれば，支持物も高くなり，断線による影響も大きくなり，電線の振動も大きくなる等，支持物の強度算定上考慮していない要素が入ってくるので，高圧又は特別高圧の架空電線路の径間は，支持物の種類に応じ，表 3.23 のように制限されている（電技解釈第 63 条）。

なお，山越え谷越え等の長径間の工事をする場合には，電線に 8.71 kN 以上のもの又は断面積 22 mm^2 の硬銅より線又はこれと同等以上の強度及び太さのものを使用し，支持物については，（9）項に述べるような補強が必要である。

他の工作物と接近又は交差する場合は，架空電線路の支持物の倒壊による障害を防止するため，一般の場所に比べて，径間制限は厳しく，低高圧架空電線路の場合は，木柱，A 種鉄柱又は A 種鉄筋コンクリート柱の支持物では 100 m 以下，

表 3.24　特別高圧架空電線が他のものと接近又は交差する場合の径間　〔単位 m〕

径間工事の種類＼支持物の種類	木柱，A 種鉄柱，A 種鉄筋コンクリート柱	B 種鉄柱，B 種鉄筋コンクリート柱	鉄　塔
第1種特別高圧保安工事*	（禁　止）	150 以下(1)	400 以下(1)
第2種特別高圧保安工事**	100 以下	200 以下(2)	400 以下(2)
第3種特別高圧保安工事***	100(150)以下(3)	200(250)以下(2)(4)	400(600)以下(2)(4)

〔注〕（1）引張強さ 58.84 kN 以上のより線又は断面積 150 mm² 以上の硬銅より線の場合は制限なし
（2）引張強さ 38.05 kN 以上のより線又は断面積 100 mm² 以上の硬銅より線の場合は制限なし
（3）（　）は断面積 38 mm² 以上の硬銅より線の場合
（4）（　）は断面積 55 mm² 以上の硬銅より線の場合
* 使用電圧が 100 kV 未満（道路と接近する場合は 170 kV 未満）の特別高圧架空電線が建造物，架空弱電流電線等と第2次接近状態（水平距離 3 m 以内の接近）に施設される場合の径間工事
** 特別高圧架空電線が道路，架空弱電流電線等と交差する場合の径間工事
*** 特別高圧架空電線が建造物，架空弱電流電線等と第1次接近状態（支持物の高さ以内から 3 m までの接近）に施設される場合の径間工事

B 種鉄柱又は B 種鉄筋コンクリート柱の支持物では 150 m 以下，鉄塔では 400 m 以下となっている。特別高圧架空電線路の場合は，他の工作物との接近や交差の状態により，それぞれ異なるので，第1種特別高圧保安工事から第3種特別高圧保安工事のうちで定められていて，その内容は表 3.24 のとおりである（電技解釈第 95 条～第 102 条，第 106 条）。

（9）支持物の補強

支持物の補強を要する場合として，電技省令では，直線部分が連続する場合，長径間箇所，電線が他の工作物と接近する場合とを掲げている。

a）直線部分における支持物の補強　直線部分の支持物は風圧荷重のみを考慮し，不平均張力等の配慮がなされていないので，直線部分で断線や支持物倒壊があると事故が拡大するおそれがある。これを防止するため，特別高圧架空電線路については，木柱，A 種鉄柱又は A 種鉄筋コンクリート柱の支持物の場合は，図 3.22(a)のように，5 基以下ごとに 1 基の割合で支線を，電線路と直角の方向にその両側に設け，15 基以下ごとに 1 基の割合で支線を電線路の方向にその両側に設ける。B 種鉄柱又は B 種鉄筋コンクリート柱の支持物の場合は，図 3.22(b)の

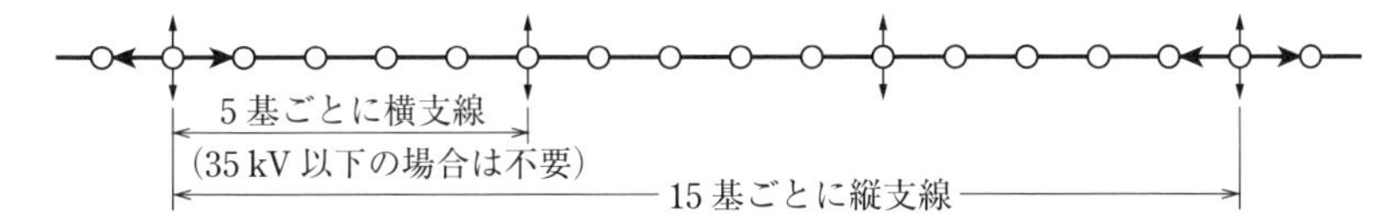

(a) 木柱，A 種鉄柱又は A 種鉄筋コンクリート柱の支持物を使用した電線路の直線部分の補強

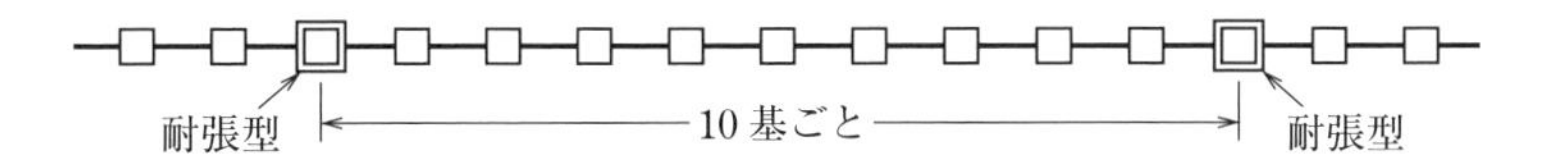

(b) B 種鉄柱又は B 種鉄筋コンクリート柱の支持物を使用した電線路の直線部分の補強

図 3.22　支持物の補強

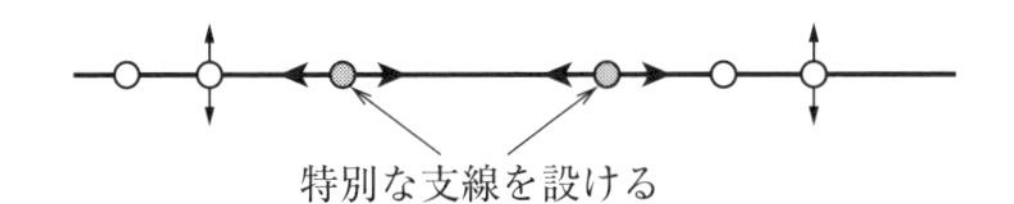

図 3.23　木柱などの支持物の場合の長径間箇所の補強

ように，10 基以下ごとに 1 基は**耐張型**のものを使用するか，5 基以下ごとに**補強型**のものを使用する。ただし，支線を設けて耐張型と同じ強度をもたせるようにしてもよい。鉄塔の場合は，10 基以下ごとに 1 基は耐張がいし装置を設けたものとする（電技解釈第 92 条）。

低高圧架空電線路の支持物の補強については，令和 2 年（2020 年）5 月 13 日の電技省令第 32 条第 2 項の改正により，特別高圧架空電線路と同様に規定されることになり，必要に応じて，支持物 16 基以下ごとに支線を電線路と平行な方向にその両側に設け，5 基以下ごとに支線を電線路と直角の方向にその両側に施設することが規定された（電技解釈第 70 条第 3 項）。

b）　長径間箇所の補強　長径間箇所の支持物の補強は，木柱，A 種鉄柱又は A 種鉄筋コンクリート柱の支持物については，全架渉線につき各架渉線に生ずる想定最大張力の 1/3 に等しい不平均張力による水平力に耐える支線を電線路に平行な方向の両側に設ける（図 3.23 参照）。B 種鉄柱又は B 種鉄筋コンクリート柱

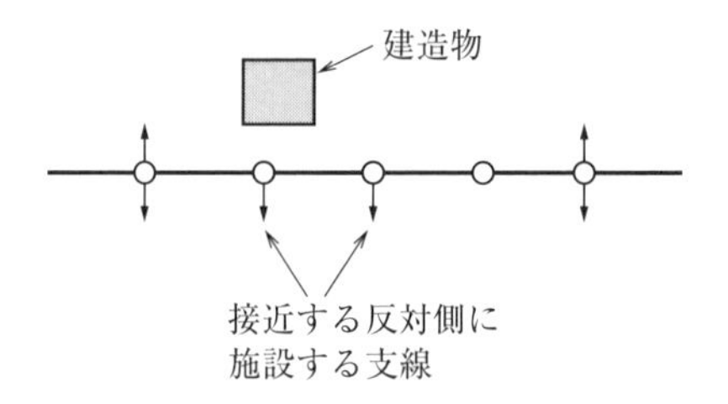

図 3.24　接近の場合の支持物の補強

の支持物については，上記木柱等の支持物と同様な支線を設けるか，又は耐張型の柱を使用する。鉄塔については，耐張型の鉄塔の施設をすればよい。支持物の補強が土地の状況により困難な場合は，それに近接する支持物に補強することもできる（電技解釈第63条）。

c）　他の工作物との接近，交差の場合　　電線が他の工作物と接近又は交差する場合は，支持物の倒壊により，他の工作物との接触による障害を防止するため，支持物の強度を高めるか，又は支持物を支線で補強する必要がある（図3.24参照）。異常時想定荷重を考慮している鉄塔を除いて，原則として，接近する側の反対側に支線を設けることが定められているが，接近する反対側に10度以上の水平角をなす場合等は緩和されている。交差の場合は，交差する側の反対側の電線路方向及び電線路と直角の方向に支線を設けるか，又はこれら支線を設けたものと同等以上の強度を有するものを使用することになっている（電技解釈第96条）。

(10)　支　線

鉄塔以外のものについては，（9）項で述べたように支線により支持物の強度を補う場合があるが，電技省令で支線を設けることを要求されている場合の支線は，次の条件を満足する必要があり，地際の腐食の防止，根かせ等に対しても当然配慮が必要である。このほか，支線による感電事故やその他の障害を防止するために，がいしの挿入や道路横断する場合の地表上の高さ（原則5m以上）が定められている（電技解釈第61条）。

①　引張強さは10.7 kN（電技解釈第62条の規定により施設する支線にあって

は 6.46 kN）以上であること

② 安全率は 2.5（電技解釈第 62 条の規定により施設する支線にあっては 1.5）以上であること

③ 支線は，素線を 3 条以上より合わせた，直径が 2 mm 以上かつ引張強さが 0.69 kN/mm^2 以上の金属線のより線を使用すること

なお，支持物自体もある程度の強度は当然必要とされるのであって，支線に分担させる風圧荷重は，支持物にかかる全体の風圧荷重の 1/2 を超えてはならないことになっている（電技解釈第 59 条第 6 項）。

(11) 電線の種類（裸電線の禁止）

昭和 51 年（1976 年）10 月の改正において同年 10 月 16 日以降に施設する低高圧架空電線には裸電線を全面的に禁止する画期的な規制が行われた。すなわち，低圧架空電線には，絶縁電線，多心型電線又はケーブルを，高圧架空電線には高圧絶縁電線，特別高圧絶縁電線又はケーブルを使用しなければならないことになっている（電技解釈第 65 条）。これに伴い，従来裸電線を使用した場合の離隔の規定は全面的に削除された。なお，平成 10 年（1998 年）9 月の改正で，海峡横断箇所，谷越え箇所等の人の入るおそれのない場所の高圧架空電線及び低圧架空電線の中性線に裸線の使用が認められた。

特別高圧架空電線路が，降雪の多い地域において，市街地等に施設される場合や主要地方道以上の規模の道路・横断歩道橋又は鉄道・軌道に接近・交差して施設される場合は，電線に難着雪化対策又は支持物に耐雪強化対策が要求されている（電技解釈第 93 条）。

(12) 電線の強度

電線の断線は，他の工作物に接触して各種の障害を与えたり，垂れ下がって人が感電したりする危険があるから，断線の防止に対する考慮を払わなければならない。断線の原因には，機械的損傷（他物接触，風雪による張力切れ，振動による疲労など），腐食，アークによる溶断，施工不良（施工中の傷，接続不良等）が

表 3.25 電線の太さ

<table>
<tr><th>電圧の別</th><th>市街地外</th><th>市街地</th><th>備考</th></tr>
<tr><td>300 V 以下</td><td colspan="2">直径 3.2 mm
（絶縁電線を使用する場合，直径 2.6 mm）</td><td>架空引込線のうち径間が 15 m 以下の部分の架空電線に絶縁電線を使用するときは 2 mm（解釈第116条），径間が 30 m 以下の構内電線路に絶縁電線を使用するときは 2 mm，径間が 10 m 以下の構内電線路に絶縁電線を使用するときは 2 mm の軟銅線（解釈第82条）</td></tr>
<tr><td>300 V を超え
7 kV 以下</td><td>直径 4 mm</td><td>直径 5 mm</td><td></td></tr>
<tr><td>7 kV を超え
100 kV 未満</td><td>断面積 22 mm^2</td><td>断面積 55 mm^2</td><td rowspan="3">① 市街地の数値は，解釈第88条による特別高圧架空電線の太さである
② 第1種特別高圧保安工事による電線の太さは解釈第95条を参照</td></tr>
<tr><td>100 kV 以上
130 kV 未満</td><td>断面積 22 mm^2</td><td>断面積 100 mm^2</td></tr>
<tr><td>130 kV 以上
170 kV 未満</td><td>断面積 22 mm^2</td><td>断面積 150 mm^2</td></tr>
</table>

ある。電線はその想定荷重の点からは太い電線を必要としない場合であっても，あまり細ければ腐食やわずかな外傷，振動等による疲労等で切れやすくなる。また，切れたとき電圧が高いほど危害が大きいので，安全度を多く見込む必要があり，電技省令及び電技解釈では，最小限として表 3.25 の硬銅線と同等以上の強さのものを使用することを定めている（電技解釈第65条，第84条）。

他の工作物と接近したり，交差したりする場合に対しては，断線による障害を防止するため，電線により線を要求したり，ある程度以上の太さのものを要求している。例えば，低圧架空電線の場合は直径 5 mm（300 V 以下の場合 4 mm），高圧架空電線の場合は直径 5 mm 以上の硬銅線又はこれと同等以上の強さ及び太さのもの，特別高圧架空電線の場合は，電圧により要求される太さも異なっていて，表 3.25 の市街地の場合に要求される大きさと同じ太さにすることが定められている（電技解釈第70条，第84条，第88条，第95条）。

(13) 架空電線の地表上の高さ

架空電線の地表上の高さについて，電技省令第25条では，接触又は誘導作用に

表 3.26　架空電線の地表上の高さ　〔単位 m〕

電圧の別 架空電線の施設状況	低　圧	高　圧	特　別　高　圧		
			35 kV 以下	35 kV を超え 160 kV 以下	160 kV を超える場合
道路を横断する場合	6	6	6	6	$6+\alpha$
鉄道又は軌道を横断する場合	5.5	5.5	5.5	6	$6+\alpha$
その他の場合	5(4)	5	5	6(5)	$6+\alpha(5+\alpha)$

〔注〕（1）表中 α は，使用電圧〔kV〕から 160 を差し引き，これを 10 で除し，小数点以下を切り上げた値に 0.12 を乗じた値

（2）低圧の(　)は，道路以外の場合及び電線に絶縁電線又はケーブルを使用した対地電圧 150 V 以下の屋外照明用電線に適用する。特別高圧の（　）は，人が容易に立入るおそれがない場所に施設する場合である。

表 3.27　低高圧架空電線と 35 kV 以下の特別高圧架空電線の横断歩道橋上の高さ

電　　　　圧	電　線　の　種　類	路面上の高さ〔m〕
低　　　　圧（h_1）	低圧絶縁電線*，多心型電線，高圧絶縁電線，特別高圧絶縁電線，ケーブル	3
高　　　　圧（h_2）	高圧絶縁電線，特別高圧絶縁電線，ケーブル	3.5
使用電圧 35 kV 以下の特別高圧	特別高圧架空絶縁電線，ケーブル	4

〔注〕（1）* 引込み用ビニル絶縁電線，600 V ビニル絶縁電線，600 V ポリエチレン絶縁電線，600 V ふっ素樹脂絶縁電線，600 V ゴム絶縁電線及び屋外用ビニル絶縁電線

（2）h_1，h_2 は図 3.25 参照

よる感電のおそれがなく，かつ，交通に支障を及ぼすおそれがない高さに施設することが定められている。

具体的には電技解釈において，表 3.26 のように規定されている。ただし，低高圧架空電線が横断歩道橋の上に施設される場合は，その路面上の高さは，特別に規定され，表 3.27 のように定められている（図 3.25 参照）。なお，水面上の高さについては，そこを通る船舶の航行などに支障を及ぼさないように保持しなければならない（図 3.26 参照）。また，氷雪の多い地方に施設する場合は，積雪面上の高さをそこを通る人又は車馬等に危険を及ぼさないように保持する必要がある

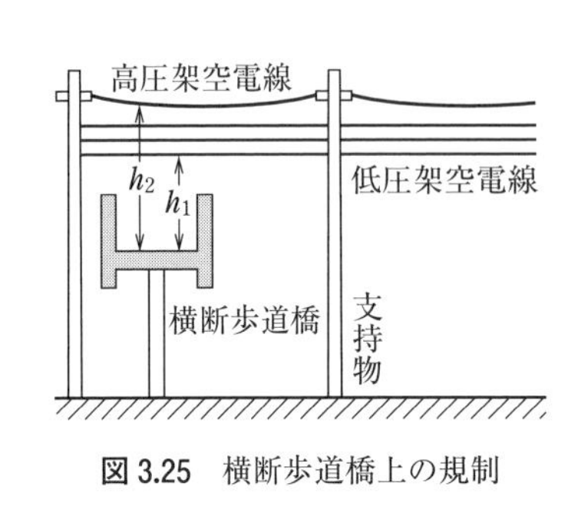

図 3.25　横断歩道橋上の規制

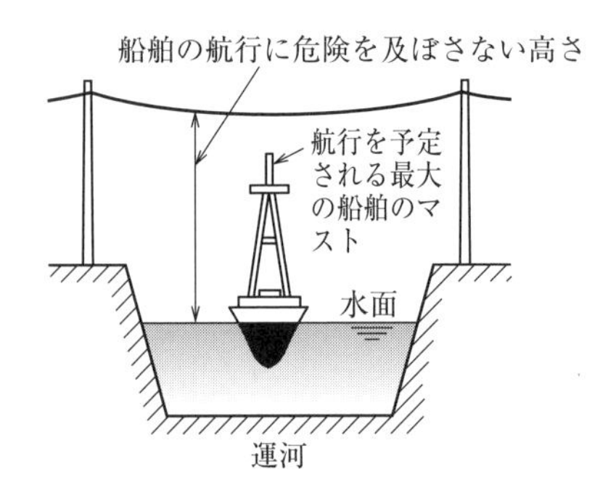

図 3.26　運河における規制

(電技解釈第68条，第87条)。

(14)　がいし装置

がいし装置は，危険度の高い特別高圧架空電線に使用するものについて規定されている。がいし装置の強度の算定に当たっては，**懸垂形**及び**引留形**のものは引張荷重に対し，**支持形**のものは曲げ荷重に対し，それぞれ安全率を2.5以上とする必要がある（電技解釈第91条)。特別高圧架空電線が他の工作物と接近又は交差する場合は，特別高圧保安工事によらなければならないが，第1種及び第2種の特別高圧保安工事では，雷等により電線の支持点でせん絡が生じることにより，がいしの破損又は電線が溶断することを防止するため，①2連以上の懸垂がいし又は長幹がいしを使用すること，②アークホーンを取り付けた懸垂がいし，長幹がいし又はラインポストがいしを使用すること，③がいし装置の絶縁強度を近接径間のそれより10％（使用電圧が130 kVを超えるものでは5％）増しにすること，が定められている。この①～③は，ともに電線の切断による落下防止対策として定められたものである（電技解釈第95条)。

降雪が多く，かつ，塩害のおそれのある地域に施設される特別高圧架空電線路には，がいしへの着雪による絶縁破壊を防止する対策が要求されている（電技解釈第94条)。

(15) 架空地線

架空電線路に施設される架空地線には，①架空電線に雷が侵入することを防止する，②通信線に対する電磁誘導障害を軽減する，の２つの目的がある。第１種特別高圧保安工事には架空地線の施設が要求されている（電技解釈第 95 条第１項第七号）。しかし，架空地線自身も断線のおそれがあるので，高圧架空電線路では引張強さ 5.26 kN 以上のもの又は直径 4 mm の裸硬銅線，特別高圧架空電線路の場合は，引張強さ 8.01 kN 以上の裸線又は直径 5 mm の裸硬銅線を架空地線として使用し，かつ，想定最大張力に対する安全率が 2.5（硬銅線又は耐熱銅合金線の場合は 2.2）以上でなければならない（電技解釈第 69 条，第 90 条）。特に，特別高圧架空電線路用のものは，径間の途中において架空電線との間でせん絡が生じないように架空地線のたるみを架空電線のそれより大きくないようにする必要がある。

(16) 他の工作物，植物との離隔

電技省令第 28 条では電線路の電線が他の電線又は弱電流電線と接近又は交差する場合に，第 29 条では電線路の電線が他の工作物又は植物と接近し，又は交差する場合に，それぞれこれらのものを損傷するおそれがなく，かつ，接触，断線等によって生じる感電又は火災のおそれがないように施設すべきことを定めている。具体的には電技解釈で定めている。この「他の工作物」には，次の（17）項で述べている建造物，道路等が含まれる。低圧や高圧の架空電線については，ケーブルを用いた場合は，感電の危険性が少ない理由で，絶縁電線の場合に比較して離隔距離が緩和されている。また，離隔距離の決定については，架空電線と他の工作物との接近する状態によっても差がつけられている。特別な例外は別として，低高圧架空電線については表 3.28，特別高圧架空電線については表 3.29 のとおりである（電技解釈第 71 条～第 106 条）。

この表における電圧 170 kV を超える特別高圧架空電線と建造物，道路，索道，植物等との離隔距離は，令和２年（2020 年）２月 25 日に日本電気技術規格委員会規格 JESC E2012（2013）を準用することにより電技解釈第 97 条から第 103 条が改正されたものである。

表 3.28　低高圧架空電線と他の工作物等の最小離隔距離（原則）　〔単位 m〕

低高圧架空電線と接近状態にある他の工作物の種類			低圧架空電線		高圧架空電線	
			低圧絶縁電線・多心型電線	高圧絶縁電線※・低圧ケーブル	高圧絶縁電線※	高圧ケーブル
建造物	上部造営材	上　　方	2	1	2	1
		下方又は側方	0.8 *	0.4	0.8 *	0.4
	その他の造営材		0.8 **	0.4		
道路，横断歩道橋，鉄道，軌道			水平距離 1 又は離隔距離 3		水平距離 1.2 又は離隔距離 3	
索道・索道用支柱	索道が下部から接近交差する場合とその支柱		0.6	0.3	0.8	0.4
	索道が上部から接近交差する場合		禁止が原則 ***			
架空弱電流電線等	弱電線が下方より接近交差する場合	600 V ビニル絶縁電線以上通信ケーブル	0.3 **	0.15 **	0.8	0.4
	弱電線が上方より接近交差		禁止が原則 ***			
アンテナ	アンテナが下方より接近交差（架渉線アンテナは水平距離）		0.6	0.3	0.8	0.4
	アンテナが上方より接近		禁止が原則 ***			
低圧架空電線	下方より接近交差		0.6	0.3	0.8	0.4
	上方より接近交差		0.6	0.3	禁止が原則 ***	
高圧架空電線	下方より接近交差		禁止が原則 ***		0.8	0.4
	上方より接近交差		0.6	0.3	0.8	0.4
支持物	架空弱電流電線路，低圧架空電線路		0.3	0.3	0.6	0.3
	高圧架空電線路		0.6	0.3	0.6	0.3
植　　物			常時吹いている風等により接触しないようにする		常時吹いている風等により接触しないようにする	

〔注〕　※ 特別高圧絶縁電線を含む。

* 人が容易に触れるおそれがないようにする。

** 架空弱電流電線路の管理者の承諾を得た場合に限る。

*** 禁止が原則の範囲は，索道や弱電流電線等の支持物の高さに相当する水平距離以内の施設である。例外は認められる。

表 3.29　特別高圧架空電線と他の工作物との最小離隔距離　〔単位 m〕

工作物の種類	電圧の区分			
	35 kV 以下	35 kV 超え 60 kV 以下	60 kV 超え 170 kV 以下	170 kV を 超えるもの
建造物，道路，鉄道，軌道	3	$3+c$	$3+c$	$5.1+d$
索道，架空弱電流電線路，植物等	2	2	$2+c$	$3.32+d$

〔注〕（1）表中 c は特別高圧架空電線の電圧と 35 kV の差を 10 000 V で除した値に 0.15 を乗じた値

（2）表中 d は特別高圧架空電線の電圧と 170 kV の差を 10 000 V で除した値に 0.06 を乗じた値

（3）表の数値は，特別高圧架空電線が裸電線の場合の数値で，絶縁電線又はケーブルを用いた場合は緩和される。

特別高圧架空電線のうち，35 kV 以下のいわゆる 22 kV，33 kV 特別高圧架空電線が配電線として用いられるようになった。これに伴い，これらの特別高圧架空電線に特別高圧絶縁電線やケーブルを使用した場合は，建造物の上部造営材の上方では 2.5 m，側方又は下方では 1.5 m 等，高圧架空電線の場合と同様にきめこまかい規制がなされている。

絶縁電線，多心型電線又はケーブルを使用した低圧又は高圧の架空電線が低圧防護具又は高圧防護具により防護されている場合は，建造物に施設される簡易な突出し看板等，人が上部に乗るおそれのない造営材に接触しないように施設するだけでよいことになっている（電技解釈第 71 条第 3 項）。

高低圧架空電線が植物と接近する場合は，常時吹いている風等により，植物に接触しないようにするか，防護具又はトリワイヤーと呼ばれる特殊な絶縁電線を使用することが定められている（電技解釈第 79 条）。

特別高圧架空電線が植物と接近する場合は，ケーブルを使用して植物と接触しないように施設するか，その他の場合で植物との離隔距離を 2 m（60 kV を超える場合は，60 kV を超える 10 kV ごとに 12 cm を加える）以上とする必要がある。35 kV 以下の特別高圧架空電線の場合は，特別高圧絶縁電線又はケーブルを使用し接触しないようにするか，高圧絶縁電線を使用し，植物との離隔距離を 0.5 m 以上と緩和されている。また，日本電気技術規格委員会規格 JESC に規定されている耐摩耗性を有する「ケーブル用防護具」に収めたケーブルを使用した場合は，植物との離隔距離はなくてもよいとされている（電技解釈第103条，第106条第6項）。

(17)　架空電線が他の工作物と接近又は交差する場合の施設

(16)項で述べているように，電技省令第29条に架空電線と他の工作物とが接近・交差する場合の一般的な規定があり，具体的にはその電技解釈で，架空電線が建造物，道路，鉄道，軌道，索道，電車線，架空弱電流電線等（架空弱電流電線と架空光ファイバケーブルをいう。以下同じ），アンテナ，その他の工作物と接近又は交差する場合に，架空電線がこれらのものと接触したり，架空電線の電線の切断や支持物の倒壊により他のものに障害を与えないように，(16)項で述べた離隔距離のほかに，接近又は交差する部分の架空電線路を一般の場合よりも補強することを定めている。接近又は交差する場合の規制の仕方として，架空電線が他の工作物と接近する場合と交差する場合を考え，接近する場合は上方又は側方から接近する場合と下方から接近する場合に，交差する場合は上で交差する場合と下で交差する場合に分けている。上方又は側方から接近する場合は，接近の距離により，3.2.1(10)項で述べたように，**第1次接近状態**と**第2次接近状態**に分け，それぞれ電線路に対する強化の仕方が分かれている。

a）　保安工事　　架空電線が他の工作物と接近又は交差する場合に，一般の架空電線より強化しなければならない工事方法を**保安工事**として定義している。低圧架空電線や高圧架空電線に対しては，第1次接近状態の場合，第2次接近状態の場合，又は交差の場合に強化すべき施設方法に差がないので，保安工事としては低圧架空電線路に対しては**低圧保安工事**，高圧架空電線路に対しては**高圧保安工事**のみが定められている。これらの保安工事の内容は表3.30のとおりである（電技解釈第70条）。

特別高圧架空電線路に関しては，接近や交差の状態により，また電圧により，それぞれ強化すべき施設方法に差があるので，第1種から第3種までの特別高圧保安工事が定められている。各保安工事がどのような場合に要求されるかの概略

表 3.30　低高圧保安工事の内容

保安工事の種類	電線（ケーブルを除く）	木柱	径間〔m〕		
			木柱 A種鉄柱 A種鉄筋コンクリート柱	B種鉄柱 B種鉄筋コンクリート柱	鉄塔
低圧保安工事	300 V 以下は引張強さ 5.26 kN 以上のもの又は直径 4 mm 以上，300 V を超えると引張強さ 8.01 kN 以上のもの又は直径 5 mm 以上の硬銅線 安全率　硬銅線 2.2 以上 その他 2.5 以上	風圧荷重に対する安全率 2.0 以上 太さは末口直径 12 cm 以上	100	150	400
高圧保安工事	引張強さ 8.01 kN 以上のもの又は直径 5 mm 硬銅線	風圧荷重に対する安全率 2.0 以上	100	150	400

〔注〕 径間については，低圧保安工事の場合は，引張強さ 8.71 kN 以上のもの又は断面積 22 mm^2 以上，高圧保安工事の場合は，引張強さ 14.51 kN 以上のもの又は断面積 38 mm^2 以上の硬銅より線と同等以上のものを使用している場合は緩和される。

を述べると，次のようになる（電技解釈第 95 条）。

① **第 1 種特別高圧保安工事**　使用電圧が 35 kV を超える（建造物と接近するときは 170 kV 未満）特別高圧架空電線が建造物，道路，弱電流電線その他の工作物と第 2 次接近状態に施設される場合に要求される保安工事である。

② **第 2 種特別高圧保安工事**　35 kV 以下の特別高圧架空電線が建造物その他の工作物と第 2 次接近状態に施設される場合，又は特別高圧架空電線が道路その他の工作物と交差する場合に要求される保安工事である。

③ **第 3 種特別高圧保安工事**　特別高圧架空電線が建造物その他の工作物と第 1 次接近状態に施設される場合の保安工事である。

なお，特別高圧架空電線が他の工作物と接近又は交差する場合の径間工事については（8）項で，支持物については（6）項で述べたとおりである。特別高圧保安工事のうち，径間制限以外の内容は表 3.31 のとおりである。

b） 架空電線が他の工作物の上方又は側方にある場合　架空電線が建造物などの上方又は側方から接近する場合は，原則として架空電線を低圧保安工事，高

表3.31　特別高圧保安工事の内容（径間部分以外の規制）

	電　線	支持物	接近又は交差する部分のがいし装置	その他
第1種特別高圧保安工事	断面積 55 mm²（100 kV 以上 130 kV 未満の場合は 100 mm²，130 kV 以上 300 kV 未満の場合は 150 mm²，300 kV 以上の場合は 200 mm²）以上 径間の途中に接続点のないこと（圧縮接続を除く）	B種鉄柱，B種鉄筋コンクリート柱，鉄塔	①　次のいずれかのものを使用 （ i ）懸垂がいし，長幹がいしは，50 % 衝撃せん絡電圧が他の部分の 110 %（130 kV を超える場合は 105 %）以上のもの （ ii ）アークホーンを取り付けた懸垂がいし又は長幹がいし又はラインポストがいし （iii）2連以上の懸垂がいし又は長幹がいし ②　支持線を使用する場合は本線と同一のもの使用	①　架空地線を施す ②　地気・短絡の場合に3秒（100 kV 以上の場合2秒）以内に遮断する ③　風や雪により短絡のおそれのないようにする
第2種特別高圧保安工事	（一般工事と同様断面積 22 mm² 以上）	木柱を使用する場合は風圧荷重に対して安全率 2.0 以上	①　上記①のいずれかのものか，又は2個以上のラインポストがいしを使用するもの ②　上記②に掲げるもの	①　上記③に同じ
第3種特別高圧保安工事	同　上	—	—	①　上記③に同じ

〔注〕 解釈では電線の強さについては，SI 単位の kN 値で定められている。
（例） 断面積 55 mm² 以上は引張強さ 21.67 kN 以上のより線
断面積 100 mm² 以上は引張強さ 38.05 kN 以上のより線

圧保安工事，特別高圧保安工事により施設することになるが，個々の場合によって緩和されたり，またこれらの保安工事のみでなく，（9）項で述べたように支持物に**支線の補強**をすることや**保護網の施設**が義務付けられている場合もある。特に，特別高圧架空電線が他の工作物と第2次接近状態にある場合の規制が厳しく，建造物と 35 kV を超え 170 kV 未満の特別高圧架空電線とが第2次接近状態にある場合は，特別高圧架空電線が地絡電流により溶断することがないよう電線にアーマロッドを取り付け，かつ，がいしにアークホーンを取り付けること（架空地線がある場合は，これらいずれかを省略できる。また，アークホーンを取り付け，圧縮型クランプなどで電線を引き留める場合はアーマロッドを省略できる）や，建造物の上部造営材の金属部分にD種接地工事を施すことや，誘導による危害を防止するとともに，事故の早期検出を容易にすることが定められている。また，

表 3.32　他の工作物の下方で接近する場合の規制の概要
（解釈第 73 条，第 74 条，第 76 条，第 77 条，第 99 条，第 100 条，第 106 条）

電線の種類＼他の工作物	架空弱電流電線	索道	低圧架空電線	高圧架空電線	アンテナ
低圧架空電線	架空弱電流電線路の支持物の倒壊及び弱電流電線，架空電線のはね上がりによる危害防止施設等	水平距離が 3 m 未満の場合，架空電線の上方に防護装置を設け，かつ，これに D 種接地工事を施す	—	—	アンテナの支柱の地表上の高さに相当する距離
高圧架空電線	架空弱電流電線及びその支持物の補強等	同　上	低圧架空電線路の支持物補強，低圧架空電線のはね上がりによる混触防止等	—	アンテナの支柱の地表上の高さに相当する距離
特別高圧架空電線	架空弱電流電線及びその支持物の補強，架空弱電流電線路の径間制限等	架空電線の上方に防護装置を設け，かつ，これに D 種接地工事を施す	低圧架空電線及びその支持物の補強，低圧架空電線路の径間制限等	高圧架空電線及びその支持物の補強，高圧架空電線路の径間制限等	—

170 kV 以上の特別高圧架空電線は，建造物についてはこれと第 2 次接近状態に施設することを禁止している（電技省令第 48 条第 2 項，電技解釈第 71 条～第 78 条，第 96 条～第 106 条）。

c）架空電線が他の工作物の下方において接近する場合　この場合は，他の工作物の倒壊その他の損壊により電線と混触をして，他に被害を与えたり，また，架空電線路自身の安全を脅かされる等，他の工作物の施設状態のいかんにより安全性が左右される。よって，架空電線路をこのような位置に施設することは極力避けるべきであり，電技省令及び電技解釈も，このような主旨から，原則として他の工作物が倒壊した場合等に接触するおそれのあるような位置に架空電線を施設することを禁止している。

しかし，工事上やむを得ずこうした位置に架空電線を施設する場合もあるので，表 3.32（要点のみ記述）のような措置をすることにより，施設することが認められている。

d）　架空電線と他の工作物との交差　　架空電線を建造物その他これに類する工作物の上に施設したり，道路，鉄道，軌道，索道，架空弱電流電線，電車線及び他の架空電線等の上方又は下方において，これらと交差する場合については，相互の混触の機会が多く，その危害を防止するための規制が必要である。架空電線と道路，架空弱電流電線等の双方ともに長いものについては，接近は避けられても交差は避けられないので，接近する場合のような厳重な規制を設けることは適当でない。よって，交差の場合は接近の場合より施設制限が緩和されている。交差の場合と接近の場合とで施設方法の異なる点は，低高圧架空電線の場合はほとんど同様であるが，特別高圧架空電線路では，支線の取り付けが電線路の方向に交差する反対側にとるほか，電線路と直角にとらなければならないこと，また，道路を横断する場合にはがいし装置の補強の必要がないこと等の点である。

(18)　電圧の異なる架空電線を同一の支持物に施設する場合

同一支持物に高圧架空電線と低圧架空電線を，また特別高圧架空電線と低圧若しくは高圧の架空電線とを同一支持物に施設することは，相互の混触の機会を多くし，また特別高圧架空電線が同一支持物に施設される場合は，1線地絡時等の場合に支持物の電位の上昇が低圧や高圧の架空電線に侵入する危険も考えられる。これらの危険を防止するため電技省令では第28条において，異なる電線路の電線又は弱電流電線等を同一の支持物に施設する場合には，他の電線及び弱電流電線を損傷をするおそれがなく，かつ，接触，断線によって生じる混触による感電又は火災のおそれのないように施設すべきことを定めている。具体的には電技解釈により，次のように定められている。

a）　高圧架空電線と低圧架空電線を同一支持物に施設する場合　　この場合は，高圧架空電線を低圧架空電線の上とし，別個の腕金類に施設し，高圧架空電線と低圧架空電線との離隔距離は，原則として50 cm 以上とする。ただし，高圧架空電線にケーブルを使用し，かつ，離隔距離を30 cm 以上として施設する場合，また低圧架空引込線を分岐するため，高圧用の腕金類に堅ろうに施設する場合は，上記によらないことができる（電技解釈第80条）。

b） 特別高圧架空電線と低圧又は高圧の架空電線を同一支持物に施設する場合

この場合は，危険の程度が大きいので，原則として禁止されているが，使用電圧 100 kV 未満のものについては条件付きで認められている。条件となる基本的な事項としては，35 kV 以下の特別高圧架空電線は，低圧又は高圧架空電線の上に別個の腕金類に施設し，離隔距離を 1.2 m 以上とし，低圧又は高圧架空電線に放電装置その他の保護装置（低圧架空電線にあってはＢ種接地工事が施してあればよい）を施設する。また，低圧又は高圧架空電線の断線，跳躍による混触防止のため，低圧又は高圧架空電線の太さも規制されている。特別高圧架空電線の使用電圧が 35 kV を超える場合は，上記の基本的な事項のほかに，接近の場合に準じて，特別高圧架空電線の断線，落下を防止するための施設強化が規定されている。特別高圧架空電線にケーブルを使用してある場合又は 35 kV 未満で特別高圧絶縁電線を用いた特別高圧架空電線をがいし装置等で強化した場合は，上記の基本的制限がかなり緩和されている。

100 kV 以上の特別高圧架空電線に低圧架空電線を施設できるのは，特別高圧架空電線路の支持物に**航空障害灯**等の低圧機械器具を施設する場合など特別の場合だけである（電技解釈第 104 条，第 107 条，第 109 条）。

(19) 架空電線と架空弱電流電線を同一支持物に施設する場合

架空電線と架空弱電流電線とを同一支持物に施設することは，静電誘導，電磁誘導等による障害も生じやすく，また異常電圧が弱電流電線に侵入する機会も多くなるので，本来好ましいものではない。しかし，低圧又は高圧の架空電線と架空弱電流電線とを同一支持物に施設する場合は，危険の程度が比較的低く，資材の節約，道路の美観，交通の妨害排除等の見地から認められている。この場合，原則としては，架空電線を架空弱電流電線の上とし，別個の腕金類に施設し，かつ，相互の離隔距離は，低圧にあっては 75 cm，高圧にあっては 1.5 m としている。特別高圧架空電線と架空弱電流電線とは，35 kV 以下のいわゆる配電線として用いられている特別高圧架空電線は別として，原則として同一支持物に施設することは禁じられている（電技解釈第 81 条，第 105 条，第 107 条）。

表 3.33　引込線の架空部分の規制

<table>
<tr><th colspan="2"></th><th>低　　　圧</th><th>高　　　圧</th></tr>
<tr><td colspan="2">電線の種類・太さ</td><td>①　絶縁電線又はケーブルを使用すること
②　ケーブルを使用する場合を除き，直径 2.6 mm（径間が 15 m 以下のときは 2.0 mm）の硬銅線又はこれと同等以上の強さ及び太さのもの</td><td>ケーブルを使用する場合を除き直径 5 mm の硬銅線又はこれと同等以上の強さ及び太さの高圧絶縁電線又は引下げ用絶縁電線</td></tr>
<tr><td rowspan="2">電線の高さ</td><td>電線の最低高さ（原則）*</td><td>①　道路を横断する場合は路面上 5 m 以上
②　鉄道又は軌道を横断する場合は軌条面上 5.5 m 以上
③　その他の場合は地表上 4 m 以上</td><td>①　道路を横断する場合は地表上 6 m 以上
②　鉄道又は軌道を横断する場合は軌条面上 5.5 m 以上
③　その他の場合は地表上 5 m 以上
④　①，②及び横断歩道橋の上に施設する場合以外の場合は，3.5 m 以上</td></tr>
<tr><td>需要場所の取付点</td><td>①　地表上 4 m
②　技術上やむを得ない場合において交通に支障がない場合は地表上 2.5 m</td><td>①　地表上 5 m
②　危険である旨の表示をする場合は地表上 3.5 m 以上，その他の場合は上と同じ</td></tr>
<tr><td rowspan="2">他の工作物との接近の場合</td><td>直接引き込んだ造営物</td><td>危険のおそれがない場合に限り，離隔の必要なし</td><td>危険のおそれがないときに限り例外</td></tr>
<tr><td>その他の造営物</td><td>上と同じ。ただし，上部造営材とその上方における電線との離隔距離は常に 2 m（電線に屋外用ビニル絶縁電線以外の絶縁電線を使用した場合は 1 m，高圧絶縁電線又はケーブルを使用するときは 0.5 m）以上，その他の場合は 0.3 m（電線に高圧絶縁電線又はケーブルを使用するときは 0.15 m）</td><td>一般の高圧架空電線の場合と同じ</td></tr>
</table>

〔注〕　* 技術上やむを得ない場合は，交通に支障ないときに限り，①の場合は 3 m，③の場合は 2.5 m まで緩和できる。④の場合は電線がケーブル以外のものであるときは，下方に危険表示をする。

(20)　架空引込線部分

架空電線路の支持物から需要場所の取付点に至る架空電線を架空引込線というが，需要家との関係が深く重要であるので，その規制は十分に知っておく必要がある。

架空引込線も架空電線路であるので，架空電線路に関する種々の規制を受けるわけであるが，電線路の末端であり使用場所等との関連において他の工作物との接近がやむを得ない事情もあるので，使用する電線の種類等に制約を加える一方，電線の地表上の高さや他の工作物との離隔距離等について緩和されている。低圧と高圧の場合の主要な事項を表 3.33 に示す（電技解釈第 116 条，第 117 条）。

3.4.3 地中電線路

地中電線路は，架空電線路に比較して，都市美観の向上，雷・風・雨・火災等の災害に対する信頼度の向上，設備の安全性の向上等の有利な点もあるが，建設費の高騰，事故復旧の困難等の問題点をもっている。したがって，地中電線路は，市街地等で架空電線路によることが好ましくない地域に主として採用されている。

(1) 地中電線路の電線

地中電線には，耐久性及び布設方法等の関係で，ケーブルを使用する必要がある。電気設備技術基準では，第 21 条第 2 項において，「地中電線には，感電のおそれがないよう，使用電圧に応じた絶縁性能を有するケーブルを使用しなければならない。」と定めている。低圧及び高圧の地中電線に使用するケーブルは，電気用品安全法に適合したもの（低圧ケーブルが対象となる）か，又は電技解釈第 3 条から第 11 条に定められた性能又は規格を有するケーブルを使用しなければならない。これらのケーブルとして鉛被ケーブル，アルミ被ケーブル，クロロプレン外装ケーブル，ビニル外装ケーブル，ポリエチレン外装ケーブル，CD ケーブルなどがある。また，特別高圧地中電線に使用するケーブルも電技解釈第 11 条に定められた性能（電気的遮へい層又は金属被覆を有するという条件のみが定められている）を有するケーブルでなければならない（3.2.3(6)項参照）。

(2) 施工方法

地中電線路の施設方法には，**管路式**（**電線共同溝***（C.C. BOX）を含む），**暗きょ式**（キャブを含む）及び**直接埋設式**があり，それぞれの例を図 3.27 に示す。

管路式による場合は，加わることが予想される静荷重や衝撃力に耐える管が要

* 電線共同溝：地中配電線として用いられるもので，管路式による地中電線を 1 箇所にまとめて施設し，需要家への引込線を出すための地中箱が設けられている。

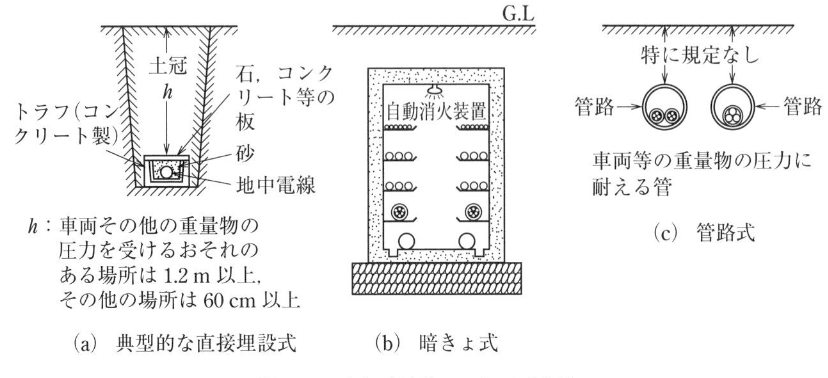

図 3.27　地中電線路の一般工事方法

求されている*。管又はトラフに収めて施設する場合は，おおむね 2 m の間隔で物件の名称，管理者名及び電圧を表示することが義務付けられている。電線共同溝は，電線を管に収めて，衝撃を受けない深さに埋設された複数のもので，電線を分岐する等の場合のみ地中箱を設ける方式のものである。

暗きょ式に含められているキャブ（CAB**）による地中電線路は，電力，通信等のケーブルを収納するために道路下に設けるふた式の U 字構造物による地中電線路をいっている。

暗きょ式による場合は，その中に入れる地中電線に耐燃装置を施し，暗きょ内にはスプリンクラー等の自動消火装置が必要となっている。

直接埋設式の場合は，地中の埋込み深さやつるはし等による外傷を十分に考慮する必要がある。最近は，建設費を安くする目的で，図 3.28 のように簡易な直接埋設方法が認められている。特に，CD ケーブルは，ダクトと電線が同一になったケーブルで，ケーブルを防護する必要がない等の特徴がある。高圧，特別高圧の地中電線路を管又はトラフに収めて施設する場合は，おおむね 2 m の間隔で物件の名称，管理者名及び電圧を表示することを義務付けている（電技解釈第 120

*　高圧受電設備に引込む引込線は，管路式のものが多い。高圧受電設備規程では，指定された管を使用した場合の管の埋込み深さを地表面から 30 cm と定めている。

**　Cable Box の略

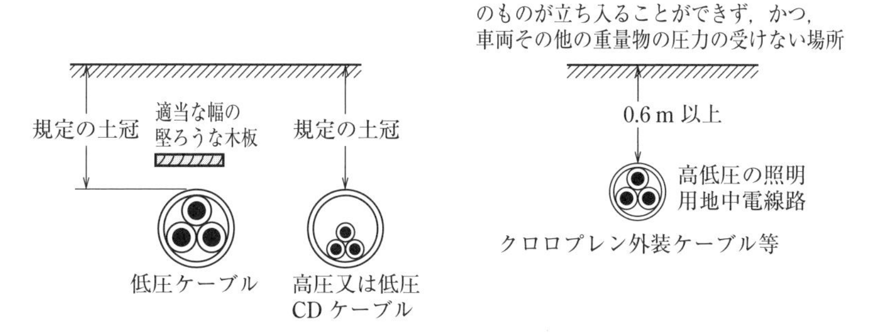

図 3.28　直接埋設式の簡易な施設例

条，第 121 条)。

直接埋設式電線路の新しい方式として一般用電気工作物又は小規模事業用電気工作物の需要場所及び私道以外の場所に施設できる「直接埋設式（砂巻き)」が令和 4 年 4 月の改正で規定された。この施設は日本電気技術規格委員会規格 JESC E6007（2021）により施設することが求められている。この施設の要点はケーブルの周囲 10 cm 以上の最大粒径 5 mm の砂で巻いてあることと電線の埋設深さは，0.35 m 以上であることなどである。(電技解釈第 120 条)

(3)　地中電線路相互の間隔

電圧を異にする地中電線相互のアークによる損傷を防止するため，それらの間の離隔距離を地中箱内以外の箇所で 30 cm（低圧地中電線と高圧地中電線の場合は 15 cm）以上とするか，それぞれの地中電線に自消性のある難燃性の被覆等を有するものを使用するか，これを自消性のある難燃性の管等に入れるか，又は相互の間に堅ろうな耐火性の隔壁を設ける必要がある。この場合の電線相互の離隔は 0 m 以上としている。

地中電線が暗きょ内に施設される場合で使用電圧が 170 kV 未満のもので，電気用品技術基準解釈に定められた試験に適合した被覆等の耐熱措置を施したものとの相互の離隔は 0.1 m 以上とされている（電技解釈第 125 条第 1 項)。

(4) 地中電線と地中弱電流電線

地中電線と地中弱電流電線との関係については，地中電線の事故時のアークによる損傷や誘導作用による通信上の障害を考慮する必要がある。前者の障害に対しては，地中電線と地中弱電流電線との間に耐火質の隔壁を設けるか，地中電線を堅ろうな不燃性又は自消性のある難燃性のある管に収めるか，又は，これらの間の距離を使用電圧が低圧又は高圧の場合は 30 cm 以上，特別高圧の場合は 60 cm 以上とすることが定められており，後者の障害に対しては，その状況に応じた適切な方法をとることになっている。平成 28 年（2016 年）9 月の改正で地中弱電流電線が有線電気通信設備で施行規則に適合した難燃性の防護被覆を使用したものは地中電線と直接接触しないようにすること，また地中電線の電圧が 222 V 以下である場合は離隔距離は不要とされた（電技省令第 30 条，電技解釈第 125 条第 2 項）。

(5) 地中電線と管の間隔

ガス管のような可燃性又は有毒性の流体を内包する管と特別高圧地中電線が接近又は交差する場合は 1 m 以上離隔し，水管のような上記の管以外の管とは 30 cm 以上離隔する必要がある。ただし，相互の間に耐火性の隔壁を施設する場合，地中電線を堅ろうな不燃性又は自消性のある難燃性の管に収めて施設する場合又は水管等の場合においてはその水管を不燃性の材料で被覆する場合等は，上記離隔を必要としない（電技省令第 30 条，電技解釈第 125 条第 3 項，第 4 項）。

(6) 被覆金属体等の接地

地中電線を収める暗きょや管路等の金属体，金属製の電線接続箱，地中電線の被覆金属体は，故障時に生ずる誘導起電力を軽減するとともに故障電流を大地に容易に放流するために D 種接地工事を施すことを規定している。ただし，防食ケーブルの被覆に使用する金属体等については，その目的が達せられなくなるので，この接地工事は施さなくてよい（電技解釈第 123 条）。

3.5　電力保安通信設備

電力保安通信設備は，発電所，変電所，電線路によって構成される電力系統を安全に合理的に総合運用するための通信設備であって，各発電所，変電所はこの通信設備により**給電所**[*]と連系されていて，機器の開閉操作はすべてこの給電所の指令に基づいて行われている。いわば電力系統の神経に当たるものである（図3.29参照）。

電技省令第50条では，電気事業に係る電気の供給に対する著しい支障を防ぎ，かつ，保安を確保するために必要なものの相互間に電力保安通信用電話施設を義務付けている。具体的には電技解釈第135条に定められていて，遠隔監視制御されない発電所，蓄電所と変電所，発電制御所[**]，蓄電制御所，変電制御所[***]，開閉所，電線路の技術員駐在所の相互の間，これらの設備の運用を行う給電所との間，これらの設備及び給電所と保安上緊急連絡の必要がある気象台，測候所，消防署及び放射線監視計測施設等との間には，電気の供給に支障を及ぼさないような風力や小水力の無人発電所又は35 kV以下の変電所（一般の電話設備を有するものに限る）を除き，専用の通信設備すなわち電力保安通信設備を施設すること，

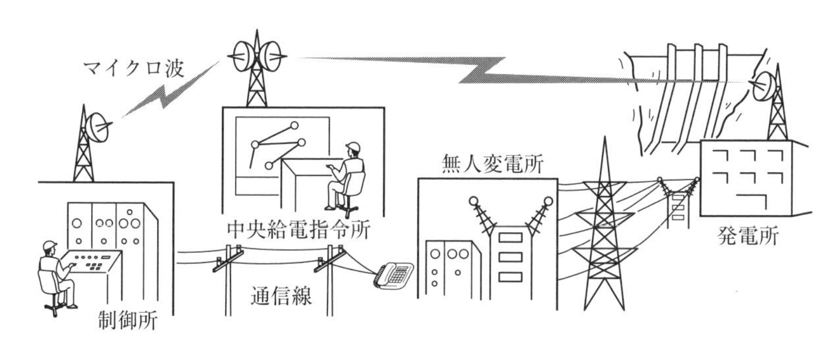

図3.29　電力保安通信設備の例

*　電力系統の運用に関する指令を行う所をいう（電技解釈第134条第二号）。
**　発電所を遠隔監視制御する制御所をいう。
***　変電所を遠隔監視制御する制御所をいう。

また特別高圧架空電線路や線路こう長5 km以上の高圧架空電線路には適当な箇所で技術員駐在所と連絡できるように携帯用又は移動用の通信設備を施設しなければならないことを規定している。

そのほか，高圧需要家の発電所が高圧配電線に連系して運用される場合についても電力会社の営業所との間に電力保安通信設備を設置する必要があるが，一定条件を満たす一般加入電話があればこれに代えることができる。

電技省令第51条では，電力保安通信設備に使用する無線通信用アンテナ等を施設する支持物の材料及び構造は，送電線の支持物が10分間平均風速40 m/sと同じ風圧荷重に耐える必要がある。

このほか，電技省令では，電力保安通信設備による他への障害の防止や電力保安通信設備を十分信頼性のあるものとするための施設方法が定められている（電技解釈第135条～第141条）。

3.6　電気使用場所の施設

電気使用場所における電気設備の多くは低圧のものであり，高圧又は特別高圧の機械器具は，工場の電気室等の限られた場所において使用されている。電気使用場所は，屋内の施設，屋外の施設，トンネル内の施設，特殊施設に分けて規制されており，屋内に施設される電気設備は，人に最も密接な関係があり，感電，火災等の危険のおそれがあるので，その施設については，特に厳重に規制されている。

本節では，使用場所の工事の基本となる**屋内の低圧電気工作物の施設**について主として述べ，高圧及び特別高圧の電気工作物については移動電線と屋内配線に関することを学ぶこととする。

3.6.1　電気使用場所の施設に係る用語の定義

電気使用場所の施設において使用される配線，電気機械器具などの用語について，電技解釈第142条に定義されている。

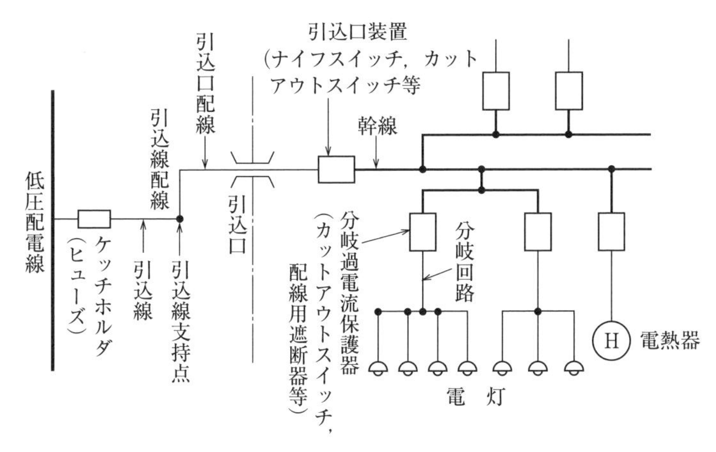

図 3.30　家庭内の分岐回路の例

(1)　配線に関する用語

電気使用機械器具に電気を供給するための屋内電路には，配線，移動電線又は電球線等がある。配線は，造営物に固定して施設されるもので，幹線と分岐回路とに分けることができる。

①　**幹線**　　用語の定義にもあるように低圧幹線の場合は，低圧屋内電路の引込口の開閉器又は変電所等，変圧器の低圧側の開閉器から分岐回路用の開閉器に至る配線をいう。図 3.30 は，一般住宅の場合の例であるが，太線の部分が低圧幹線に該当する（幹線の分岐の場合の過電流遮断器の必要がない場合の例）。

②　**分岐回路**　　低圧幹線から分岐して電気使用機械器具に至る低圧電路で，分岐過電流保護器が分岐点に近い箇所に施設される屋内電路というときは非常に意味が広く，電気を通すことを目的とする回路のすべてをさしている。

第 142 条

一　低圧幹線　　第 147 条の規定により施設した開閉器又は変電所に準ずる場所に施設した低圧開閉器を起点とする，電気使用場所に施設する低圧の電路であって，当該電路に，電気機械器具（配線器具を

除く。以下この条において同じ。）に至る低圧電路であって過電流遮断器を施設するものを接続するもの

二　低圧分岐回路　　低圧幹線から分岐して電気機械器具に至る低圧電路

三　低圧配線　　低圧の屋内配線，屋側配線及び屋外配線

四　屋内電線　　屋内に施設する電線路の電線及び屋内配線

（2）電気機械器具に関する用語

電気使用場所に施設される電気使用機械器具，配線器具，家庭用電気機械器具，放電灯についても電技解釈第 142 条に定義されている。電気機械器具については，電技省令第 1 条第二号において，「電路を構成する機械器具」と定義されている。これらの関係を示すと次のようになる（図 3.31 参照）。

a）電気使用機械器具　「電気を使用する電気機械器具をいい，発電機，変圧器，蓄電器その他これに類するものを除く。」と定義されており，配線器具以外の電気機械器具と位置づけられている。

b）家庭用電気機械器具　「小型電動機，電熱器，ラジオ受信機，電気スタンド，電気用品安全法の適用を受ける装飾用電灯器具その他の電気機械器具であって，主として住宅その他これに類する場所で使用するものをいい，白熱電灯及び放電灯を除く。」と定義されている。

c）配線器具　「開閉器，遮断器，接続器その他これらに類する器具」と定義されている。

電気機械器具（電技省令第 1 条第二号）
- 白熱電灯
- 放電灯
- 家庭用電気機械器具
- （業務用電気機械器具）
- 配線器具

白熱電灯・放電灯・家庭用電気機械器具・（業務用電気機械器具）→ 電気使用機械器具（電技解釈第 142 条第九号）

図 3.31　電気機械器具の定義

d）　白熱電灯　「白熱電球を使用する電灯のうち，電気スタンド，携帯灯及び電気用品安全法の適用を受ける装飾用電灯器具以外のもの」と定義されている。

e）　放電灯　「放電管，放電灯用安定器，放電灯用変圧器及び放電管の点灯に必要な附属品並び管灯回路の配線をいい，電気スタンドその他これに類する放電灯器具を除く。」と定義されている。

平成 23 年（2011 年）7 月の電技解釈改正までは，「業務用電気機械器具」が「配線器具，白熱電灯，放電灯及び家庭用電気機械器具以外の電気機械器具」として定義されていたが，この語句は条文中に使用されないことから用語から削除された。ただし，条文中においては，家庭用電気機械器具以外のものとして実質的に規制されている。その他の用語として，「電球線」，「移動電線」，「接触電線」及び「防湿コード」が定義されているがこれらについてはこれらのものの施設方法を説明している項目において説明する。

3.6.2　対地電圧の制限

電圧による危険性の区分については，すでに 3.2.2 項において述べたが，電気使用場所の電気設備は，取扱者はもちろん，一般の人も近づき，人が触れることが非常に多いので，できるだけ低い電圧にしておくことが望ましい。その意味において，電気使用場所で屋内に施設される白熱電灯及び放電灯その他家庭用電気機械器具に供給する電路や住宅の屋内電路は，原則として対地電圧 150 V 以下とするように制限している。これは，100 V 用の電気工作物による感電事故と三相 200 V 用の電気工作物における事故とを比較した場合，後者がはるかに事故の確率が高いことによったものである。対地電圧 150 V 以下ということは，実際には 1 線接地された単相 2 線式 100 V 配線及び中性線接地の単相 3 線式 200 V 配線である（電技解釈第 143 条）。

しかし，住宅内においても大容量の機器を使用する場合や工事等では，その施設の状況によっては，これらのものの対地電圧を 150 V 以下とすることが困難な場合があるので，表 3.34 に掲げるように工事方法を強化するとか，人が触れるおそれがないように施設するとか，人が触れても危険のないように施設することを

表 3.34　対地電圧 150 V 以上にできるもの（解釈第 143 条，第 185 条）

<table>
<tr><th colspan="2">該当施設</th><th>施設条件</th><th>対地電圧の制限</th></tr>
<tr><td colspan="2">白熱電灯，放電灯に電気を供給する屋内の電路（第 143 条第 3 項，第 185 条第 1 項第一号）</td><td>① 白熱電灯又は放電灯及びこれらに附属する電線は，人が触れるおそれがないように施設すること
② 白熱電灯又は放電灯安定器は，屋内配線と直接接続して施設すること
③ 白熱電灯の電球受口は，キーその他の点滅機構のないものであること</td><td>300 V 以下</td></tr>
<tr><td rowspan="4">住宅の屋内電路</td><td>定格消費電力が 2 kW 以上の機械器具及びこれのみに電気を供給するための屋内配線（第 143 条第 1 項第一号）</td><td>① 使用電圧は 300 V 以下であること
② 電気機械器具及び屋内の電線には，簡易接触防護措置を施すこと（例外有）
③ 電気機械器具は，屋内電路と直接接続して施設すること
④ 電気機械器具に電気を供給する電路には，専用の開閉器及び過電流遮断器を施設すること
⑤ 電気機械器具に電気を供給する電路には，電路に地絡を生じたときに自動的に電路を遮断する装置を施設すること（例外有）</td><td>300 V 以下</td></tr>
<tr><td>住宅以外の場所に電気を供給するための屋内配線（第 143 条第 1 項第二号）</td><td>① 人が触れるおそれがない隠ぺい場所に合成樹脂管工事，金属管工事若しくはケーブル工事により施設する場合</td><td>300 V 以下</td></tr>
<tr><td>屋内に施設する電線路（第 143 条第 1 項第五号）</td><td>① 人が触れるおそれがない隠ぺい場所に合成樹脂管工事，金属管工事若しくはケーブル工事により施設する場合</td><td>300 V 以下</td></tr>
<tr><td>太陽電池モジュール，燃料電池及び常用蓄電池に接続する負荷側の屋内電路（第 143 条第 1 項第三号，第四号）</td><td>① 電路に地絡を生じたときに自動的に電路を遮断する装置を施設すること（例外有）
② 人が触れるおそれがない隠ぺい場所に合成樹脂管工事，金属管工事若しくはケーブル工事により施設する場合又は人が触れるおそれがないようケーブル工事により施設し電線に適当な防護装置を設けて施設する場合</td><td>直流 450 V 以下</td></tr>
<tr><td colspan="2">住宅以外場所の屋内に施設する家庭用電気機械器具に電気を供給する屋内電路（第 143 条第 2 項）</td><td>① 家庭用電気機械器具並びにこれに電気を供給するための屋内の電線及びこれに施設する配線器具を，上記「住宅の屋内電路（定格消費電力が 2 kW 以上の機械器具及びこれのみに電気を供給するための屋内配線）」①～③の規程に準じて施設する場合
② 取扱者以外のものが容易に触れるおそれがないように施設する場合</td><td>300 V 以下</td></tr>
</table>

条件にして対地電圧 150 V 以上とすることが認められている。

3.6.3 電気機械器具の施設

(1) 電気機械器具の一般の施設方法

電気使用場所に施設される電気機械器具については，すでに学んだ電路の絶縁，電気機械器具の絶縁耐力，外箱，鉄台等に施す接地工事，開閉器及び過電流遮断器の施設等の規定は適用されることはいうまでもないが，このほか使用場所で使用される電気機器を対象に規制が行われている。

電技省令第 59 条では，電気使用場所の電気機械器具について次のように一般原則を定めている。

第 59 条　電気使用場所に施設する電気機械器具は，充電部の露出がなく，かつ，人体に危害を及ぼし，又は火災が発生するおそれがある発熱がないように施設しなければならない。ただし，電気機械器具を使用するために充電部の露出又は発熱体の施設が必要不可欠である場合であって，感電その他人体に危害を及ぼし，又は火災が発生するおそれがないように施設する場合は，この限りでない。

具体的には，この第 59 条に基づく電技解釈において定められており，その主なものは次のとおりである。

a）充電部分の露出禁止　電気使用場所の屋内，屋側，屋外等に施設される低圧用の電気使用機械器具は，充電部を露出しないように施設する。ただし，次のような部分はやむを得ないものとして認められている（電技解釈第 151 条）。

① 特別低電圧照明回路の白熱電灯

② 管灯回路の配線

③ 電気こんろ等その充電部分を露出して電気を使用することがやむを得ない電熱器であって，その露出する部分の対地電圧が 150 V 以下のもののその露出する部分

④ 電気炉，電気溶接機，電動機，電解槽又は電撃殺虫器であって，その充電部の一部を露出して電気を使用することがやむを得ないもののその露出する

部分

⑤　次に掲げるもの以外の電気使用機械器具（従来「業務用電気機械器具」と呼ばれていたもの）であって，取扱者以外の者が出入りできないように措置した場所に施設するもの

イ　白熱電灯

ロ　放電灯

ハ　家庭用電気機械器具

低圧用の配線器具についても上記の電気使用機械器具と同様に充電部分を露出しないように施設することが規定されているが，取扱者以外の者が出入りできないように措置した場所に施設する場合はこの限りでないとされている（電技解釈第150条）。

b）　防湿装置の義務　　湿気の多い場所又は水気のある場所で使用する配線器具には，防湿装置を施さなければならない（電技解釈第150条）。

c）　メタルラス等への漏電の防止　　メタルラス張り，ワイヤラス張り又は金属板張りの木造造営物は，メタルラス等に漏電した場合に火災になりやすいので，危険を防止するため，メタルラス張り，ワイヤラス張り又は金属板張りの木造の造営物に電気機械器具を施設する場合は，その金属部分とメタルラス，ワイヤラス又は金属板とは電気的に接続しないようにしなければならない（電技解釈第145条）。

d）　通電部分に人が立入る機器の施設制限　　通電部分に人が立入る電気機械器具を施設すると危険であるから，この施設が禁止されている。ただし，電技解釈第198条により施設する電気浴器を規制された条文に従って施設する場合は認められている（電技解釈第151条第2項）。

e）　高周波電流による通信障害の防止　　電気機械器具は，無線設備の機能に継続的，かつ，重大な障害を及ぼす高周波電流を発生するおそれがある場合には，これを防止するため，次のように施設しなければならない（電技省令第67条，電技解釈第155条）。

①　けい光放電灯には，適当な箇所に0.006～0.5 μF（予熱始動式のもので，グ

ローランプに並列に接続する場合は0.006～0.01 μF）のコンデンサを取り付ける。

② 低圧用の定格出力1 kW以下の交流直巻電動機（電気バリカン，ヘアドライヤー，電気ミシン，電気ひげそり等）には，端子相互間に0.1 μFのコンデンサ，各端子と金属製のわく又は大地間に0.003 μFのコンデンサを取り付ける。

③ 電気ドリルは，特に高周波電流による障害が大きいので，VHF帯*にも有効なコンデンサを取り付ける。すなわち，端子相互間に0.1 μFの無誘導型コンデンサを，各端子と大地間に0.003 μFの十分な側路効果のある貫通型コンデンサを取り付ける。

④ ネオン点滅器には，電源端子相互間及び各接点（ネオンドラムスイッチの接点等）に高周波電流の防止装置を取り付ける。

f） 電動機の過負荷保護　出力が0.2 kWを超える電動機には，原則として，過負荷保護装置を施設する。ただし，次の場合には，省略することができる（電技省令第65条，電技解釈第153条）。

① 電動機を運転中，常時，取扱者が監視できる位置に施設する場合

② 電動機の構造上又は負荷の性質上，電動機の巻線にこれを焼損するような過電流が流れるおそれがない場合

③ 電動機が単相のものであって，その電源側電路に施設する過電流遮断器の定格電流が15 A（配線用遮断器にあっては20 A）以下の場合

g） 特殊な場所に施設する電気機械器具の制限　電技省令では，第3章（電気使用場所の施設）の第5節において，粉じんの多くある危険場所等の特殊場所における施設制限を定めている。

① **粉じん危険場所等**　電技省令第68条及び第69条において次のように定めている。

---

* Very High Frequencyの略，30～300 MHzの周波数帯

（粉じんにより絶縁性能等が劣化することによる危険のある場所における施設）

第68条　粉じんの多い場所に施設する電気設備は，粉じんによる当該電気設備の絶縁性能又は導電性能が劣化することに伴う感電又は火災のおそれがないように施設しなければならない。

（可燃性のガス等により爆発する危険のある場所における施設の禁止）

第69条　次の各号に掲げる場所に施設する電気設備は，通常の使用状態において，当該電気設備が点火源となる爆発又は火災のおそれがないように施設しなければならない。

一　可燃性のガス又は引火性物質の蒸気が存在し，点火源の存在により爆発するおそれがある場所

二　粉じんが存在し，点火源の存在により爆発するおそれがある場所

三　火薬類が存在する場所

四　セルロイド，マッチ，石油類その他の燃えやすい危険な物質を製造し，又は貯蔵する場所

具体的な施設方法については，電技解釈に定められており，次に示す内容のほか，使用できる配線工事の方法が定められている（3.6.4(4)項参照）。

a．**爆燃性粉じん**（マグネシウム，アルミニウム等の粉じん）又は**火薬類の粉末**が存在する爆発危険場所に施設するものは，**粉じん防爆特殊防じん構造**のものを使用し，外部電線との接続は，震動によりゆるまないよう堅ろうに，かつ，電気的に接続すること（電技解釈第175条第1項第一号）。

b．**可燃性粉じん**（小麦粉，でん粉等の可燃性の粉じん）のある爆発危険場所に施設するものは，**粉じん防爆普通防じん構造**のものを使用し，外部電線との接続は震動によりゆるまないように堅ろうに，かつ，電気的に完全に接続すること（電技解釈第175条第1項第二号）。

c．**可燃性のガス**又は**引火性物質の蒸気**が漏れ又は滞留し，爆発を生じるおそれのある場所における電気機械器具には，**耐圧防爆構造**，**内圧防爆構造**，**油入防爆構造**又は**特殊防爆構造**のものを使用し，外部電線との接続は震動によりゆるまないように，堅ろうに，かつ，電気的に完全に接続すること。ただし，通常の使用状態において火花若しくはアークを発し，又はガス等に着火

するおそれがある温度に達するおそれがない部分については，告示で定める**安全増防爆構造**とすることができる（電技解釈第176条）。

d．危険物等の存在する場所の施設　危険物（消防法第2条第7項に規定する危険物のうち，同法別表第1において第2類（硫黄等の可燃性固体），第4類（石油類等の引火性液体），第5類（ニトロ化合物等の自己反応性物質）に分類される物質や，その他のセルロイド等の燃えやすい危険な物質をいう）及び火薬類（火薬，爆薬，加工品等の火薬類取締法第2条第1項に規定する火薬類をいう）を製造し又は貯蔵する場所に施設するものは，外部電線との接続は震動により緩まないよう堅ろうに，かつ電気的に完全に接続し，通常の使用状態において火花若しくはアークを発し，又は温度が著しく上昇するおそれがある電気機械器具は，危険物に着火するおそれがないように施設すること（電技解釈第177条）。

②　**火薬庫内の施設**　火薬庫内については，電技省令第71条により，次のように定められており，照明設備のみ認められている。

第71条　照明のための電気設備（開閉器及び過電流遮断器を除く。）以外の電気設備は，第69条の規定にかかわらず，火薬庫内には，施設してはならない。ただし，容易に着火しないような措置が講じられている火薬類を保管する場所にあって，特別の事情がある場合は，この限りでない。

具体的な施設方法は，電技解釈第178条に定められており，白熱電灯と蛍光灯は，全閉型のものを用い，電気機械器具に引込むケーブルは損傷を受けないようにすることが定められている。

③　**腐食性のガス等の発散する場所**　この場所の施設に関して，電技省令第70条では次のように定めている。

第70条　腐食性のガス又は溶液の発散する場所（酸類，アルカリ類，塩素酸カリ，さらし粉，染料若しくは人造肥料の製造工場，銅，亜鉛等の製錬所，電気分銅所，電気めっき工場，開放形蓄電池を設置した蓄電池室又はこれらに類する場所をいう。）に施設する電気設備には，腐食性のガス又は溶液による当該電気設備の絶縁性能又は導電性能が劣化することに伴う感電又は火災のおそれがないよう，予防措置を講じなければならない。

h） 屋外等の電気器具の施設　屋外又はトンネル，坑道その他これらに類する場所に施設するものは，損傷を受ける機会が多いので，特に損傷防止について次のように規定されている（電技解釈第151条第3項，第179条）。

① 電気機械器具内の配線のうち，人が接触するおそれ又は損傷を受けるおそれがある場合は，金属管工事又はケーブル工事（電線を金属製の管その他の防護装置に収める場合に限る）により施設すること。

② 電気機械器具に施設する開閉器，接続器，点滅器等の器具は，損傷を受けるおそれがある場合には，これに堅ろうな防護装置を施すこと。

i） 特殊機器等の施設　特殊な設備としては，小勢力回路の施設（電技解釈第181条），出退表示灯回路の施設（電技解釈第182条），放電灯の施設（電技解釈第185条）等の施設が，特殊機器としては，特別低電圧照明回路の施設（電技解釈第183条），水中照明灯の施設（電技解釈第187条），電気さくの施設（電技解釈第192条），その他多くの施設が定められている。これらのうちから一般的に多く施設されるものや最近追加や改正されたものについて，その施設の概要を紹介する。

① **小勢力回路の施設**　電磁開閉器の操作回路又はベル等，電路の使用が短時間の交流電気回路であって最大使用電圧が60V以下，かつ，電流も小さい回路については，危険度が低いため一般の低圧電線と同様な施設方法によることは適当でないので，小勢力回路という形で規定されたものである。

小勢力回路とは，次の要件を備えたもののうち，弱電流回路以外のものと位置づけて規定されている。

（ア） 最大使用電圧が60V以下。

（イ） 電源用変圧器の1次側電路の対地電圧が300V以下。

（ウ） 最大使用電流及び短絡電流（その回路の電源側に施設された過電流遮断器の定格電流）が最大使用電圧に応じて，規定されている。

この回路に使用する変圧器は，絶縁変圧器であることのほか，使用する電線の種類や配線方法が規定されている。

② **出退表示灯の施設**　出退表示灯は，ビルが大型になり，収容人員も多くなってくるに従って，1 表示器に取り付けられる電灯の数が増加してきたことから一般の屋内配線では，その施設が困難となってきて特別な施設として規定されている。最大使用電圧が 60 V 以下であり，かつ，定格電流が 5 A 以下の過電流遮断器で保護された回路について，一般の低圧配線の例外として規定されている。

この回路に使用する変圧器は，絶縁変圧器であることのほか，使用する電線の種類や配線方法が規定されている。

③ **放電灯の施設**　放電灯には，けい光灯，水銀灯等に使用する 1 000 V 以下のものと，ネオン放電灯のように 1 000 V を超えるものとがある。条文においては，放電灯用安定器（放電灯用変圧器を含む）から放電管までの電路である管灯回路と放電灯，放電灯安定器について規定をしている。

放電灯は人が手を触れて取り扱う機会が非常に多く，特に感電の危険があるので，これに電気を供給する屋内電路の対地電圧を 150 V 以下に制限しているが，放電灯の管灯回路の工事方法を強化することによって対地電圧が 300 V 以下のものも認められている。

ネオン放電灯については，屋内，屋側及び屋外におけるネオン放電灯の施設方法について規定している。ネオン放電灯は，管内に封入した各種の気体による発光を利用するグロー放電による放電管で高電圧を必要とする。したがって，漏電，感電等の危険を防止するため，管灯回路の配線以外の部分の充電部分の露出禁止，弱電流電線等との離隔，メタルラス張り等の木造造営物に取り付ける場合の制限，防湿装置に関する規定等は 1 000 V 以下の放電灯の場合と同様であるが，その工事方法は詳細に規定されている。

④ **特別低電圧照明回路の施設**　この施設は，図 3.32 に示すように，裸導体又は被覆された導体に白熱電灯を支持し，使用電圧 24 V 以下で電気を供給する照明設備について規定している。この照明設備は，白熱電灯の位置を容易に変更できることや意匠性に優れていること等から，欧州のレストラン，喫茶店等に施

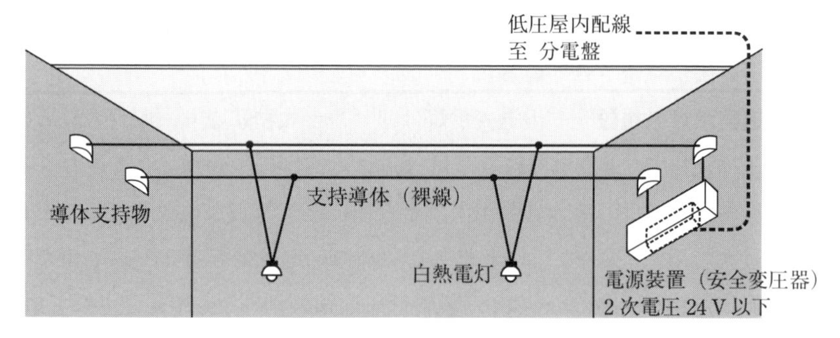

図 3.32　白熱電球用特別低電圧照明システムの施設例（変圧器を壁面に取り付けた場合）

設されているものである。また，この照明設備については，JIS C 8105-2-23「照明器具―第2-23部：白熱電球用特別低電圧照明システムに関する安全性要求事項」及び JIS C 0364-7-715「建築電気設備 第7-715部：特殊設備又は特殊場所に関する要求事項―特別低電圧照明設備」に規格が規定されており，この規定の一部は，これらの規格を根拠としている。

特別低電圧照明回路は，JIS C 60364-4-41（2010）「低圧電気設備 第4-41部：安全保護―感電保護」に規定される SELV（safty extra-low voltage：安全特別低電圧）回路である。SELV 回路とは，公称電圧が交流 50 V，直流 120 V を超えないもので，二重絶縁又はこれと同等以上の絶縁で他の回路から電気的に分離された非接地の回路である。SELV の具体的な要件については，JIS C 60364-4-41 に規定されている（電技解釈第183条）。

⑤　**電気さくの施設**　　電気さくは，高い電圧で充電された裸電線を，簡単なさくに取り付け，張り巡らすという施設であり，他に例をみないものである。したがって，電技省令第74条にて，使用目的が「田畑，牧場，その他これに類する場所において野獣の侵入又は家畜の脱出を防止するため」に限定されている。

電気さくは，電気さく用電源装置及びこれらを接続する電線路から構成されるが，電技解釈では前者に対して規定している。電線路に対しては電線路の一般規定が適用される。

「さく」については，適当な間隔で危険表示することが要求されており，規定の大部分は電気さくに使用する「電気さく用電源装置」の規定である。

電気さくに人が接触した際に流れる衝撃電流は瞬間的であり，流れる衝撃電流を人体に問題ない大きさ・波形に制限する必要がある。この要求に適合する電気さく用電源装置としては，電気用品安全法の適用を受けている必要がある。30 V を超える電源につながるものは，漏電遮断器が義務付けられている（電技解釈第192条）。

⑥ **電気自動車等から電気を供給するための設備等の施設**　電気自動車等（電気自動車，プラグインハイブリッド自動車，燃料電池自動車等）は電気事業法上の電気工作物には該当しないが，これを一般家庭等の電源として使用するなど，電気工作物と接続して使用する場合は電気工作物として電気事業法の規制対象となる。

この条文では，電気自動車等から電気を供給する際に必要な電力変換装置等の装置をまとめた供給設備を介して，一般家庭に電気を供給する場合の施設と一般家庭の電源から電気自動車等に充電する場合の電路の施設について規定している。

前者の施設としては，電気自動車等の出力は，10 kW 未満であることのほか，原則として電圧は対地電圧が 150 V 以下としているが，電気自動車等の急速充電設備には対地電圧が 150 V を超えるものも存在するため，これらについては電圧直流 450 V 以下として，電源に絶縁変圧器の使用や漏電遮断器の設置等，安全確保策について規定している。その他配線方法や移動電線に関する規定がなされている。

後者の施設としては，電力変換装置等を収めた充電設備と電気自動車等とを接続する回路の対地電圧が 150 V 以下とすること，漏電遮断器を施設することのほか，屋外配線，屋側配線の方法について規定している（電技解釈第199条の2）。

3.6.4 低圧の配線工事

配線とは，電技省令第1条において「電気使用場所において施設する電線（電気機械器具内の電線及び電線路の電線を除く。）」と定義されている。屋内配線と屋側配線等がその主なものである。これは施設する場所からの分け方で，その工事の方法，材料の区別は一部が異なるだけでほとんど共通している。屋外に施設する広告塔，装飾塔，街路灯，信号灯等が屋外配線と呼ばれるもので，雨露にさらされる機会が多いので，その点の防護方法や配線の間隔等が変わっているだけである。

電技省令では，配線に関しては次のように規定しており，特に屋内とか屋外とかの区分はしていないが，「施設場所の状況及び電圧に応じ」施設することを定めており，その解釈において，後述のように定めている。

第56条第1項　配線は，施設場所の状況及び電圧に応じ，感電又は火災のおそれがないように施設しなければならない。

第57条　配線の使用電線（裸電線及び特別高圧で使用する接触電線を除く。）には，感電又は火災のおそれがないよう，施設場所の状況及び電圧に応じ，使用上十分な強度及び絶縁性能を有するものでなければならない。

2　配線には，裸電線を使用してはならない。ただし，施設場所の状況及び電圧に応じ，使用上十分な強度を有し，かつ，絶縁性がないことを考慮して，配線が感電又は火災のおそれがないように施設する場合は，この限りでない。

3　特別高圧の配線には，接触電線を使用してはならない。

ここでは基本となる低圧屋内配線について述べる。

(1)　引込口における開閉器及び自動遮断器

幹線の電源側の引込口付近には，容易に開閉することができる箇所に開閉器及び過電流遮断器を施設しなければならないことになっている。ただし，300 V以下の屋内電路で，他の屋内電路（過電流遮断器の定格電流15 A以下又は配線用遮断器の定格電流が15 Aを超え20 A以下で保護されているものに限る）に接続し，15 m以下の電線から電気の供給を受けるものは，この限りでない（電技解釈第147条，図3.33参照）。

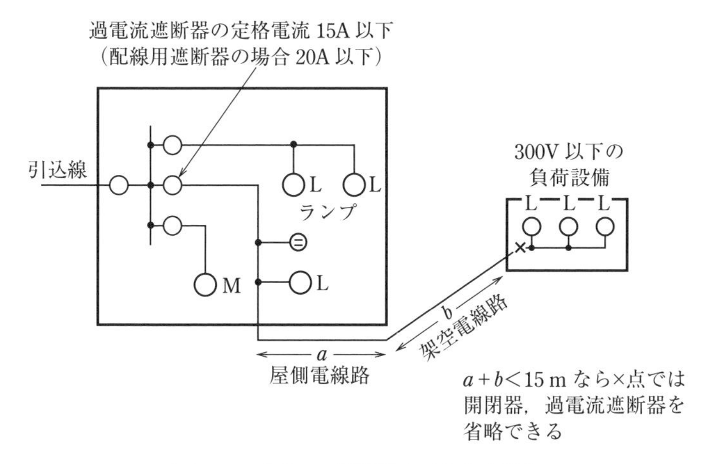

図 3.33 引込口の開閉器及び自動遮断器

（2） 幹線と分岐回路

電気使用機械器具に電気を供給するための屋内電路の幹線と分岐回路については，3.6.1（1）項において説明しており，ここではこれらの施設方法について述べる。

a） 幹線の施設　幹線の施設の主要点は，次のような点である（電技解釈第148条）。

① 幹線は損傷を受けるおそれのない場所に施設すること。

② 幹線に使用する電線は，その部分を通じて供給される電気使用機械器具の定格電流の合計以上の許容電流のあるものを使用すること。許容電流の算定に当たっては，電動機等の起動電流の大きいものがある場合は修正するための規定があり，また，負荷の需要率や力率を考慮することになっている。

③ 幹線の電源側電路には，その幹線を保護する過電流遮断器を施設すること。

④ 過電流遮断器は，幹線の許容電流以下の定格電流のものである幹線が分岐される場合は分岐する幹線の太さにより，分岐点に施設する過電流遮断器の場所が規定されている。

⑤ 過電流遮断器は，各極（多線式電路の中性極を除く）に施設すること。

表 3.35　屋内の分岐回路の施設

<table>
<tr><th>低圧屋内電路の種類</th><th>コンセント</th><th>ねじ込み接続器又はソケット</th><th>低圧屋内配線の太さ</th><th>1つのねじ込み接続器，1つのソケット又は1つのコンセントからその分岐点に至る部分の電線の太さ</th></tr>
<tr><td>定格電流が15A以下の過電流遮断器の分岐回路</td><td>定格電流が15A以下のもの</td><td rowspan="2">・ねじ込み型のソケットの直径39 mm以下のもの
・ねじ込み型以外のソケット
・直径39 mm以下のねじ込み接続器</td><td rowspan="2">・直径1.6 mm以上
・MIケーブルの場合は，断面積1 mm^2</td><td rowspan="2"></td></tr>
<tr><td>定格電流が15Aを超え20A以下の配線用遮断器の分岐回路</td><td>定格電流が20A以下のもの</td></tr>
<tr><td>定格電流が15Aを超え20A以下の過電流遮断器（配線用遮断器を除く）の分岐回路</td><td>定格電流が20Aのもの*</td><td rowspan="4">・ハロゲン電球用ソケット
・{白熱電灯用（ハロゲン電球用のものを除く）
放電灯用}
のソケットの直径39 mmのもの
・直径39 mmのねじ込み接続器</td><td>・直径2 mm以上
・MIケーブルの場合は，断面積1.5 mm^2</td><td rowspan="2">直径1.6 mm以上（MIケーブルの場合，断面積1 mm^2）</td></tr>
<tr><td>定格電流が20Aを超え30A以下の過電流遮断器の分岐回路</td><td>定格電流が20A以上30A以下のもの*</td><td>・直径2.6 mm以上
・MIケーブルの場合は，断面積2.5 mm^2</td></tr>
<tr><td>定格電流が30Aを超え40A以下の過電流遮断器の分岐回路</td><td>定格電流が30A以上40A以下のもの</td><td>・公称断面積8 mm^{2}以上
・MIケーブルの場合は，断面積6 mm^2</td><td rowspan="2">直径2 mm以上（MIケーブルの場合，断面積1.5 mm^2）</td></tr>
<tr><td>定格電流が40Aを超え50A以下の過電流遮断器の分岐回路</td><td>定格電流が40A以上50A以下のもの</td><td>・公称断面積14 mm^{2}以上
・MIケーブルの場合は，断面積10 mm^2</td></tr>
</table>

〔注〕　* 定格電流20A未満の差込みプラグが接続できるコンセントは除く。すなわち，この分岐回路での20A/15A兼用のコンセントの使用を禁止している。

b）　分岐回路に使用する開閉器及び過電流遮断器　　幹線から分岐した分岐回路には，原則として，分岐点から電線の長さが3 m以下の各極に開閉器及び過電流遮断器を施設しなければならない。分岐回路には，電灯や扇風機，電熱器等の各種の電気使用機械器具が接続されるが，電気使用機械器具やこれに電気を供給

表 3.36　屋内配線工事の種類とその特徴

工事の種類	工　事　の　特　徴
がいし引き工事	電線を露出し，外傷に対して無防備であり，絶縁は空気及びがいしに依存する工事方法である。したがって，人の容易に触れるおそれがあるような場所に施設することは禁止され，電線相互間及び電線と造営材との離隔距離などについて規制が行われる。
金属管工事 金属線ぴ工事 合成樹脂管工事 金属可とう電線管工事 金属ダクト工事 フロアダクト工事 セルラダクト工事	これらの工事は，いずれも電線を線ぴ，電線管，ダクト内に収めて，電線を外傷や人の接触から防ぎ，絶縁はもっぱら電線の絶縁被覆に頼る工事方法である。管や線ぴ，金属管などの良否が工事に影響するので，これらの工事方法の規格について規制が行われている。
平形保護層工事	機器のための電源を床面の任意の場所から容易にとるために開発されたもので，平形導体合成樹脂絶縁電線を使用し，これを保護層にて保護する配線工事で，カーペットの下など配線を露出せず，簡単に配線工事ができるのが特徴である。
バスダクト工事 ライティングダクト工事	裸電線をダクト内に収め，外傷や人の接触はダクトで防ぎ，絶縁は空気及びがいしによる工事方法である。ダクトの機械的強度，がいしの絶縁性，電線とダクトの絶縁距離について規制が行われている。
ケーブル工事	電線にキャブタイヤケーブル又はケーブルを使用し，軽度の外傷防止及び絶縁は電線自体の被覆による工事方法である。造営材に電線を直接取り付けることも許容されることとなるので，損傷を受けるおそれがない場所に施設する必要がある。キャブタイヤケーブルやケーブル自体について厳しい規格がある。

するための屋内電線の故障の際に事故の波及範囲を限定し，かつ，絶縁抵抗測定等の保守点検を容易にするため，電気回路を適当な群に分割しておく必要があるので，この規定がある（電技解釈第 149 条第 1 項，図 3.30 参照）。

c）　分岐回路の大きさと接続できる器具及び電線の太さ（電技解釈第 149 条第 2 項）

①　**50 A を超える分岐回路**　　定格電流が 50 A を超える 1 つの電気使用機械器具（電動機等の始動電流の大きい機器は除く）には，専用の分岐回路とし，次のように施設する。

（i）　過電流遮断器は，その機器の定格電流を 1.3 倍した値以下（定格のも

表 3.37　低圧屋内配線の施設制限

施設場所の区分		使用電圧の区分	工事の種類											
			がいし引き工事	合成樹脂管工事	金属管工事	金属可とう電線管工事	金属線ぴ工事	金属ダクト工事	バスダクト工事	ケーブル工事	フロアダクト工事	セルラダクト工事	ライティングダクト工事	平形保護層工事
展開した場所	乾燥した場所	300 V 以下	○	○	○	○	○	○	○	○			○	
		300 V 超過	○	○	○	○		○	○	○				
	湿気の多い場所又は水気のある場所	300 V 以下	○	○	○	○			○	○				
		300 V 超過	○	○	○	○				○				
点検できる隠ぺい場所	乾燥した場所	300 V 以下	○	○	○	○	○	○	○	○		○	○	○
		300 V 超過	○	○	○	○		○	○	○				
	湿気の多い場所又は水気のある場所	—	○	○	○	○				○				
点検できない隠ぺい場所	乾燥した場所	300 V 以下		○	○	○				○	○	○		
		300 V 超過		○	○	○				○				
	湿気の多い場所又は水気のある場所	—		○	○	○				○				

〔注〕 ○は，使用できることを示す。

のがない場合は，直近上位の定格のもの）であること。

（ii） 当該機器以外の負荷を接続させないこと。

（iii） 電線の太さは，分岐回路の過電流遮断器の容量以上の許容電流以上のものであること。

② **50 A 以下の分岐回路**　50 A 以下の分岐回路は，過電流遮断器の容量によって分かれ，それぞれの分岐回路に使用する電線の太さ，コンセント及びソケットの大きさが表 3.35 のように規制されている。

（3） 工事方法の種類と特徴

屋内配線の工事方法は，がいし引き工事をはじめとして，12 種類の工事方法が

表 3.38　特殊場所における工事方法の制限

場　所	工　事　方　法
①　爆燃性粉じん・火薬類の粉末がある場所（解釈第 175 条第一号） 可燃性ガス等のある場所（解釈第 176 条）	金属管工事 ケーブル工事（キャブタイヤケーブルを使用するものを除く）
②　可燃性粉じんのある場所（解釈第 175 条第二号） セルロイド等の燃えやすい危険物のある場所（解釈第 177 条）	合成樹脂管工事（厚さ 2 mm 未満の管及び CD 管を使用するものを除く） 金属管工事 ケーブル工事（CD ケーブルを使用するものを除く）
③　粉じんの多い場所（解釈第 175 条第三号）（①と②の場所を除く）	がいし引き工事，合成樹脂管工事，金属管工事，金属可とう電線管工事，金属ダクト工事，バスダクト工事（換気型を除く），ケーブル工事
④　火薬庫（解釈第 178 条）	原則として禁止。照明施設の配線のみに金属管工事又はケーブル工事（CD ケーブル及びキャブタイヤケーブルを使用するものを除く）が認められる。

規定されているが，これらを理解しやすくするため大きく分類すると表 3.36 のようになる。また，電技解釈第 156 条の 156-1 表として，表 3.37 のように定められている。

（4）　施設場所による工事方法の制限

低圧屋内配線の工事方法は，表 3.37 にまとめてあるように，それぞれの特徴があるので，その施設場所に応じた工事方法を選ばなければならない。電技省令では，**一般の使用場所**においては，合成樹脂管工事，金属管工事，金属可とう電線管工事及びケーブル工事はすべての場所に認めているが，その他の工事方法については，場所と電圧の区分により，表 3.37 のように規制が行われている。セルラダクト工事は，大型の鉄骨造の建造物の床構造材として使用する波形デッキプレートの溝を電線の入れ場所として使用する工事で，大型ビルに用いる特殊な工事である（電技解釈第 165 条第 2 項）。

特殊な場所においては，特に危険性が大であるので，表 3.38 のように規制されている（電技解釈第 175 条～第 178 条）。

（5）　屋内配線に用いる電線の一般制限

a）　裸電線の禁止　　電気使用場所に施設される電線は，原則として裸電線は禁止されている（電技省令第57条第2項，電技解釈第144条）。しかし，次のような場合はやむを得ない場合として認められている。

① 電気炉用電線，被覆絶縁物が腐食する場所の電線及び取扱者以外のものが出入りできないようにした場所に施設する電線をがいし引き工事により展開した場所に施設する場合

② バスダクトの中の低圧電線

③ ライティングダクトの低圧電線

④ がいし引きした移動用機械のための接触電線及び遊戯用電車の接触電線

⑤ 特別低電圧照明回路の電線

⑥ 電気さくの電線

b）　屋内配線の最小太さ　　屋内配線に用いる電線の最小太さは，直径1.6 mmの軟銅線以上の強さ及び太さのあるもの又は断面積1 mm^2 以上のMIケーブルでなければならないことになっている。しかし，電流容量の少なくてすむ電光サイン装置，出退表示灯装置，制御回路そのほか規定されている特殊なものについては，例外が認められている（電技解釈第146条）。

（6）　低圧屋内配線の工事方法

低圧屋内配線の主要な工事方法について，基本的な事項は次のとおりである。

a）　がいし引き工事（電技解釈第157条）。

① 電線には，絶縁電線（屋外用ビニル絶縁電線，引込用ビニル絶縁電線及び引込用ポリエチレン絶縁電線を除く）を用いる。

② 電線は，人が触れないように接触防護措置を施すこと。ただし，300 V以下の電線は，人が容易に触れないように簡易接触防護措置を施すことができる。

③ がいしは，絶縁性，難燃性及び耐水性のものを使用する。一般にはノップがいし等を用いる。

④ 電線が造営材を貫通する場合は，その貫通する部分の電線を電線ごとにそ

表 3.39 電線相互間及び電線と造営材との距離

種別		距離
電線相互の間隔		6 cm 以上
電線と造営材との間隔	300 V 以下のとき	2.5 cm 以上
	300 V を超えるとき	4.5 cm （2.5 cm）*以上
電線支持点の間隔	造営材の上面又は側面に沿うとき	2 m 以下
	上記以外	300 V 以下のとき：規定なし
		300 V を超えるとき：6 m 以下

〔注〕 *（ ）内は，乾燥した場所に適用する。

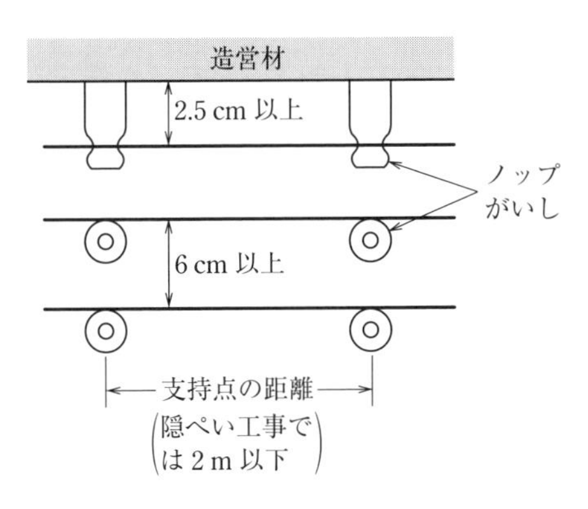

図 3.34 300 V 以下のがいし引き工事

れぞれ別個の難燃性及び耐水性のある絶縁管に収めること。ただし，150 V 以下の電線を乾燥した場所に施設する場合は，貫通する部分の電線に耐久性のある絶縁テープを巻いてもよい。

⑤ 電線相互の間隔や電線と造営材との間隔は，表 3.39 のとおりである（図 3.34 参照）。

b） 合成樹脂管工事，金属管工事及び金属可とう電線管工事（電技解釈第 158 条～第 160 条） これらの工事はいずれも一番よく用いられる工事である。基本的な事項は次のとおりである。

① 電線は，屋外用ビニル絶縁電線以外の絶縁電線で，より線であること。た

だし，短小な管に収める場合や直径3.2 mm（アルミ線は4 mm）以下の場合はより線でなくてもよい。

② 管内では，電線に接続点を設けない。

③ 湿気又は水気のある場所では，防湿装置を施すこと。

④ 管，ボックス，附属品は電気用品安全法の適用を受ける。

⑤ 管の端口は，電線の被覆を損傷しないようにすること。

⑥ 金属管及び金属可とう電線管を接続する場合は，管相互及び管とボックス等と電気的に完全に接続すること。

⑦ 管やボックス等の金属製のものには，300 V以下の場合はD種接地工事（省略できる例外あり），300 Vを超える場合はC種接地工事（人が触れるおそれがない場合はD種接地工事でもよい）を施すこと。

⑧ その他，管の厚さ，管の支持点間隔や管の接続の方法について詳細に定められている。

c） ケーブル工事（電技解釈第164条）　ケーブル工事は，電線を直接造営材に固定して施設する工事方法である。基本的な事項は次のとおりである。

① 重量物の圧力又は著しい機械的衝撃を受けるおそれがある箇所に施設する場合は，適当な防護装置をする。

② 電線を造営材の下面又は側面に沿って取り付ける場合は，キャブタイヤケーブルの場合は1 m以下，ケーブルの場合は2 m（接触防護措置を施した場所で，垂直に取り付ける場合は6 m）以下の支持点間隔とし，それぞれの被覆を損傷しないようにする。

③ キャブタイヤケーブルは，第3種又は第4種の各種のキャブタイヤケーブルを使用することが認められ，300 V以下の場合で，展開した場所や点検できる隠ぺい場所に施設する場合は第2種の各種のキャブタイヤケーブルを使用することができる。

④ 電線を収める防護装置には，次により接地を施すこと。

（i） 300 V以下のケーブル工事の場合は，D種接地工事（省略できる例外あり）

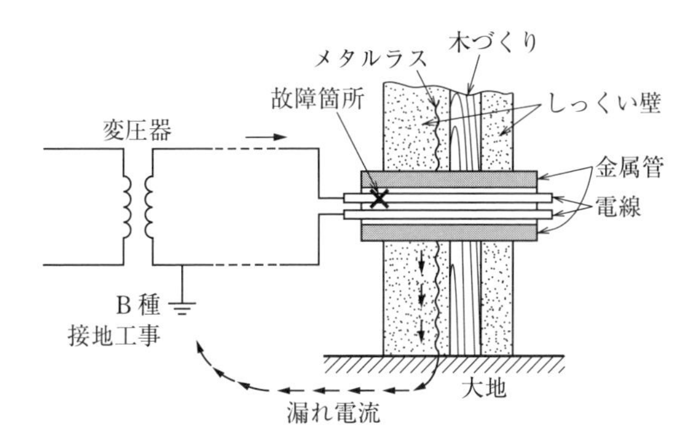

図 3.35 配線が造営材を貫通する場合の事故の回路

（ii） 300 V を超えるケーブル工事の場合は，C 種接地工事（人が触れるおそれがないようにする場合は，D 種接地工事でもよい）

（7） メタルラス張り等の木造造営物に施設する配線

木造の造営物で，金属管工事の管や附属品，ケーブルの被覆，電気機械器具の金属製部分とメタルラス，ワイヤラス又は金属板とが電気的に接触していると絶縁の劣化等のため，図 3.35 のように漏電が起こったときに，柱上変圧器の B 種接地工事の抵抗を通じて漏れ電流が流れ，火災等の事故を起こすことがある。この防止法として，メタルラスに漏れ電流が流れないように，配線工事の金属部分には絶縁を施すように規定されている（電技解釈第 145 条）。図 3.36 は，金属管工事とバスダクト工事による低圧屋内配線がメタルラス張りの木造造営材を貫通する場合の工事の一例である。

（8） 屋内配線と弱電流電線等との離隔

屋内には，屋内配線のほかに，弱電流電線（3.2.1（3）項参照），光ファイバケーブル，水道管，ガス管，空気管，蒸気管等の金属体が施設されているが，これらに漏電した場合はいろいろな障害が予想されるので，屋内配線とこれらのものとは離隔しておく必要がある。

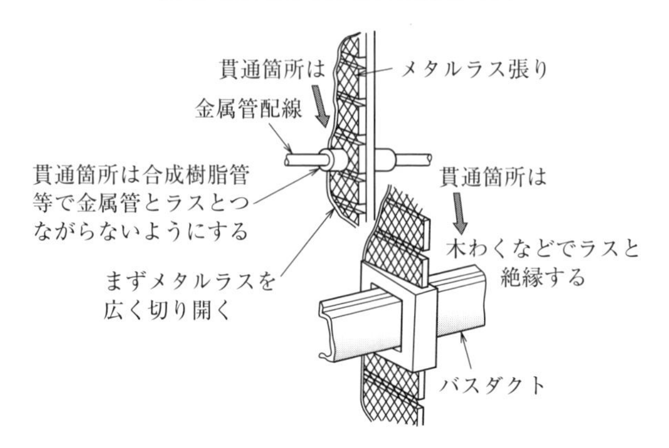

図 3.36　メタルラス張りの造営材を貫通する場合の施設

電気設備技術基準は，第 62 条において，次のように定めている。

第 62 条　配線は，他の配線，弱電流電線等と接近し，又は交さする場合は，混触による感電又は火災のおそれがないように施設しなければならない。

2　配線は，水道管，ガス管又はこれらに類するものと接近し，又は交さする場合は，放電によりこれらの工作物を損傷するおそれがなく，かつ，漏電又は放電によりこれらの工作物を介して感電又は火災のおそれがないように施設しなければならない。

具体的には，電技解釈に電線と弱電流電線，管等との離隔距離等が定められている（電技解釈第 167 条）。

なお，電線と弱電流電線を同一の線ぴや管に入れることは弱電流電線が制御線の場合であって特別に定められた工事をする場合以外は禁止されている（電技解釈第 167 条第 3 項）。

a）　がいし引き工事の場合の離隔　この場合の離隔距離は，原則として 10 cm（電線が裸電線である場合は 30 cm）以上でなければならない。ただし，300 V 以下の場合は低圧屋内配線と弱電流電線等又は水管等との間に絶縁性の隔壁を堅ろうに取り付ける場合や，十分な長さの難燃性及び耐水性のある堅ろうな絶縁管

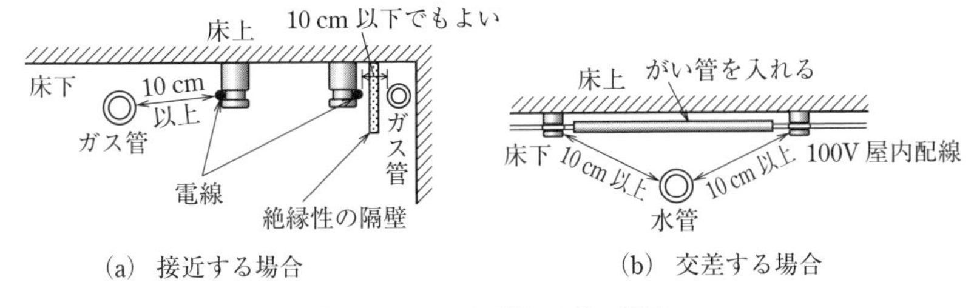

(a)　接近する場合　(b)　交差する場合

図 3.37　がいし引き工事の離隔

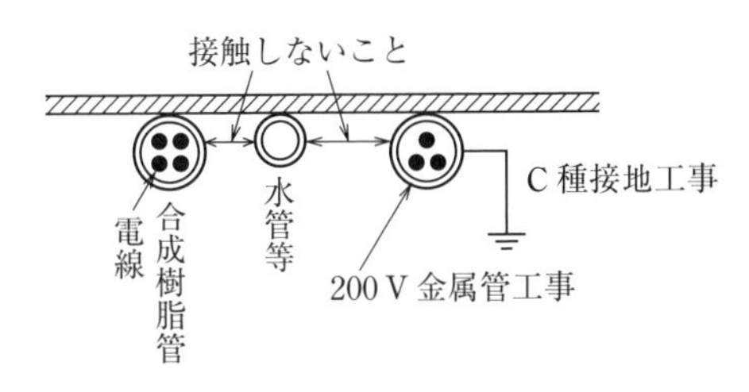

図 3.38　水管等の離隔

に収める場合は，この限りでない（図 3.37 参照）。

b）　合成樹脂管工事等の場合の離隔　低圧屋内配線を合成樹脂管工事，金属管工事，金属線ぴ工事，金属可とう電線管工事，金属ダクト工事，バスダクト工事，ケーブル工事，フロアダクト工事，セルラダクト工事又は平形保護層工事により施設する場合において，弱電流電線又は水管とが接近又は交差するときは低圧配線が弱電流電線又は水管等と接触しなければよいことになっている（図 3.38 参照）。

（9）　屋内配線と他の屋内配線・管灯回路の配線との離隔

屋内配線相互が接触することは，短絡等の原因にも，また電圧が異なる場合は低い電圧の配線に接続される機器の絶縁破壊にもなりかねない。そこで屋内配線相互及び屋内配線と管灯回路の配線の離隔距離は，表 3.40 のとおり規制されている（電技解釈第 157 条第八号）。

表 3.40　配線相互の間隔

工事の種類	絶縁電線	裸電線	緩和してよい場合
がいし引き工事によるものの相互の間隔	10 cm 以上 (6 cm 以上)＊	30 cm 以上	• 絶縁性の隔壁を堅ろうに取り付ける場合 • 十分な長さのがい管を挿入する場合
がいし引き工事によるものとがいし引き工事以外によるものとの間隔	10 cm 以上	30 cm 以上	• 絶縁性の隔壁を堅ろうに取り付ける場合 • がいし引き工事による電線に十分な長さのがい管を挿入する場合

〔注〕 ＊(　) 内は，配線が並行する場合

3.6.5 電球線の施設

電球線とは，造営物に固定しない白熱電灯に接続する電線であって，造営物に固定して施設されない電線をいう。

電球線に対する規制としては，300 V 以下の電圧で使用するほか低圧電球線と配線とを接続する場合に，配線の接続点に電球又は器具の重量をもたせないようにしなければならない（電技解釈第 170 条）。

屋内の電球線に使用できる電線は，断面積 0.75 mm^2 以上のものであって，一般的に，次のような種類のものである。

① 防湿コード

② 防湿コード以外のゴムコード（湿気や水気のある場所を除く）

③ ゴムキャブタイヤコード

④ キャブタイヤケーブル（第 1 種～第 4 種）

⑤ クロロプレンキャブタイヤケーブル（第 2 種～第 4 種）

⑥ クロロスルホン化ポリエチレンキャブタイヤケーブル（第 2 種～第 4 種）

⑦ 耐燃性エチレンゴムキャブタイヤケーブル（第 2 種，第 3 種）

電球線は屋側にも使用される例が多いが，その場合は上記の④～⑦のものが使用可能で，雨露にさらされない場合にのみ防湿コードと第 1 種キャブタイヤケーブルを使用できる。

例外として，人が容易に触れるおそれがないように施設する電球線には，図 3.39(a)のように 600 V ゴム絶縁電線又は 600 V ビニル絶縁電線を用いることが

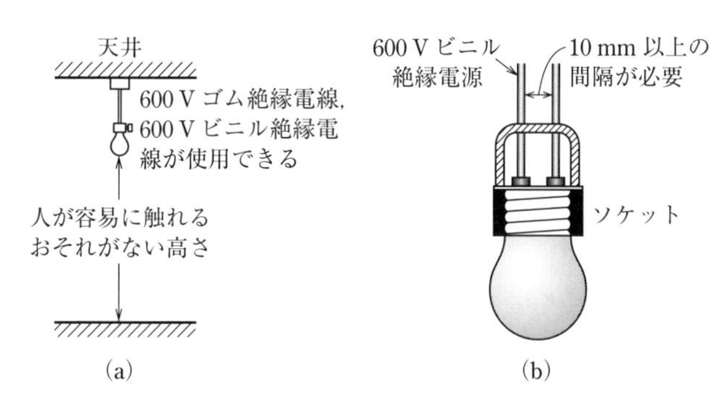

図 3.39　電球線の施設

できるが，600 V ビニル絶縁電線の場合は，図 3.39(b)のように口出し部分の電線の間隔を 10 mm 以上とする必要がある。

3.6.6　移動電線の施設

移動電線に関しては，電技省令に次のように定められている。

第 56 条
1　（略）
2　移動電線を電気機械器具と接続する場合は，接続不良による感電又は火災のおそれがないように施設しなければならない。
3　特別高圧の移動電線は，第 1 項及び前項の規定にかかわらず，施設してはならない。ただし，充電部分に人が触れた場合に人体に危害を及ぼすおそれがなく，移動電線と接続することが必要不可欠な電気機械器具に接続するものは，この限りでない。

第 66 条　高圧の移動電線又は接触電線（電車線を除く。以下同じ。）に電気を供給する電路には，過電流が生じた場合に，当該高圧の移動電線又は接触電線を保護できるよう，過電流遮断器を施設しなければならない。
2　前項の電路には，地絡が生じた場合に，感電又は火災のおそれがないよう，地絡遮断器の施設その他の適切な措置を講じなければならない。

これらからわかるように，移動電線は，主として低圧の場合に使用されるもので，高圧は後述のように特別の場合にしか使用されない。特別高圧の移動電線は原則として禁止されているが，電気集じん応用装置のみに認められている（電技解釈第171条第4項，第191条第1項第八号）。

（1） 低圧移動電線の電線の種類

低圧移動電線として使用できる電線の種類は，それを使用する場所と電圧により，電技解釈の171-1表に示されている。移動電線も電球線の場合と同様に，原則的にはビニルコード以外のコード又はビニルキャブタイヤケーブル以外のキャブタイヤケーブルを使用しなければならない。ただし，電気を熱として利用しない電気機械器具及び電気を熱として利用するもののうち，比較的温度の低い保温用電熱器，電気温水器等（移動電線を接続する部分の温度が80℃及び移動電線が接触するおそれのある部分の温度が100℃以下のもの）については，ビニルコード若しくはビニルキャブタイヤケーブルを使用することを認めている。最近は環境問題からビニル系の電線の使用をできるだけ控えるようになっている。

（2） 低圧移動電線の施設方法

移動電線と電気使用機械器具との接続は，差込み接続器（コンセントプラグ）を用いて接続するか，又は人が容易に触れないように施設された端子金具により接続する。移動電線と配線との接続は，特別の場合を除き，差込み接続器を用いて施設しなければならない。

移動電線の中の1心を接地線として用いて電気使用機器に接地する場合には，図3.40のように，差込み接続器又はこれに類する器具の1極を用いて行い，かつ，その接地極は他の極と明確に区別できるようなものでなければならない（電技解釈第171条第1項，第2項）。

（3） 高圧の移動電線の施設

高圧の移動電線は，保安上好ましいものではないが，トンネル掘削機のような大型の移動機械に電気を供給する必要がある場合等に使用される。

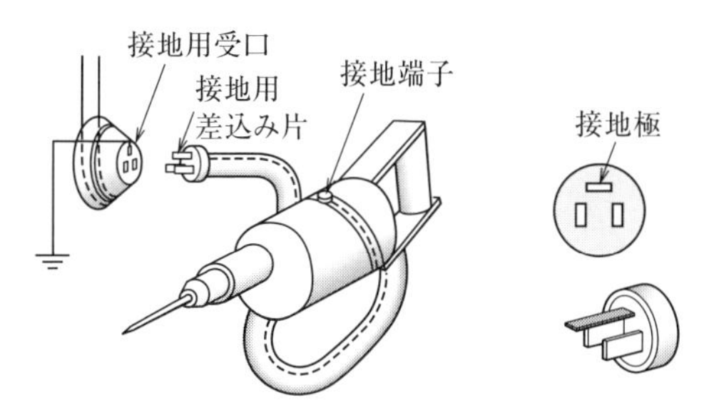

図 3.40　移動電線の 1 心を接地線に用いる場合

電線は，高圧用の第 3 種のクロロプレンキャブタイヤケーブルとクロロスルホン化ポリエチレンキャブタイヤケーブルに限られている。移動電線と電気使用機械器具とは，ボルト締めその他の方法により，堅ろうに接続しなければならない。移動電線に電気を供給する電路には，専用の開閉器と自動遮断器を施設し，かつ，電路に地気を生じたときに自動的に遮断できるようにしなければならない（電技解釈第 171 条第 3 項）。

3.6.7　接触電線の施設

走行クレーン，モノレールホイスト，オートクリーナ等の移動して使用する電気機械器具に電気を供給するためには，移動電線による場合と接触電線による場合とがあるが，接触電線はその性質上，裸電線を使用する必要があるため，感電の危険，アーク発生による断線，火災等の危険もあるので，その施設には十分注意する必要がある。

したがって，特別高圧の接触電線は認められていない（電技省令第 57 条第 3 項）。また，粉じんの多い場所など危険場所に施設することも原則として認められていない（電技省令第 73 条）。主として屋内の場合が多いので，屋内について述べる。

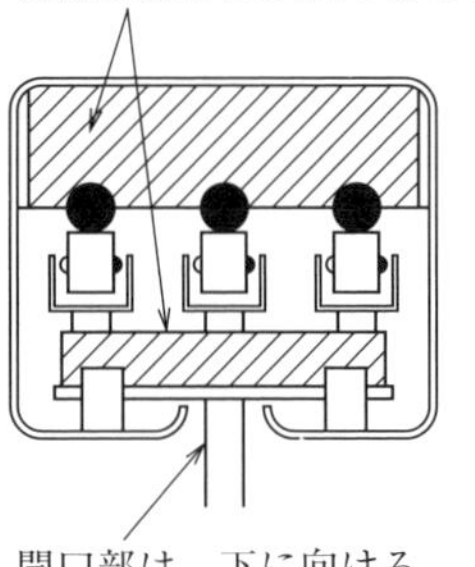

図 3.41　トロリーバスダクト

(1)　低圧接触電線の施設

接触電線は，一般にトロリー線と呼ばれていて，がいし引き工事による場合，バスダクト工事による場合及び絶縁トロリー工事による場合があり，バスダクト工事による場合をトロリーバスダクトと呼んでいる。それぞれについて施設方法が定められている。

例えばがいし引き工事の場合はトロリー線は裸電線であるため感電の危険性が多いので，電線の床面上の高さは 3.5 m 以上としているが，60 V 以下の電圧のものは乾燥した場所であれば危険性も少ないことから高さの制限を緩和している。しかし，容易に人が触れないようにする必要がある。そのほか，電線の支持間隔，電線相互の間隔，造営材との離隔が定められている。

一般には図 3.41 のようなトロリーバスダクトによるものが多く，これは規格が定められている（電技解釈第 173 条）。

(2)　高圧接触電線の施設

高圧の接触電線は，展開した場所又は点検できる隠ぺい場所においてがいし引き工事により施設することが認められており，その施設方法が規定されている（電技解釈第 174 条）。

表 3.41　高圧屋内配線の施設方法

がいし引き工事	①　電線の支持点間の距離：6 m 以下（電線が造営材の面に沿う場合は 2 m 以下） ②　電線相互の間隔：8 cm 以上 ③　電線と造営材との離隔距離：5 cm 以上 ④　他の高圧配線，低圧配線，管灯回路の配線，弱電流電線，水管，ガス管との離隔距離：15 cm 以上（電線が裸電線の場合 30 cm） ⑤　高圧配線と低圧配線とを容易に識別することができること。
ケーブル工事	①　重量物の圧力又は著しい機械的衝撃を受けないよう防護する。 ②　ケーブルを造営材の下面又は側面に沿って取り付ける場合，支持点間は 2 m（キャブタイヤケーブルの場合は 1 m）以下 ③　ケーブルを収める管その他金属製のものには，A 種接地工事をする（人が触れるおそれがないようにする場合は，D 種接地工事でもよい）。 ④　低圧配線，弱電流電線，水管，ガス管との離隔は，接触しないようにする。

3.6.8　高圧の屋内配線の施設

屋内電気工作物の電圧は，原則として低圧であるが，大容量の機器を使用する場合は，高圧の配線も必要となることから，その施設方法が定められている（電技解釈第 168 条）。

（1）　高圧屋内配線の施設

高圧の屋内配線の工事は，がいし引き工事（乾燥した場所であって展開した場所に限る）及びケーブル工事により施設することが定められている。

電線は，ケーブル工事の場合は高圧ケーブルを使用し，がいし引き工事の場合は直径 2.6 mm の軟銅線以上の強さ及び太さの高圧絶縁電線，特別高圧絶縁電線又は引下げ用高圧絶縁電線を用いる。そのほか，工事の主要な点は，表 3.41 のとおりである。

3.6.9　特別高圧の屋内配線の施設

特別高圧の屋内配線は使用電圧が 100 kV のものまで認められていて，工事はケーブル工事に限られている。ケーブルは，鉄製又は鉄筋コンクリート製の管やダクト等の防護装置に収めて施設し，これらの金属製部分には A 種接地工事を施さなければならない。ただし，人が触れるおそれがない場合はD種接地工事を施せばよい。特別高圧屋内配線と低圧電線，管灯回路の配線，高圧電線との離隔距離は，60 cm 以上（相互の間に堅ろうな耐火性の隔壁を設ける場合は，60 cm 以下でもよい），弱電流電線，水管，ガス管等とは接触しないようにする（電技解釈第169条）。

3.6.10　電気使用場所におけるその他の規制

電気使用場所における工事の主要なものは，すでに3.6.2項から3.6.9項までに述べたとおりであるが，電気設備技術基準及びその電技解釈では，これら一般の場所における規制のほか，特殊な機器等の施設として，電技解釈の第5章第4節に規制がなされている。例えば，小勢力回路の施設（電技解釈第181条），出退表示灯回路の施設（電技解釈第182条），放電灯の工事（電技解釈第185条），電気さくの施設（電技解釈第192条），電撃殺虫器の施設（電技解釈第193条），フロアヒーティング等の電熱装置（電技解釈第195条），電気温床等の施設（電技解釈第196条）パイプライン等の電熱装置の施設（電技解釈第197条）等である。

また，配線工事にあっては，粉じんの多い場所，可燃性ガス等の存在する場所の規制が一般の場合よりも厳しく規制されており，その反面，工事完了の日から4か月以内に限り使用される臨時工事的なものは，使用電圧が300 V 以下の低い電圧の場合に限り電線相互間等において緩和措置がある。このほか，300 V 以下の低圧屋内配線に限り，建設現場の照明用配線として，コンクリートの中に直接ケーブルを埋込んで行う工事が1年間の臨時工事として認められている（電技解釈第180条）。

3.7　電気鉄道及び鋼索鉄道

電気鉄道には，**直流式**と**交流式**とがあり，直流式では電食作用による障害，地球磁気等の観測障害，交流式では電磁誘導による通信障害等，それぞれ電気鉄道や鋼索鉄道による各種の障害が考えられるので規制が行われている。

表 3.42　電車線路の施設方法（解釈第 203 条，第 206 条，第 217 条）

<table>
<tr><th></th><th>使用電圧</th><th>施設方式</th><th>施設場所</th></tr>
<tr><td rowspan="4">電気鉄道</td><td rowspan="3">直流低圧
直流高圧</td><td>架空方式</td><td>高圧架空方式は専用敷地内に限る。</td></tr>
<tr><td>剛体複線式
（モノレール方式）</td><td>人が容易に立ち入らない専用敷地に限る。ただし，電車線の高さが，原則として 5 m 以上又は水面上に施設する場合は，この限りでない。</td></tr>
<tr><td>サードレール方式</td><td>地下鉄道，高架鉄道等の人が容易に立ち入らない専用敷地に施設する。</td></tr>
<tr><td>交流 25 kV 以下
三相交流低圧</td><td>架空方式</td><td>専用敷地内に施設する。</td></tr>
<tr><td colspan="2">鋼索鉄道の電車線</td><td>架空方式</td><td>規則なし</td></tr>
</table>

2.3.1 項で学んだように，電気鉄道の車両等については電気工作物から除かれている。その他の電気鉄道用の電気工作物についても，運輸関係法令により運輸保安の面から規制されていて，一般公衆に影響を及ぼさないものについては，国の二重規制を避ける意味から電気設備技術基準及びその解釈では適用除外されている事項が多い。すなわち，電気鉄道の専用敷地外に施設される電気工作物に関しては，一般公衆にも関係あることなので，電気設備技術基準で規制することとし，また，通信設備に与える障害，電食障害等に関しては電気鉄道の専用敷地内外にあるなしを問わず，この技術基準によることとしている（電技省令第 3 条，電技解釈第 2 条）。

（1）　電車線路の使用電圧の制限

電気鉄道の電車線路の電圧は，直流にあっては低圧又は高圧に限定されており，交流にあっては単相 25 kV 以下又は三相交流低圧に制限されている。鋼索鉄道（一般にケーブルカーと呼ばれる）の電車線の電圧は 300 V 以下としなければならない（電技省令第 52 条，電技解釈第 203 条，第 211 条，第 217 条）。

（2）　電車線路の施設制限

電車線路は，その施設方式により危険性も異なるもので，施設方法を表 3.42 のように限定し，その施設場所の規制を行っている（電技解釈第203条，第211条，第217条）。

（3）　電車線路の施設方法の概要

電車線路の規制は，電気設備技術基準及びその解釈では，前述のように主として専用敷地外に施設されるものに対し行われるもので，道路上に施設される低圧電車線に対するものが主である（電技解釈第205条，第206条，第217条）。その基本的事項は次のような点である。

①　低圧の架空電車線路の電線の太さ……直径7 mmの硬銅線以上

②　道路に施設される架空直流線路等の支持物の径間……60 m以下

③　架空直流電車線の軌条面上の高さ……原則として5 m以上

④　鋼索鉄道の電車線
- 太さ……直径7 mmの硬銅線以上
- 軌条面上の高さ……原則として4 m以上

⑤　電車線の絶縁抵抗
- 架空直流電車線
鋼索鉄道の電車線　｝10 mA/軌道延長1 km を超えないこと。
- サードレール及び剛体複線式100 mA/軌道延長1 km を超えないこと。

（4）　通信線に対する障害防止

電気鉄道の架空電車線，き電線，帰線等は，一般の電線路と同様に，施設方法が不適当であれば通信線に障害を及ぼす。これは主として**電波障害**と**電磁誘導障害**であって，静電誘導障害は電圧が比較的低いのであまり問題にならない。

電波障害防止については，パンタグラフと電車線との間の火花等により電波が発生するので，その電波が電車線の直下から電車線と直角の方向に10 m離れた地点で36.5 dB（準せん頭値）以下になるように施設することと定められており，測定方法などが規定されている（電技省令第42条，電技解釈第202条）。

電磁誘導障害防止については，架空弱電流電線と並行する場合に，直流式電車線路の場合については，離隔距離が次のように定められている。

直流複線式電車線及び電線……2 m以上

直流単線式電車線，き電線及び架空直流絶縁帰線……4 m 以上

ただし，この離隔だけで障害が防止できなければ，必要な対策を講じなければならない。なお，弱電流電線路がケーブルである場合，並行する距離が短い場合等で弱電流電線路の施設者の承諾を得た場合には，この規定によらなくても差し支えない（電技解釈第 204 条）。

交流式電気鉄道の場合には，十分な離隔をするか，軌条又は大地に通ずる電流を制限するか，その他適当な方法で施設することが規定されている（電技解釈第 213 条）。

（5） 地球の磁気及び電気の観測障害の防止

直流式電気鉄道の場合は，そのき電線，電車線及び直流帰線からの漏れ電流や磁力線のために，地球の磁気や電気の観測所の測定に障害を与えることが考えられるので，このような観測所から電車線路を十分離すとか，遮へい線を施設するなどして障害を与えないようにしなければならない（電技省令第 43 条）。

（6） 電食防止

電食は，直流式電気鉄道用の帰線が他の地中に施設された金属管（ケーブル，水道管，ガス管等）と接近並行する場合に特に問題となるものである。図 3.42 のように，帰線を通じて電源に戻るべき電流が，電気抵抗の差によって地中に漏えいし，近くの金属管を通ると，この電流が再び金属管から流出する箇所で電食を

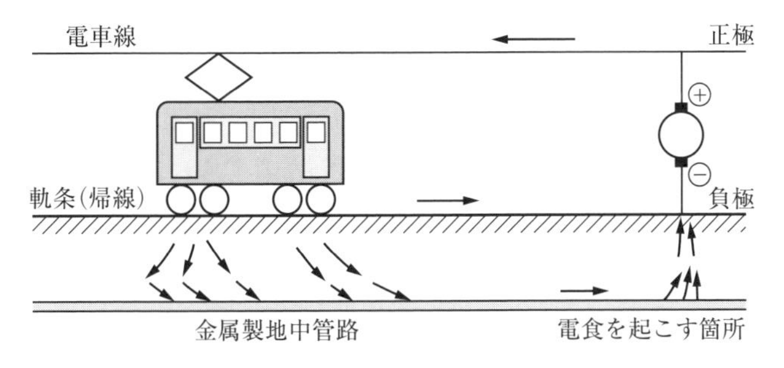

図 3.42　電食発生の例

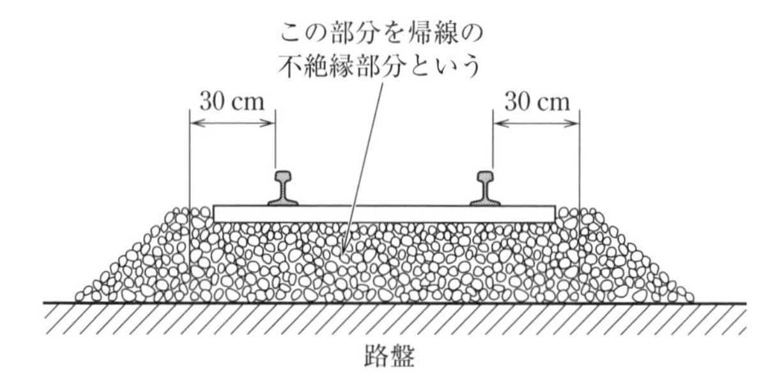

図 3.43　レール近接部分

起こし，金属管に穴をあける結果になる。したがって，この防止のためには，**帰線からの漏れ電流をなくすこと，帰線のレール近接部分と金属製地中管路とを離すこと，帰線の電気抵抗を小さくすること**が考えられる。電技省令では，これらについて次のような規定がある(電技省令第 54 条，電技解釈第 209 条，第 210 条)。

① 直流帰線は，図 3.43 のように，線路の両側 30 cm から内側の部分（この幅の範囲を**レール近接部分**という）を除いて，原則として大地から絶縁しなければならない。

② 直流帰線のレール近接部分が金属製地中管路と接近又は交差する場合には，1 m 以上離隔するか，あるいは相互間に不導体の離隔物を入れる。

③ 直流帰線のレール近接部分が金属製地中管路と 1 km 以内に接近する場合は，**その区間***の直流帰線は，次のように施設する。

（i） 直流帰線は，負極性とする。

（ii） 軌条の継目抵抗の和は，その区間の軌条だけの抵抗の 2 割以下に保ち，1 つの継目の抵抗は，その軌条の長さ 5 m の抵抗に相当する値以下にする。

（iii） 軌条は，特殊な箇所を除き，長さ 30 m 以上（軌道床の砂利，枕木等の厚さが 30 cm 以上の場合は 20 m 以上）にわたるように連続して溶接する。た

---

* その区間とは，図 3.44(a)のように，1 変電所のき電区域内において，その地中管路から 1 km 以内の距離にある 1 つの連続した帰線の部分をいう。ただし，図(b)のように，帰線と地中管路が 100 m 以内に 2 回以上接近するときは，その接近部分の中間において，離隔距離が 1 km を超えることがあっても，その全部を 1 区間とする（解釈第 209 条第 4 項）。なお，専用敷地等で軌道床の砂利，枕木等の厚さが 30 cm 以上の場合は，図(a)の 1 km 以内が，2 km 以内である場合の区間をいう（解釈第 209 条第 5 項）。

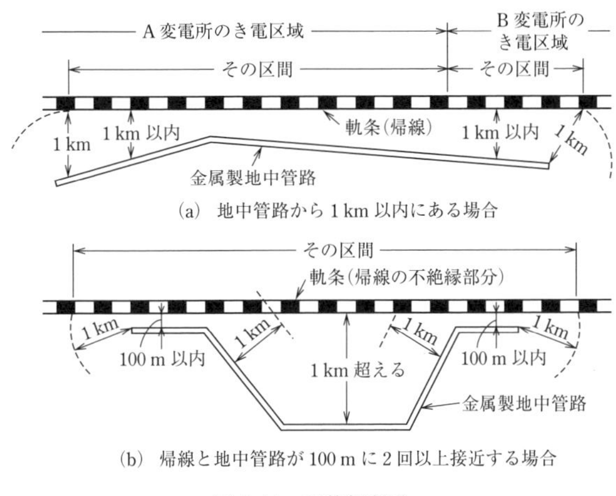

(a)　地中管路から 1 km 以内にある場合

(b)　帰線と地中管路が 100 m に 2 回以上接近する場合

図 3.44　不絶縁部分

だし，特に定められたボンドを溶接又はボルト締めにより 2 個以上取り付ける場合は，この限りではない。

(iv)　直流帰線のレール近接部分に通ずる 1 年間の平均電流による電位差は，定められた方法により計算し，その区間のいずれの 2 点間においても 2 V 以下（軌道床の砂利，枕木等の厚さが 30 cm 以上の場合は，15 V 以下で，かつ，こう長 1 km につき 2.5 V 以下）であること。

(v)　直流帰線のレール近接部分は，排流器を施設する場合を除いて，大地との電気抵抗値が低い金属体と電気的に接続するおそれがないようにすること。ただし，車庫等の場合で，金属製地中管路の電食防止のため帰線を開閉する装置がある場合は，この限りでない。

④　以上①～③のような対策によってもなお障害のある場合は，一般には直流帰線と地中管路を電気的に接続することは禁止されているが，この場合に限り，直流帰線と金属製地中管路との間に，**排流線**又は**排流器**を設けて，金属製地中管路に通じる電流を阻止するような施設を置くことにより，対策をすることができる。この場合にも，さらに他の地中管路の電食を増加させないように，その施設方法が規定されている。

(7)　交流式電気鉄道による障害

交流式電気鉄道には，電食による障害はないが，すでに(4)項で述べた通信障害のほかに，交流式特有のものとして，電圧不平衡による障害，誘導電圧による危険がある。

a)　電圧不平衡による障害防止　交流式電気鉄道は，東海道新幹線に使用される等その単相容量も大きいので，三相電源に著しい不平衡を生じさせることがある。電圧の不平衡が著しいと電気事業者の発電機，調相機，変圧器等に温度上昇をもたらせたり，保護装置の誤動作をもたらすことにもなるので，電圧不平衡率の許容限度は3％以内にすることが定められている（電技省令第55条，電技解釈第212条）。

b)　誘導電圧による危険防止　交流電車線は，電圧も22 kV，25 kVと直流に比べて高いので，電車線と並行して施設される金属製欄干等の人の触れるおそれのある金属製の物には，D種接地工事をする。また，電車線と並行する低圧や高圧の架空電線には，遮へい線や吸上変圧器の施設等の適当な施設をすることにより，危険な電圧の発生を防止する（電技解釈第214条，第216条）。

(8)　その他の規制

(1)項から(7)項までの規制のほか，電気鉄道関係では，電車線と架空弱電流電線，植物等が接近する場合の規制，架空絶縁帰線の規制，吸上変圧器の施設規制等が行われている。

3.8　国際規格の取り入れ

IEC規格は，国際電気標準会議（International Electrotechnical Commission）が定めた規格であり，ヨーロッパをはじめ広く世界各国で採用されている。平成11年（1999年）11月1日の改正により「IEC規格60364低圧電気設備」が，平成22年（2010年）1月20日の改正により「IEC規格61936-1交流1 kV超過電気設備」が電気設備技術基準の解釈の中に取り入れられた。

IEC 60364 規格は，公称電圧交流 1 000 V または直流 1 500 V 以下の電圧で供給される住宅施設，商業施設及び工業施設に適用されるものである。IEC 規格 61936-1 は，公称電圧交流 1 000 V 超過の変電所，柱上の電気設備，工場用等の電力設備に適用される。

3.8.1　IEC 規格 60364（低圧電気設備）の適用

技術基準の解釈に第 7 章「国際規格の取り入れ」が設けられ，電技解釈第 218 条として次に示す条文が規定された。

IEC 60364 規格の適用（省令第 4 条）

第 218 条　需要場所に施設する省令第 2 条第 1 項に規定する低圧で使用する電気設備は，第 3 条から第 217 条までの規定によらず，218-1 表に掲げる日本産業規格又は国際電気標準会議規格の規定により施設することができる。ただし，一般送配電事業者及び特定送配電事業者の電気設備と直接に接続する場合は，これらの事業者の低圧の電気の供給に係る設備の接地工事の施設と整合がとれていること。

2　同一の電気使用場所においては，前項の規定（以下「IEC 関連規定」という。）と第 3 条から第 217 条までの規定とを混用して低圧の電気設備を施設しないこと。ただし，次の各号のいずれかに該当する場合は，この限りでない。この場合において，IEC 関連規定に基づき施設する設備と第 3 条から第 217 条までの規定に基づき施設する設備を同一の場所に施設するときは，表示等によりこれらの設備を識別できるものとすること。

一　変圧器（IEC 関連規定に基づき施設する設備と第 3 条から第 217 条までの規定に基づき施設する設備が異なる変圧器に接続されている場合はそれぞれの変圧器）が非接地式高圧電路に接続されている場合において，当該変圧器の低圧回路に施す接地抵抗値が 2 Ω 以下であるとき

二　第 18 条第 1 項の規定により，IEC 関連規定に基づき施設する設備及び第 3 条から第 217 条までの規定に基づき施設する設備の接地工事を施すとき

3　配線用遮断器又は漏電遮断器であって，次に適合するものは，218-1 表に掲げる規格の規定にかかわらず，使用することができる。

第一号，第二号（省略）

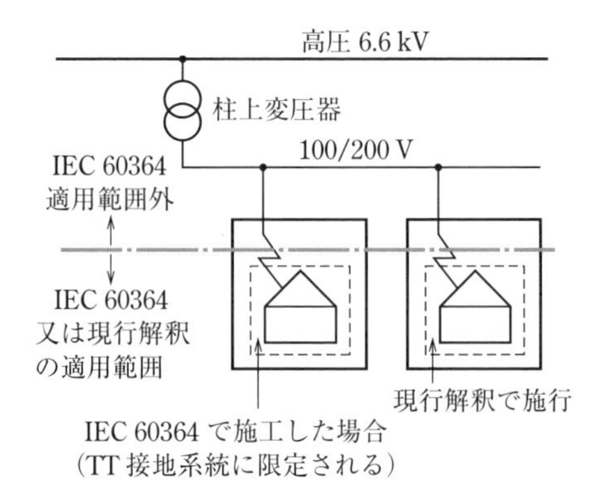

図 3.45 低圧需要家に IEC 60364 を適用する場合

この条文の**第1項**は，218-1 表（省略）* に掲げられている IEC 規格（IEC 規格を日本語に翻訳したものが JIS C 0364 として定められている）により，需要場所の低圧電気設備を施設することができることを定めている。ただし書きは，IEC 規格の接地系統は，我が国の接地方式と異なるものも認めているので，電気を供給する電気事業者の配電線に直接接続される低圧電路の接地は，電気事業者と同一のものでなければならないとしている。

IEC 規格の接地方式のうち，我が国の低圧配電線（低圧の一端子または中性点接地）と同一のものは，後述するように IEC 規格の TT 接地系統であるので，直接接続される場合の需要設備の接地は **TT 接地系統**に限られる（図 3.45 参照）。

第2項は，同一の電気使用場所において，電技解釈により施設したものと IEC 規格により施設したものが混在することは好ましくなく，特に接地方式が異なる場合は事故にもなりかねないので，解釈と IEC 規格を同一建物内の使用場所の低圧設備に適用することを禁止している。ただし書きの第一号及び第二号による施設は，高低圧混触事故が発生した場合に低圧機器の外箱の対地電位の上昇が 50 V 以下に抑制できる施設である。IEC 規格と同一の内容の施設であることから IEC

* 解釈の 218-1 表は，解釈で導入される IEC 60364 の 1～7 まで規格の一覧表である。27 の規格がある。

規格による施設と本規程による施設を同一使用場所に施設することを認めている。

特別高圧や高圧の設備については，解釈により施設し，二次側の低圧設備について IEC 規格ですべて施設することは何ら支障はない。

同一需要家構内に複数の電気使用場所がある場合は，一使用場所内での規格の混用が禁止されているが，使用場所ごとに IEC 規格を適用したり，解釈を適用することは禁止されていない。

第 3 項は，IEC 60364 では，施設に使用する電気器具や電線は，IEC 規格に適合したものを使用することが規定されているが，最近 IEC 規格に適合した電線や配線用遮断器及び漏電遮断器の JIS 規格が制定されているので，これらのものを使用できることを規定している。

3.8.2　IEC 規格 60364 の概要

電技解釈第 218 条の 218-1 表は解釈で導入した規格の一覧表であるが，この構成を示すと図 3.46 のようになる。

電技解釈には，これらすべてが取り入れられたわけではなく，消防関係から要求される予備電源関連の施設，火災時等の避難経路における配線設備方法，可燃性物質等の処理または貯蔵してある場所の配線等，我が国では消防関連の基準で規制されているものは，取り入れられていない。

（1）　IEC 60364 の規制内容の概略

IEC 60364 の構成は，図 3.46 に示されているように，第 1 部（IEC 60364-1）〔通則〕，第 2 部（IEC 60364-2）〔用語の定義〕が総則的なもので，第 3 部（IEC 60364-3）〔一般的特性の評価〕から第 6 部（IEC 60364-6）〔検証〕までが，それぞれの部内の内容に応じて具体的な内容が定められている。第 7 部（IEC 60364-7）〔特殊場所〕は，各節に掲げられているシャワーやプール等の特殊な設備に対する基準で，一般的な安全基準は第 3 部から第 6 部の基準が準用されている。

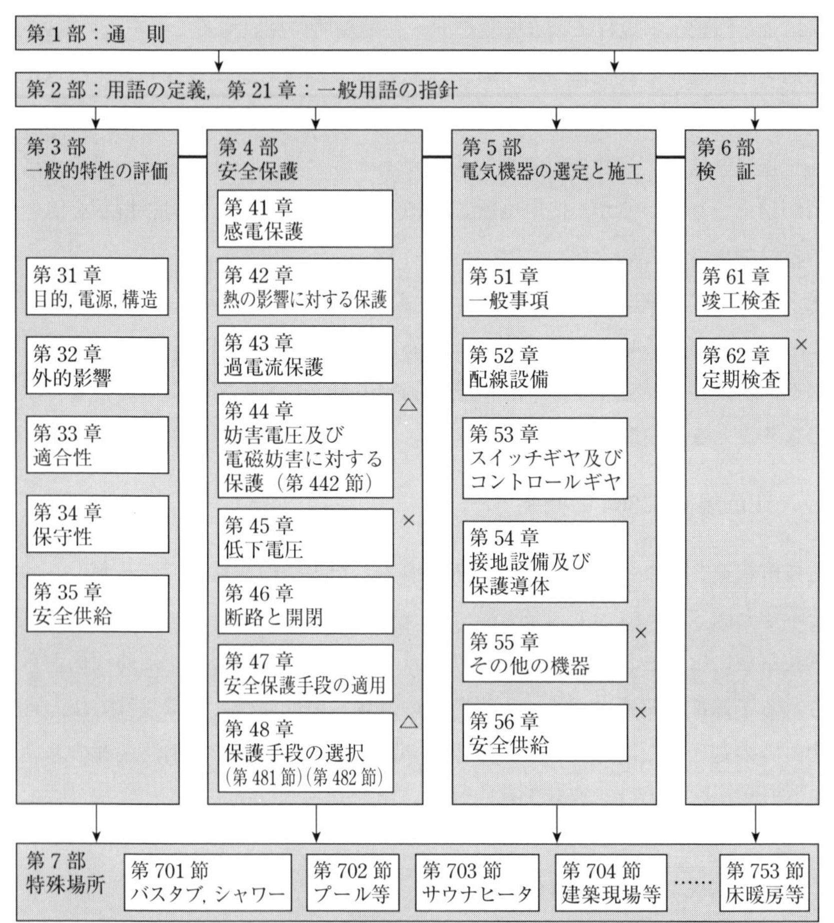

〔注〕△：その章の一部のみが解釈に採用された章を示す（一般採用された節は（　）で示す）。
×：解釈に採用されなかった章を示す。

図 3.46　IEC Publication 60364：低圧電気設備及び建築電気設備

（2）　第3部　一般的特性の評価（IEC 60364-3）

ここでは，接地方式を**TN 方式**，**TT 方式**，**IT* 方式**の3種類に分類し，各接地の適用場所と接地方法について定めている。接地方式は電気保安上最も重要な項目の1つであり，我が国では，TN 方式や IT 方式は採用されていないので，これらの接地については今後具体的な施設方法の検討が行われることが期待される。

このほか，配電方式，設備環境について定めている。参考に重要なものの例を掲げておく。

a） 配電方式

〔交流系統〕 単相2線，単相3線，三相3線（3L），三相4線（3L＋N），三相5線（3L＋N＋PE）

〔直流系統〕 2線（2L），3線（2L＋MまたはPE）

（注） Lは相電線，Nは中性線，PEは保護導体（接地用の導体のこと）を示す。

b） 接地方式 接地方式は，三相交流系統において，前述のように3つに分けて定められている。

① **TN接地系統** この接地方式の代表的な例として，三相4線式の場合を図3.47に示してある。この接地方式の特徴は，機器の金属製外箱（IEC規格では，**露出導電性部分**という）が保護導体（PE：電気機器の金属製外箱の接地導体）を通して，PEN（保護導体と中性線兼用の導体，PE＋N（中性線））に接続され，それにより電源の中性点に連絡されていることである。この系統に図3.47に示すような地絡が発生すると，地絡電流I_aは中性線や保護導体等を通して流れ，大地を経由しないため，短絡電流に相当する大きな電流となる。この電流の遮断は過電流保護装置が行うことになるが，その際に重要なのは遮断時間である。

$I_a \times Z_s \leqq V_o$（Z_sは故障ループのインピーダンス，V_oは公称対地電圧）の式により，I_aは決められた時間内に保護装置が自動遮断する電流で，V_o＝230〔V〕の場合0.4秒内と定めている（本来，遮断時間は，推定接触電圧の大きさ（人体に流れる

＊ これら接地端子の略号TN，TT，ITの意味は，それぞれ次のことを意味している。

ア）一番目の文字：電源と大地の関係を示す。

T：大地へ1点で直接接続（Terreというフランス語の頭文字で大地を意味する）。

I：電源と大地が絶縁（非接地またはインピーダンスによる接地）されている（Iは，Insulation絶縁の頭文字）。

イ）二番目の文字：電気設備の露出導電性部分と大地との関係を示す。

T：電源の接地極とは独立した接地極と露出導電性部分の直接接続を意味する。

N：電源の接地点と露出導電性部分の直接接続（接地点は通常中性点である。Neutralの頭文字）。

ウ）三番目の文字：中性線及び保護導体の配列を示す。

S：中性線と保護導体が分離（Separated）されていることを表す。

C：中性線と保護導体が単一導体として組み合わされた（Combined）ことを表す。

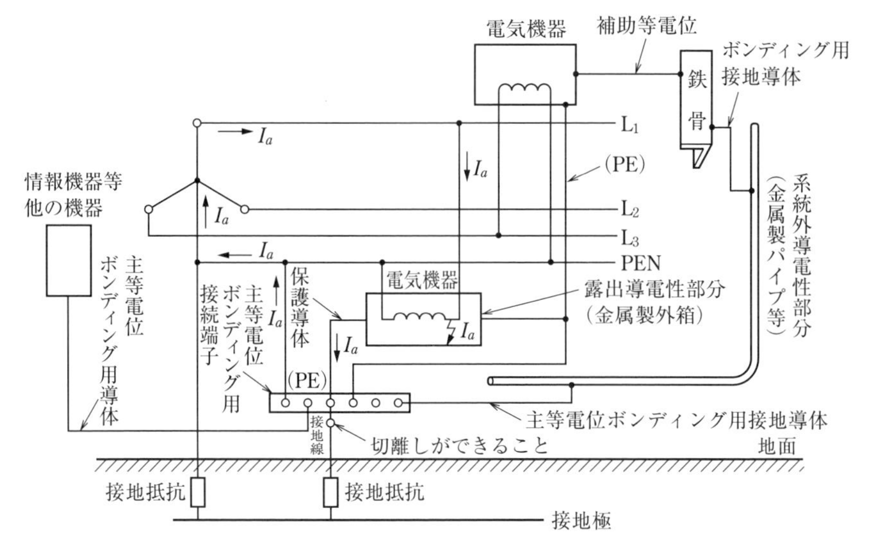

図 3.47　三相4線式 TN 接地系統の例

電流）との関係で定めるべきものであるが，長い経験により電圧ごとに遮断時間を定めている。IEC 60364-表 41A)。

この接地方式は，系統，電源接地極と保護導体の接地極の電気的分離ができない場所に適しており，ビル・工場の設備一般に用いられる。

この方式は，さらに中性線（N）と保護導体（PE）の配列により，次の3つに分かれている（図 3.47 は，N と PE を兼ねた PEN 1本で TN-C 方式である)。

- **TN-S 系統**：配電線の全系統を通して，中性線 N と保護導体 PE をもっている系統をいう。
- **TN-C 系統**：配電線の全系統を通して，中性線 N と保護導体 PE の機能が単一導体に組み合わされている系統をいう。
- **TN-C-S 系統**：配電線の系統の一部において，中性線 N 及び保護導体 PE の機能が単一に組み合わされている系統をいう。

②　**TT 接地系統**　　電源電路の接地（日本の B 種接地工事に相当）の接地極と露出導電性部分の接地（電気機器の外箱接地，日本の C 種・D 種接地工事）の

接地極が，それぞれ独立している接地系統で，我が国の接地系はこれに該当する。この方式は，電源電路の接地極と保護導体接地極の電気的分離が可能な場所にだけ適用ができる。一般のビル・工場や農場等に推奨される。

③　**IT 接地系統**　電源電路は，直接の接地点をもたないので，非接地又は三相の一端子の抵抗接地をした系統である。機器の露出導電性部分は接地される。この方式は，化学工場や病院手術室等に用いられる。我が国でも混触防止板付き変圧器により，低圧側を非接地にした低圧回路は病院等で使用されている。

④　**等電位ボンディング**　図 3.47 に示すように，IEC 規格においては感電保護の対策として，「**等電位ボンディング**」が重要視されている。等電位ボンディングは，人が接近可能な導電体部分はすべて接地線で連結されているので，その間に電位差が生じないこと，すなわち「等電位」になることにより，感電を防止する方式である。

図 3.47 に示すように，系統外導電性部分（水道管，ガス管，空調設備，建屋鉄骨等）は，主等電位ボンディング用接地端子に電気的に接続することにより等電位が形成される。1 つの電源で多くの建物に電気を供給している場合は，主等電位ボンディングは，水道管やガス管の建物の引込口において行われ，各建物内に別々の等電位領域が形成される。地絡故障時等に，この領域の接地端子は大地電圧以上数〔V〕の電圧になることはあっても，この端子に接続されているすべての電気機器や水道管等が同電位になるので，感電の危険はない。

なお，等電位ボンディングは，上記接地系統の種類に関係なく感電防止に役だつが，接地系により重要度は異なる。TN 接地系統においては，避雷針の接地極も保護導体のものと共用されることから，特に重要である。

（3）　第 4 部　安全保護（IEC 60364-4）

第 4 部では，安全保護として，感電保護，熱の影響に対する保護，過電流保護，過電圧保護に分けて定められている。

①　**感電保護**　IEC 規格における感電保護体系は，図 3.48 に示すように詳細かつ，体系的に定められている。

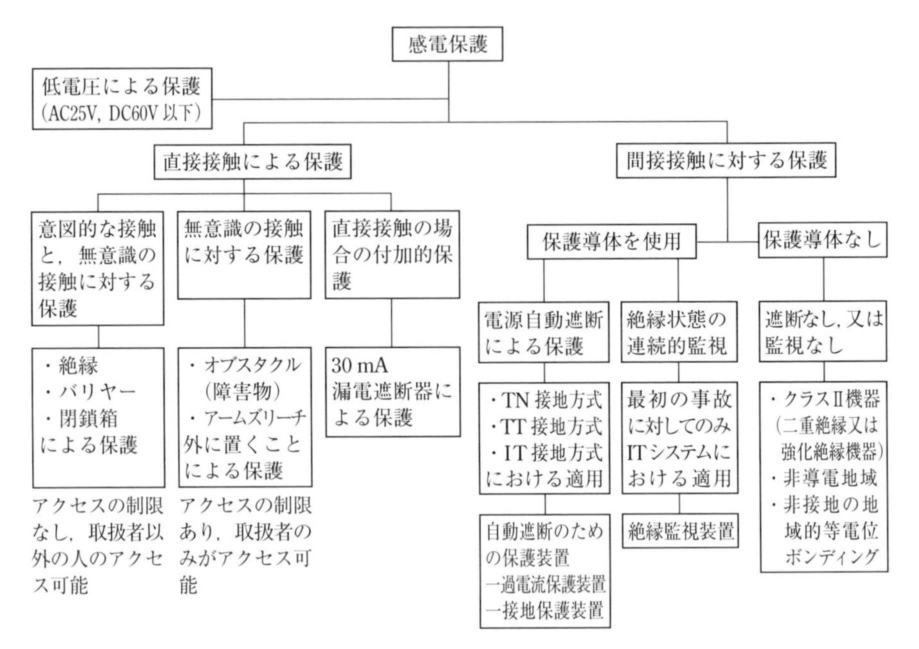

図 3.48 IEC 規格における感電保護の体系

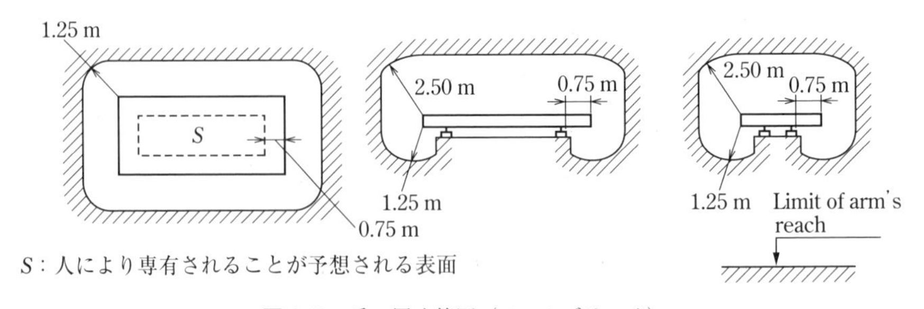

図 3.49 手の届く範囲（アームズリーチ）

感電保護対策として，充電部に直接接触しないようにすることを中心とした「**直接感電保護**」と機器の絶縁破壊による感電を防止するための「**間接感電保護**」に大きく分けられている。

表中の「アームズリーチ（手の届かない所）」について具体的に図 3.49 のように

表 3.43　標準電圧（IEC 38）

三相 4 線式又は三相 3 線式系		単相 3 線式系
公称電圧〔V〕		公称電圧〔V〕
50 Hz	60 Hz	60 Hz
—	120/208	120/240
—	240	—
230/400	277/480	—
400/690	480	—
—	347/600	—
1 000	600	—

定めている。

② **熱の影響に対する保護**　電気機器が発生する熱による火災，やけど，過熱に対する保護について定めている。

③ **過電流保護**　保護器の種類，過負荷保護（電源と保護器の協調），短絡保護（電線及び接続部の危険の熱的・機械的影響，短絡電流の算定），過負荷と短絡保護の協調について定めている。

④ **過電圧保護**　IEC 60364-4-442 では，高圧側電路の地絡に対する低圧設備の保護，雷サージ，開閉サージの保護について定めている。また雷サージ，開閉サージ保護のため，雷インパルス耐電圧について定めている。

（4）第 5 部　電気機器の選定及び施工（IEC 60364-5）と第 6 部　検証

電気機器の選定及び施工に関して規定しており，その主要点は，機器の設置される場所と温度，湿度，水分，機器への侵入物の存在，腐食，汚染物質の存在，衝撃や振動の程度等の各種の外的条件により区分し，それぞれの場所に応じた機器の選定と施工方法を定めている。

① **一般事項**（IEC 60364-51）

- 各電気機器は，IEC または ISO の規格に適合することを原則としている。
- 標準電圧を定めている（表 3.43 参照）。
- 外的影響を上述のように分類し，場所により使用できる機器のクラスを定め

表 3.44　配線方式の選定（IEC 60364-521 の表 52F）

電線及びケーブル		施設方法							
		固定せず	直接固定	電線管	ケーブルトランキング（幅木型，床面埋込型を含む）	ケーブルダクト	ケーブルラダー，ケーブルトレイ，ケーブルブラケット	がいし引き	支持用線
裸電線		×	×	×	×	×	×	○	×
絶縁電線		×	×	○	○	○	×	○	×
外装ケーブル（金属がい装及び無機絶縁を含む）	多心	○	○	○	○	○	○	▲	○
	単心	▲	○	○	○	○	○	▲	○

〔注〕 ○：認められる。 ×：認められない。 ▲：適用できない，又は実用上一般的に使用しない。

ている。

- 識別：専用の中性線，保護導体の識別は IEC 60446（絶縁電線及び裸導体による識別）によることとしている。

例：保護導体は，緑と黄の組み合わせのほか，薄青，黒，茶が望ましいとしている。また，絶縁した PEN 導体は，全長にわたり緑と黄，さらに端末の薄青によって表示するか，全長にわたり薄青，さらに端末に緑と黄を表示することが定められている。

② **配線設備**（IEC 60364-5-52）　配線方式の選定は，使用する電線の種類により表 3.44 のように規定しているほか，施設方法について定めている。

③ **スイッチギヤ及びコントロールギヤ**（IEC 60364-53）　多極開閉器の同時投入，中性線の単極開閉器の禁止等，一般規制のほか，過電流保護装置，漏電遮断の責務，施設方法，断路器について規定している。

④ **接地設備及び保護導体**（IEC 60364-5-54）　接地極，接地線，保護導体について，性能や導体の太さ，等電位ボンディング用導体の太さ等について定められている。例えば，保護導体の最小太さは，設備の線導体の太さに応じて表 3.45 のように定められている。

⑤ **検証**（IEC 60364-61）　電気設備が規格に適合しているかどうかを確認

表 3.45　保護導体の最小断面積（IEC 60364-54 の表 54F）

設備の線導体の断面積　S〔mm^2〕	保護導体の最小断面積　Sp〔mm^2〕
$S \leqq 16$	S
$16 < S \leqq 35$	16
$S > 35$	$S/2$

表 3.46　絶縁抵抗の最小値（IEC 60364-612 の表 61A）

公称回路電圧　〔V〕	試験電圧 直流〔V〕	絶 縁 抵 抗〔MΩ〕
SELV（非接地回路）と機能特別低電圧：回路が絶縁変圧器（IEC 60364-411.1.2.1）から供給され，IEC 60364-411.1.3.1 の要求事項（他回路から電気的に分離していること）を満足する場合	250	≧ 0.25
500 V 以下（上記を除く）	500	≧ 0.5
500 V 超過	1 000	≧ 1.05

〔注〕（1）　絶縁抵抗は各回路ごとに，機器を接続しない状態で行う。
（2）　回路の電子機器がある場合は，相と中性線を接続し，大地間のみの測定を行う。

するため，電気設備を使用する前に行う竣工検査について定めている。

各電気設備について，できる範囲内で目視点検を行うほか，絶縁抵抗については，表 3.46 のように回路ごとに最小値が定められている。

（5）　第 7 部　特殊設備又は特殊場所に関する要求事項

第 7 部は，第 701 節から第 753 節において，電技解釈第 218 条の 218-1 表（省略）に掲げてあるように，バスタブ，水泳プール以下床暖房の設備について，一般事項だけでは安全が確保されない項目について規定している。

3.8.3　IEC 規格 61936-1 の取り入れ（第 219 条）

IEC 規格 61936-1（交流 1 kV を超える電気設備の一般規格）が，電技解釈第 219 条として取り入れられた。

IEC 61936-1 規格の適用（省令第4条）

第219条　省令第2条第1項に規定する高圧又は特別高圧で使用する電気設備（電線路を除く。）は，第3条から第217条の規定によらず，国際電気標準会議規格 IEC 61936-1（2014）Power installations exceeding 1 kV a.c.-Part 1: Common rules（以下この条において「IEC 61936-1 規格」という。）のうち，219-1表の左欄に掲げる箇条の規定により施設することができる。ただし，同表の左欄に掲げる箇条に規定のない事項，又は同表の左欄に掲げる箇条の規定が具体的でない場合において同表の右欄に示す解釈の箇条に規定する事項については，対応する第3条から第217条までの規定により施設すること。

2　同一の閉鎖電気運転区域（高圧又は特別高圧の機械器具を施設する，取扱者以外の者が立ち入らないように措置した部屋又はさく等により囲まれた場所をいう。）においては，前項ただし書の規定による場合を除き，IEC 61936-1 規格の規定と第3条から第217条までの規定とを混用して施設しないこと。

3　第1項の規定により施設する高圧又は特別高圧の電気設備に低圧の電気設備を接続する場合は，事故時に発生する過電圧により，低圧の電気設備において危険のおそれがないよう施設すること。

（219-1表　省略）

IEC 61936-1 は，電圧交流 1 kV を超える電気設備のうち「変電所（配電網における閉鎖電気運転区域；開閉装置及び/又は変圧器」，「柱上，ポール又は塔上の電気設備（開閉装置，変圧器）」，「発電所（開閉装置，発電機，変圧器）及び「工場用，工業プラント用又は他の工業用，農業用，商業用又は公共施設の電気設備」を規制の対象としている。送配電線等の電線路に関する規定は除かれている。

IEC 61936-1 規格のうち適用できる箇条が「219-1表」（表 3.47 参照）に掲げられている。この規格の箇条数は 252 箇条にもなるが，規定されている内容は定性的なものが多く，また，我が国では日本電気協会の「発電設備規程」や「変電設備規程」等の民間規程として規定されている内容のものも多くある。電技解釈と同程度の具体的な規定は少ないが，この規格の導入を検討する時点において，その導入の可否が検討され，電技解釈より安全上適切でないものは導入されていない。民間マニュアル的な規定は，特に安全上支障のないものは，我が国の技術レベルの向上になるので導入されている。定性的な規定については，導入しても特

表 3.47　219-1 表（IEC 61936-1 規格は和訳）

<table>
<tr><th>IEC 61936-1 規格の箇条</th><th>対応する解釈の箇条</th></tr>
<tr><td>1.　適用範囲</td><td>—</td></tr>
<tr><td>3.　用語の定義</td><td>—</td></tr>
<tr><td>4.　基本的要求事項</td><td></td></tr>
<tr><td>4.1　一般事項</td><td>—</td></tr>
<tr><td>4.2　電気的要求事項</td><td></td></tr>
<tr><td>4.2.1　中性点接地方法</td><td>—</td></tr>
<tr><td>4.2.2　電圧階級</td><td>第 15 条，第 16 条</td></tr>
<tr><td>4.2.3　通常運転における電流</td><td>—</td></tr>
<tr><td>4.2.4　短絡電流</td><td>—</td></tr>
<tr><td>4.2.5　定格周波数</td><td>—</td></tr>
<tr><td>4.2.6　コロナ（※ 1）</td><td>第 51 条</td></tr>
<tr><td>4.2.7　電磁界（※ 2）</td><td>第 31 条，第 39 条，第 50 条</td></tr>
<tr><td>4.2.8　過電圧</td><td>第 37 条</td></tr>
<tr><td>4.2.9　高調波</td><td>—</td></tr>
<tr><td>4.3　機械的要求事項</td><td>第 46 条第 2 項，第 58 条</td></tr>
<tr><td>4.4　気候的及び環境的条件</td><td></td></tr>
<tr><td>4.4.1　一般事項</td><td rowspan="2">第 58 条，第 141 条，第 176 条</td></tr>
<tr><td>4.4.2　通常条件（※ 3，※ 4）</td></tr>
<tr><td>4.4.3　特殊な条件（※ 3）</td><td>—</td></tr>
<tr><td>4.5　特別要求事項</td><td></td></tr>
<tr><td>4.5.1　小動物及び微生物の影響</td><td rowspan="2">—</td></tr>
<tr><td>4.5.2　騒音レベル（※ 5）</td></tr>
<tr><td>5.　絶縁</td><td rowspan="7">—</td></tr>
<tr><td>5.1　一般事項</td></tr>
<tr><td>5.2　絶縁レベルの選定</td></tr>
<tr><td>5.3　耐電圧の検証</td></tr>
<tr><td>5.4　充電部の最小離隔距離（※ 6）</td></tr>
<tr><td>5.5　特殊条件下の部分間の最小離隔距離</td></tr>
<tr><td>5.6　試験済設備の接続部分</td></tr>
<tr><td>6.　機器</td><td></td></tr>
<tr><td>6.1　一般的要求事項</td><td>—</td></tr>
<tr><td>6.2　個別要求事項</td><td></td></tr>
<tr><td>6.2.1　開閉装置</td><td>第 23 条</td></tr>
<tr><td>6.2.2　電力用変圧器とリアクトル</td><td>—</td></tr>
<tr><td>6.2.3　工場で製造し型式試験した開閉装置</td><td>第 40 条第 1 項</td></tr>
</table>

表 3.47　219-1 の表（続き）

IEC 61936-1 規格の箇条	対応する解釈の箇条
6.2.4　計器用変成器	—
6.2.5　避雷器	—
6.2.6　コンデンサ	—
6.2.8　がいし	—
6.2.9　絶縁ケーブル	第9条，第10条，第11条，第120条，第121条，第123条，第124条，第125条，第132条第2項，第168条第1項，第2項，第169条第1項，第2項，第171条第3項，第4項
6.2.10　導体及び附属品	—
6.2.11　回転機	第21条，第22条，第42条，第43条，第153条，第176条
6.2.12　発電機	第41条，第42条，第47条
6.2.13　発電機の主接続	—
6.2.14　静止型電力変換装置	第21条，第22条
6.2.15　ヒューズ	第21条，第22条，第23条
6.2.16　電気的・機械的インターロック	—
7. 設備	
7.1　一般的要求事項	—
7.1.1　回路設計	第36条第3項，第4項，第5項
7.1.2　図書	—
7.1.3　輸送ルート（①を除く）	—
7.1.4　通路及び立入可能領域	—
7.1.5　照明	—
7.1.7　ラベルの貼付	—
7.2　開放型屋外設備	—
7.2.1　保護バリア離隔距離	
7.2.2　保護オブスタクル離隔距離	
7.2.4　作業範囲外の最低高さ	
7.2.6　外部フェンス又は壁及びアクセスドア	
7.3　開放型屋内設備	—
7.4　工場で生産され型式試験された開閉装置の据え付け	
7.4.1　一般事項	—
7.4.2　ガス絶縁金属閉鎖開閉装置に関する追加要求事項（7.4.2.2 を除く）	
8. 安全手段	—
8.1　一般事項	—

表 3.47　219-1 の表（続き）

IEC 61936-1 規格の箇条	対応する解釈の箇条
8.2　直接接触保護	
8.2.1　直接接触保護手段	—
8.2.2　保護の要求事項（※ 7，※ 8）	—
8.3　間接接触の場合の人的保護手段	
8.4　電気設備に関する作業時の人的保護手段（8.4.6 を除く）	—
8.5　アーク事故が引き起こす危険からの保護	—
8.7　火災に対する保護	
8.7.3　ケーブル	第 120 条第 3 項，第 125 条，第 168 条第 2 項，第 175 条，第 176 条，第 177 条
8.8　絶縁性液体及び SF_6 の漏えいに対する保護	—
8.9　識別及び表示（8.9.5 を除く）	—
9. 保護，制御及び補助システム	
9.1　監視制御システム（※ 3）	第 34 条第 1 項，第 35 条，第 36 条，第 42 条，第 43 条，第 44 条，第 45 条，第 47 条，第 48 条
9.2　直流及び交流供給回路	—
9.3　圧縮空気システム	第 23 条，第 40 条
9.4　SF_6 ガス取扱プラント	—
9.5　水素作業物	第 41 条
9.6　制御システムの電磁両立性に関する基本規則	—
10. 接地システム	
10.1　一般事項	—
10.2　基本的要求事項	第 17 条(接地抵抗値に係る部分を除く)，第 18 条第 2 項
10.3　接地システムの設計	第 19 条
10.4　接地システムの施設	—
10.5　測定	—

〔注〕※ 1：架空電線路からの電波障害の防止については，第 51 条の規定によること。
※ 2：電界については，省令第 27 条の規定によること。
※ 3：地震による振動を考慮すること。
※ 4：風速に対する条件は，省令第 32 条及び省令第 51 条の規定によること。
※ 5：省令第 19 条第 11 項の規定によること。
※ 6：気中最小離隔距離の値は，電気学会電気規格調査会標準規格 JEC-2200-1995「変圧器」の「表Ⅲ-5 気中絶縁距離（H_0）および絶縁距離設定のための寸法（H_1）」に規定される気中絶縁距離の最小値によること。
※ 7：上部離隔距離については，第 21 条又は第 22 条第 1 項の規定によること。
※ 8：7.2.5 の参照に係る部分を除く。

に支障がないことからほとんど導入されている。

IEC 61936の中には，消防設備や労働安全衛生法上の規格も多くあるが，これら経済産業省以外の省庁関連の規定のうち，他法令で規制の対象となっているものは，導入されていない。

第1項ただし書きは，IEC 61936-1の規格に規定されていない設備であって，解釈に規定されている設備は当然のことながら解釈の規定によることとしている。また，IEC 61936-1の規格の内容が定性的であり，その規格に関連する電技解釈がある場合（「219-1表」の対応する電技解釈の箇条）は，電技解釈により施設することになる。

第2項は，第1項ただし書きの規定により，IEC規格と電技解釈とを同時に適用して施設することを認めているが，このただし書きの規定によらないで，IEC 61936-1と電技解釈を混用することを禁止している。

第3項は，電圧交流1 kV超える電気設備，いわゆる高圧電気設備をIEC 61936-1により施設することにより，事故時の過電圧により低圧電気設備に影響を与えないことを規定している。

3.8.4　IEC規格61936-1の概要

IEC規格61936-1のうち，導入された規格は，電技解釈第219条の219-1表に掲げられているが，IEC規格61936-1は現在JIS化されていないので，IEC規格の原文がそのままの箇条として掲げられている。この導入に当たって日本電気技術規格委員会において検討した際に，この規格を翻訳した例があるので，この規格を理解していただくために，和文の表を掲げておく。

219-1表の注（※1～8）には，IEC 61936-1の適用に当たって考慮すべき事項が記載されている。例えば，「4.4.2 通常条件（Normal conditions）」の項においてIEC規格では風圧は風速34 m/s以上として算定することとなっているが，電技省令で定められている架空電線路の風圧荷重計算の基本となる風速10分間平均40 m/sとすることとされている。また，「5.4 充電部の最小離隔距離」においては，JEC-2200-1995の表Ⅲ-5の離隔を適用することとしている。

このように，IEC 61936-1 の規格を導入して施設することができるが，電技省令や電技解釈の規定も考慮すべきことを定めている。

3.9　発電設備の電力系統への連系技術要件

低圧から特別高圧までの発電設備を電力会社の系統に連系して運転する場合の技術要件を定めていた「系統連系技術要件ガイドライン」（通達）のうち，保安に係る部分が平成 16 年（2004 年）10 月 1 日付けで電気設備技術基準の解釈に第 8 章として取り入れられた。この規定は，電気事業法第 38 条第 4 項第四号に掲げる事業を営む者以外の者が設置する発電設備（分散型電源）であって，一般送配電事業者が運用する電力系統に連系する場合は適用されない。

上記の連系ガイドラインのうち，「力率」や「電圧変動」等の電力品質の保持に係わる規定については，新たに「電力品質確保に係る系統連系技術要件ガイドライン」として通達により定められている。

（1）　連系の基本的な考え方

自家用電気工作物発電機を高圧系統や特別高圧系統に連系する場合又は一般用電気工作物として小規模発電設備を低圧系統に連系する場合の基本的な考え方は，配電系統等が停電した場合にこれらの発電設備が配電線に連系したまま運転される状態（これを「**単独運転**」という）を防止することにある。その他の事項としては，配電系統の短絡容量や負荷電流の増加による影響の防止，配電系統の再閉路時の事故防止である。これらのために，どのような系統連系保護装置を施設しなければならないかを規定している。

（2）　連系技術要件

a）　直流流出防止変圧器の施設　　逆変換装置から直流が系統に流出することを防止する単巻変圧器以外の変圧器を，特別な場合を除き，施設すること（電技解釈第 221 条）。

b）　限流リアクトルの施設　　発電設備の連系により，系統の短絡容量が発電設備設置者以外の者の遮断器の遮断容量又は電線の瞬時許容電流を上回るおそれがあるときは，発電設備設置者において限流リアクトルその他の短絡電流制限装置を施設すること（電技解釈第222条）。

c）　自動負荷制限装置　　低圧配電線に連系する場合を除き，発電機が脱落した場合に，配電線が過負荷になるおそれのあるときは，自動的に自身の構内負荷を制限できるように施設すること（電技解釈第223条）。

d）　再閉路時の事故防止　　高圧配電線や特別高圧配電線が再閉路した場合の事故を防止するため，変電所に線路無電圧確認装置を施設する。この装置が施設されていない配電線路に連系する場合は，発電機の設置者において系統連系保護装置を2系列にする等の措置をすること。なお，電圧の区別にかかわらず，再閉路した場合には発電機を系統から解列する保護装置の設置が義務付けられている（電技解釈第224条）。

e）　系統連系保護装置　　系統連系保護装置は，連系する系統の電圧別に規定されていて，さらに，逆変換装置の有無，逆潮流の有無の系統接続条件により，次の場合について，発電機を自動的に系統から解列することを規定している（電技解釈第227条，第229条，第231条）。

①　発電設備に異常又は故障が生じた場合

②　連系された電力系統に短絡事故又は地絡事故が生じた場合

③　発電装置が単独運転になった場合

上記の場合の系統連系保護装置の典型的な例として，逆潮流をさせないで，高圧配電系統に高圧同期発電機が連系される場合について示すと表3.48のように規定されている。

f）　その他の要件　　上記のほか，要件が定められているので，主要なものをあげておく。

①　**電力保安通信設備の設置**　　高圧又は特別高圧需要家の発電設備を電力会社の系統に連系する場合には，電力会社の営業所との間に電力保安通信設備を設置することが規定されている。ただし，交換機を介さず直接技術員と通話ができ

表 3.48　発電機を系統連系する場合の保護継電器の施設例

発電設備の異常・故障	過電圧継電器（OVR）	発電機の発電電圧の上昇時に動作する。
	不足電圧継電器（UVR）	発電機の発電電圧の低下時に動作する。発電電圧の低下は系統電圧の低下につながる場合が多い。
電力系統の短絡・地絡事故	短絡方向継電器（DSR）	電力系統の短絡事故時に動作し，事故点への電力供給を防ぐ。
	地絡過電圧継電器（OVGR）	電力系統の地絡事故時に動作し，事故点への電力供給を防ぐ。
発電装置の単独運転防止	周波数低下継電器（UFR）	電力系統が停止し，〔発電機出力 < 需要家構内負荷〕の場合の周波数低下により動作し，単独運転を防止する。
	周波数上昇継電器（OFR）	電力系統が停止し，〔発電機出力 > 需要家構内負荷〕の場合の周波数上昇により動作し，単独運転を防止する。
	不足電力継電器（UPR）	電力系統が停止し，発電機出力と需要家構内負荷がほぼ同じ場合に，UFR や OFR が動作しない場合の 2 系列目の装置として設置される。
逆潮流防止	逆電力継電器（RPR）	〔発電機出力 > 需要家構内負荷〕の場合に動作し，需要家側から電力系統に電流が流れることを防止する。

る等，一定の条件を満たす一般電話により代替することもできる（電技解釈第 225 条）。

② **過電流遮断器の施設**　単相 3 線式配電線に連系する場合は，負荷の不平衡により中性線に最大電流が生ずるおそれがあるときは，3 極に過電流引きはずし素子を有する遮断器を施設すること（電技解釈第 226 条）。

③ **発電抑制の実施**　特別高圧の系統に連系する場合であって，系統事故時に他の電線路が過負荷になるおそれがあるとき，過負荷保護装置の情報に基づき発電設備設置者において発電設備の出力を適切に抑制すること（電技解釈第 230 条）。

3.10　地域独立系統の保護装置等

地域独立系統は，災害時等に一般送配電事業者の電力系統から切り離されて，長期に停電が予想される地域の系統のことで，このような地域での停電防止対策が電技解釈第233条，第234条に規定されている（令和4年4月の改正）。第233条では，地域独立運転時に施設する主電源設備及び従属電源設備が備えるべき保護機能について定めている。

第234条では地域独立系統運用者の技術員駐在所等と隣接する電力系統を運用する一般送配電事業者や配電事業者等の技術員駐在所等との間に電話設備を設置することを定めている。

復　習　問　題　3

1.　電気工作物の維持基準としての技術基準には，6 種類あるが，それをあげよ。

2.　次の□の中に適当な文字を入れなさい。

電気事業法によると，事業用電気工作物を設置する者は，事業用□を□に適合するように維持しておかなければならない義務があるが，その□には次のような事項について規制がなされている。

（イ）　事業用電気工作物は，人体に□を及ぼし，又は物件に□を与えないようにすること。

（ロ）　事業用電気工作物は，他の電気的設備その他の物件の□に□的又は□的な障害を与えないようにすること。

（ハ）　事業用電気工作物の□により，一般送配電事業者の電気の□に著しい支障を及ぼさないようにすること。

（ニ）　事業用電気工作物が□の用に供される場合にあっては，その事業用電気工作物の□により，その□に係る電気の□に著しい支障を生じないようにすること。

3.　電気設備技術基準では，電圧をどのように分類しているか述べよ。

4.　電気設備技術基準の解釈では，接地工事を A 種から D 種の 4 種類に分けているが，それぞれについて説明せよ。

5.　電路は，原則として大地から絶縁しなければならないが，電路の絶縁性を判定する方法を説明せよ。

6.　第 1 次接近状態，第 2 次接近状態，高圧保安工事とは何か。

7.　高圧架空電線路の木柱の施設について述べよ。

8.　電気使用場所において屋内配線は，対地電圧を制限しているが，どのような理由によるものであるか。

9.　電気鉄道から発生する障害にはどんなものがあるか。

10.　IEC 規格とは，どのような規格か。

11.　自家用電気工作物である発電設備を電力会社の配電線に連系して運転する場合の基本的な考え方について述べよ。

第4章　電気に関する標準規格

産業の標準化を推進することは，現代産業における生産活動の合理化，近代化及び技術水準の向上並びに使用又は消費の合理化を促進するうえにおいて，きわめて重要なことである。

本章では，まず，産業標準化とは何をすることであるかについて学び，次に，産業標準化の歴史及び現在どんな法律によってどのように実施されているかについて，最後に，国際標準化について簡単に学ぶことにする。

4.1　産業標準化の必要性

鉱工業品を大量生産することにより，鉱工業品の品質の改善，生産能率の増進，生産の合理化，取引の単純化，公正化及び使用又は消費の合理化を図るためには，適正で合理的な標準規格を制定し，これを普及するなど産業標準化を推進する必要がある。

このため我が国においては国家的事業として，**工業標準化法**（昭和24年（1949年）法律第185号）に基づき**日本工業規格**（JIS）* が制定され，普及が図られてきた。令和元年（2019年）7月1日には，**産業標準化法**に改められ，標準化の対象範囲の拡大等が図られている。

4.2　産業標準化の定義

産業標準化とは，表4.1に示す事項を全国的に統一又は単純化することであると定義されている（法第2条）。表4.1のうち，令和元年7月の改正により，プロ

---

*　Japanese Industrial Standards の略

表 4.1 標準化すべき技術的事項

	技 術 的 事 項
1	鉱工業品の種類*・型式・形状・寸法・構造・装備・品質・等級・成分・性能・耐久度又は安全度
2	鉱工業品の生産方法・設計方法・製図方法・使用方法若しくは原単位又は鉱工業品の生産に関する作業方法若しくは安全条件
3	鉱工業品の包装の種類・型式・形状・寸法・構造・性能若しくは等級又は包装方法
4	鉱工業品に関する試験・分析・鑑定・検査・検定又は測定の方法
5	鉱工業の技術に関する用語・略語・記号・符号・標準数又は単位
6	プログラムその他の電磁的記録の種類・構造・品質・等級又は性能**
7	電磁的記録の作成方法又は使用方法
8	電磁的記録に関する試験又は測定の方法
9	建築物その他の構築物の設計・施行方法又は安全条件
10	役務（農林物資の販売その他の取扱いに係る役務を除く。以下同じ）の種類・内容・品質又は等級
11	役務の内容又は品質に関する調査又は評価の方法
12	役務に関する用語・略語・記号・符号又は単位
13	役務の提供に必要な能力
14	事業者の経営管理の方法（日本農林規格等に関する法律第2条第2項第二号に規定する経営管理の方法を除く）
15	前各号に掲げる事項として主務省令で定める事項

〔注〕 * 医薬品及び農業化学肥料等農林物資は除く。
** 電子的方式，磁気的方式その他人の知覚によっては認識することができない方式で作られる記録であって，電子計算機による情報処理の用に供されるものをいう（以下単に「電磁的記録」という）。

グラムその他電磁的記録に関することなど6～15が規格の対象項目として追加された。

4.3 産業標準と法規の関係

産業標準は，生産者，使用者，販売者，学識経験者などの協議によって取り決められた民主的協定であるから，法律上の強制力をもたせないのが普通である。しかし，電気事業法，電気用品安全法などに基づく技術上の基準は，保安を目的とした取締りの基準であるから，当然，これを守らなければ罰則が課せられるなどの強制力をもったものである。このように法律に基づく技術上の基準は，その性格上，公正妥当に決められたものでなければならないから，関係する産業標準が採用される場合が多い。また，産業標準に基づいて製造された製品が，電気用品安全法などの強制法規の適用を受けるものであるときは，その製品も法律に基づく技術上の基準に適合するものでなければならないから，強制法規の適用を受ける鉱工業品に関する産業標準は，常に，これらの法律に基づく技術上の基準に適合するものでなければならない。

4.4　我が国の産業標準化事業の沿革

明治41年（1908年）ロンドンにおいて**万国電気工芸委員会**（IEC）が発足すると，電気関係事業の健全な発展を図るためには，工業標準化事業の推進が急務であるとして，明治43年（1910年）2月**日本電気工芸委員会**（JEC）が電気学会に設置され，ただちにIECに加入し，他の産業に先がけて，電気関係の標準化事業の基礎が確立された。

大正年代に入って，工学会の主唱によって日本鉱業会など13学会が連合工業調査会を組織して，工業材料及び機械類の標準化に関する調査を実施するなど，ようやく国として工業標準化事業を推進しなければならないという気運が高まってきた。このような情勢を反映して，政府は大正8年（1919年）に**度量衡及び工業品規格統一調査会**を設けて，有識者の意見を聴き，その答申に基づき，大正10年（1921年）4月に**工業品規格統一調査会**が設立され，我が国の工業標準化事業の中心となる諮問機関が誕生したのである。

この調査会は昭和21年（1946年）まで存続し，その間千数百件にのぼる規格が制定された。昭和14年（1939年）ごろまでに制定されたものは**日本標準規格**（JES）として公表され，昭和12年（1937年）日中戦争が始まり，これが太平洋戦争に発展するにつれて軍需品に対する需要の増大，資材の不足などに対処するため，臨時的に制定されたものとして規格の内容，制定手続などを簡略化した**臨時**

日本標準規格（臨 JES）がある。

昭和21年（1946年），工業品規格統一調査会は解散し，新しく設立された**工業標準調査会**に，その業務が引き継がれ，従来の軍需品中心の行き方から平和産業のみを対象とした標準化が推進されることとなった。この工業標準調査会では，**日本規格**（これもJESと略称された）と呼ばれる国家規格を定めたが，これは，**日本電気規格**，**日本機械規格**など20の部門に分かれており，昭和24年（1949年）**工業標準化法**が施行されるまで，その業務が行われた。

昭和24年（1949年）7月1日に**工業標準化法**の施行により，通商産業省内に**日本工業標準調査会**が設置され，鉱工業品の標準化に関する調査，審議が行われ，調査会の答申に基づき政府が規格を制定している。この規格を**日本工業規格**（JIS）と呼んでいる。

この工業標準化法も時代とともに改正が行われているが，平成9年（1997年）3月には，① JISマーク表示の認定業務を国際ルールに適合したものとするため「**民間機関による認定制度**」の導入，② JISマーク対象品以外の品目についてもJIS規格適合とする自己宣言の表示ができる「**試験事業者制度**」の導入，③民間提案によるJIS規格の制度を促進するための「**規格原案申請制度の改善**」を主な柱とする改正が行われ，同年9月26日から施行された。また，平成16年（2004年）6月には，JIS表示制度における「指定商品制度」が廃止され，認証可能なJIS規格のある商品すべてが表示の対象となるほか，JISマークのデザインも改定され同年10月から施行された。

令和元年（2019年）7月には，標準化の対象にデータ，サービス，経営管理等が追加され，日本工業規格（JIS）が**日本産業規格**（JIS）となり，法律名も工業標準化法が**産業標準化法**と改められた。この法改正により専門知識を有する民間機関（認定産業標準作成機関。以下「認定機関」という）を認定し，この機関が作成したJIS案については審議会の審議を経ずにJISを制定する制度が導入されたこと及び認証を受けずにJISマークの表示を行った場合の罰金の上限が100万円から1億円に引き上げられた。そのほか，法目的に国際標準化の促進が追加された。

4.5　日本産業規格（JIS）の制度等

日本産業規格は，産業標準化法に基づき，日本産業標準調査会の調査，審議を経て，主務大臣*が制定する国家規格である（法第 11 条，第 12 条）。令和元年（2019 年）7 月の改正で日本産業標準調査会の審議をせずに日本産業規格となる制度も取り入れられた（図 4.1 参照）。

一般に，JIS において具体的にどのような事項をいかに規格化すればよいかなどを検討するため，既存の関連情報の収集，調査，また，必要に応じ実験による確認をすることを目的として調査研究が行われている。

国自らが調査研究を行うテーマとしては，一般に，基礎的，共通的なものであって，特定の企業や業界の自発的な技術開発・研究を期待することが難しいものを対象としており，実際には，**“工業標準化調査研究委託”**として，十分な知見を有する等，最も適切と判断される民間機関に委託されている。

（1）　JIS 制定の通常のプロセス

社会的ニーズ等によって，国や産業界等で標準化すべき課題が選定されると，JIS 原案を検討する委員会（JIS 原案の利害関係者から構成される「原案作成委員会」）で JIS 原案がまとめられ，主務大臣に報告又は申し出される。JIS 原案は，日本産業標準調査会（JISC）で審議され，主務大臣によって制定される（改正も同じプロセスで行われる）。

（2）　認定産業標準作成機関（認定機関）による JIS 制定のプロセス

令和元年（2019 年）7 月 1 日の産業標準化法の施行により，標準化の専門知識及び能力を有する民間機関から主務大臣に申し出された JIS 案について，JISC の審議を経ることなく，制定できることになった。

なお，認定機関では，JIS 案の利害関係者からなる産業標準作成委員会を設置

* 経済産業大臣，国土交通大臣，厚生労働大臣，農林水産大臣，文部科学大臣

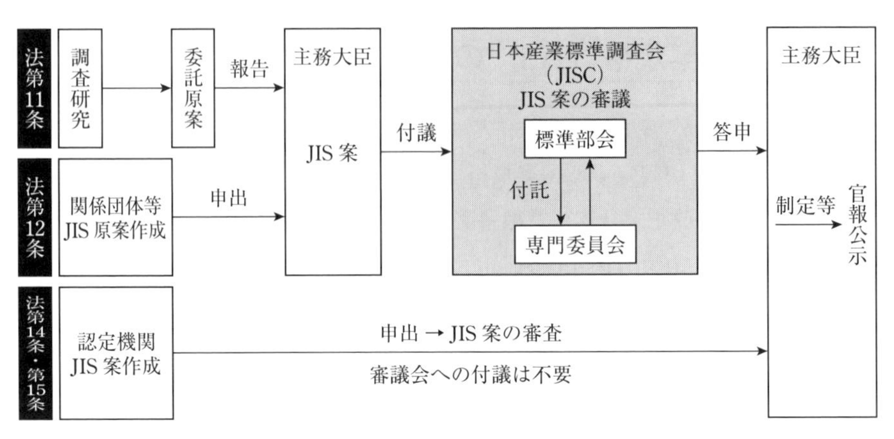

図4.1　JISの制定・改正の流れ

し，この委員会で，JIS案を作成・審議することになっている（法第14条，第15条）。

(3)　特定標準化機関（CSB）によるJIS制定のプロセス

前述(1)のプロセスにおいて，民間団体等のうち特定標準化機関（CSB）がJIS原案を作成した場合，通常のJISCの審議は，各技術分野別の専門委員会で行われるところ，部会において，原案作成のプロセスの適切性のみを審議することができる。

(4)　JISの区分

日本産業規格は，表4.2のように鉱工業品を20部門に分類し，各規格は原則として鉱工業品の生産部門に入れられており，また，表4.3のように整理，分類のために各規格には，番号が付されている。すなわち，日本産業規格には，その規格の所属する部門の記号と4桁（けた）の番号からなる規格番号が付されているわけである。この4桁の番号は，最初の1桁がその部門における大分類を示す番号で，次の1桁が中分類を示すものであり，終わりの2桁が規格の制定順に決められた固有の番号である。例えば，JIS C 3101（電気用硬銅線）は，日本産業規格を示す

表 4.2 日本産業規格の部門とその記号

部門	記号	部門	記号	部門	記号
土木及び建築	A	化学	K	航空	W
一般機械	B	繊維	L	情報処理（プログラム言語等）	X
電子機器・電気機器	C	鉱山	M	サービス（一般・共通／産業機械）	Y
自動車	D	パルプ及び紙	P	その他（包装，溶接，放射線等を含む）	Z
鉄道	E	管理システム	Q		
船舶	F	窯業	R		
鉄鋼	G	日用品	S		
非鉄金属	H	医療安全用具	T		

表 4.3 電気部門の分類番号

分類番号	区分の内容
C00～09	一般事項（単位，標準，記号等）
C10～19	電気磁気測定及び試験用機器
C20～29	電気材料及び部品
C30～39	電線，ケーブル及び電線路用品
C40～49	電気機械器具
C50～69	電気通信用機械器具
C70～79	真空管，整流管，電球，放電管
C80～89	照明器具，配線器具，電池
C90～99	電気応用機械器具

JISという略号，電気部門を示すCという記号，電線，ケーブル及び電線路用品を示す3という番号，電線，ケーブルのうち裸線を示す1という番号，及び最初に作られたことを意味する01という番号から成り立っている。

4.6 表 示 制 度

品質を表す条件を規格ではっきり定めておき，その規格を満足する品質については，規格該当品であるという特別のマークを付けるようにすれば，取引に際しては，この特別のマークの有無を調べればよいことになる。これがいわゆる**JIS**

マーク表示制度であって，表示制度は，規格に従って生産された鉱工業品の品質，形状，寸法等が，規格該当品である旨の特別な表示を行うことにより，使用者又は消費者の利益を確保し，また，取引の単純公正化を図り，さらに企業における工業標準化，品質管理の実施を促進することなどにより，生産能率の増進その他生産の合理化を図ることを目的として設けられた制度である。

マーク制度は，産業標準化法に基づくものが「JIS マーク表示制度」である。民間規格においてもそれぞれの規格に適合した表示をするマーク制度がある。

JIS マーク表示制度は，平成 16 年（2004 年）6 月の工業標準化法の改正により大幅に変わり，従来 JIS マークを表示できる製品は国から指定された「指定商品」に限られていたが，この制度が廃止され，認証可能な要件を備えた JIS 規格のあるすべての製品に JIS マークを表示できるようになった。この改正法は，平成 17 年（2005 年）10 月 1 日に施行され，マークも新しいマークとなった。

製品に JIS マークの表示をするには，経済産業大臣に登録された**登録認証機関**に JIS マークの表示申請をし，この機関による製品試験と品質管理体制の審査を受け合格し，JIS マークの使用に係る契約をする必要がある（法第 30 条）。JIS マークの表示申請は，製品の製造業者のほか，輸入業者，輸出業者及び販売業者にもできるようになった。登録認証機関には，表 4.2 の A，B，C などの区分に応じ，認証できる範囲があり，製造業者等は区分に応じ適切と思われる機関を選択することになる。

登録認証機関には，**国内登録認証機関**と**外国登録認証機関**があり，それぞれ経

(a)　鉱工業品用

(b)　加工技術用

(c)　特定側面用

図 4.2　JIS マーク

済産業大臣に登録申請を行い，登録基準に適合していれば登録される。登録基準はISO/IEC 17025（製品の認証を行う機関に関する基準）に適合していること，被認証事業者に支配されていないことが証明できることである（法第39条）。

JISマーク表示制度には，製品に対するものと加工技術に対するものがある。製品表示に関しては，JIS規格において品質性能，試験方法及び表示方法等認証可能な要件が規定されているものが対象である。製品規格として寸法のみが規定されているものは原則として対象にならない。環境，高齢者配慮など特定の側面について定められたJIS規格に適合しているものに関しては，特定側面用のJISマークが付される（図4.2参照）。

4.7　試験事業者登録制度

この制度は，平成9年（1997年）9月の工業標準化法の改正により導入されたもので，そのときはJIS表示制度の適用がされない製品に対して，JIS規格に適合していることを「**自己適合表示**」できるようにするための制度である。平成16年（2004年）6月の同法の改正により，JIS規格のある製品すべてにこの制度が適用されることになり，製品の製造業者には品質表示に対する選択肢が拡大したといえる。

製品の製造業者は，経済産業大臣等主務大臣に登録された「登録試験事業者」に試験を依頼し，その結果を記載した「**標章付き証明書**」を受け取り，「JIS C 0000適合」等の自己適合表示ができる。ただし，JISマークの表示はできない。これを**JNLA*制度**という。自己適合表示は，登録試験事業者の試験を受けなくても自己責任において表示することもできる。なお，登録試験事業者は，試験の証明書を発行するのみでJISに適合していることを判断し，保証するものではない。試験事業者は，経済産業大臣に登録申請を行い，書類審査，現地調査，評定が行われた後に登録される。認定審査においては，ISO/IEC 17025（試験所及び校正

* Japan National Laboratory Accreditation

機関の能力に関する一般要求事項―JIS Q 17025）に基づき，試験事業者が有効な品質システムを維持しているか，及び特定試験方法について実施能力を有しているかについて行われる。認定された後は，定期的に検査が行われる。登録試験事業者は，製品試験を行った場合は，定められた「標章を付した証明書」を交付することができる。

4.8 標準の国際化

産業標準化についての国際機関としては，電気関係に国際電気標準会議（IEC）があり，電気以外のすべての鉱工業品に関して国際標準化機構（ISO）がある。IECとISOはともに，国際連合の諮問機関としての立場にあり，どちらも工業標準化を国際的に推進するために設立されたもので，IECは明治41年（1908年）にロンドンにおいて万国電気工芸委員会として発足し，現在約86か国が加盟しており，ISOは大正15年（1926年）に万国規格統一協会（ISA）として発足し，昭和21年（1946年）にISOとしてその事業を引き継ぎ，現在162か国が加盟している。我が国は，日本工業標準調査会の名において，IECには昭和28年（1953年）に，ISOには昭和27年（1952年）にそれぞれ加入が認められ，おのおの密接な連絡を保ちつつ国内の標準化が進められている。

国際標準化事業は，国際的に統一した規格を作り，各国がその普及及び実施の促進を図ることによって，国際間の通商を容易にするとともに，科学，経済等の国際協力を推進することを目的としている。特に最近は**世界貿易機関（WTO）**の貿易の技術的障害に関する協定（**TBT協定**）の発効に伴い日本もこれに加盟し，同協定附属書3の「任意規格の立案，制定及び適用のための適正実施規準」に基づき，JISの制定・改正過程において，その透明性を確保するため，JISの作業計画表の公表，規格意見の受付の公告等を行うほか，制定された規格については国内ばかりでなく，ISOやIECの加盟団体に送付されている。特に平成7年（1995年）1月にWTOの「TBT協定」が新たに発効され，JISのIEC等への整合化が強力に推進されている。

復　習　問　題　4

1. 次の□の中に適当な文字を入れなさい。

　（イ）　産業標準化の目的は，鉱工業品の□の改善，□の増進，□の合理化，取引の□，□及び□又は□の合理化を図ることである。

　（ロ）　産業標準化とは，鉱工業品の□及び□に当たっての技術的事項である種類，形状，性能等を□し，又は□することである。

2. 日本産業規格が審議，制定されるまでの機関と経路について述べよ。

3. JIS マーク表示制度について述べよ。

4. 試験事業者登録制度について略述せよ。

5. 規格の種類をあげ，その概要を述べよ。

第5章　電気施設管理

本章では，電気施設をいかに拡充し，運転し，また保守して，その施設が目的とする機能を十分に発揮されるようにするかについて学ぶこととする。このようなことを一般に**電気施設管理**と呼ぶが，この内容は非常に広範囲なものであるから，ここでは個別の施設に関するものは除き，電気施設全体を総合したものの管理について述べ，特に，自家用電気工作物については使用設備の保守管理のあり方について述べることとする。

電力関係の統計データは電気事業連合会作成の電気事業便覧のデータを用いていたが，同便覧が廃刊になったことから平成28年度からは資源エネルギー庁発表のデータに基づき作成したものである。

5.1　電力需給及び電源開発

5.1.1　電力需給の傾向とエネルギーの多様化・環境問題

電気施設をいかに拡充していくかということは，電力需要がどのように増加して行くかということを正確に把握しなければならない。電力需要の増加は，その国の産業活動がどれだけ活発化し，国民生活がどれだけ向上するかということにより定まってくる。

表5.1は，わが国の総電力需要量の推移を示したものである。昭和60年（1985年）から～平成7年（1995年）の10年間に6011億kWhから8 834億kWhと1.74倍になっている。平成7年（1995年）～平17年（2005年）の10年間の電力需要の伸びは18％，平17年（2005年）～平22年（2010年）までの5年間の伸びはわずか1.2％となっており省エネルギー効果もあるが経済活動の停滞が大きいと思われる。令和3年（2021年）は8756億kWhであり，平成22年（2010年）10 565 kWhに比べ82.8％と落ちている。

表 5.1 需要電力量の推移 〔単位：億 kWh〕

年度 / 項目		昭和 60 年 (1985 年)	平成 7 年 (1995 年)	平成 17 年 (2005 年)	平成 22 年 (2010 年)	令和 3 年 (2021 年)
電気事業者販売電力量	電灯	1 333	2 264	2 813	3 042	—
	電力	4 081	5 519	6 370	6 269	—
	計	5 414	7 783	9 183	9 311	8 374
自家発電自家消費電力		597	1 051	1 255	1 254	382
総需要電力量		6 011	8 834	10 438	10 565	8 756

〔注〕 平成 22 年までは電気事業便覧より，平成 28 年からは資源エネルギー庁資料による
総需要 = (電気事業者販売電力量) + (自家発電電力量)
* 特定規模需要，特定供給，自家消費を含む

表 5.2 最終エネルギー消費の推移 〔単位：10^{15} J (構成比 %)〕

年度	平成 2 年 (1990 年)		平成 22 年 (2010 年)		平成 27 年 (2015 年)		令和 2 年 (2020 年)		2020/2015
石炭	1 628	12.0 %	1 447	9.8 %	1 388	10.3 %	1 118	9.3 %	−19.5 %
石油	7 526	55.5 %	7 263	49.4 %	6 599	48.8 %	5 730	47.4 %	−13.2 %
天然ガス	58	0.4 %	68	0.5 %	62	0.5 %	55	0.5 %	−11.3 %
都市ガス	511	3.8 %	1 089	7.4 %	1 072	7.9 %	992	8.2 %	−7.5 %
電力	2 753	20.3 %	3 728	25.3 %	3 418	25.3 %	3 289	27.2 %	−3.8 %
熱	1 022	7.5 %	1 089	7.4 %	944	7.0 %	858	7.1 %	−9.1 %
再生可能・未利用エネルギー	54	0.4 %	29	0.2 %	41	0.3 %	40	0.3 %	−2.4 %
合計	13 552	100.0 %	14 713	100.0 %	13 524	100.0 %	12 082	100.0 %	−10.7 %

〔注〕 * 平成 30 年（2018 年）度からエネルギー源別の標準発熱量の最新の改定値が適用されている。

最終エネルギー需要に占める電力エネルギーの割合という面からみると，電力の占める割合は，近年になるほど大きくなりつつある。その割合は，表 5.2 からもわかるように，平成 2 年 (1990 年) には 20.3 % であったが，令和 2 年 (2020 年) には 27.2 % になり，最近は上昇している。電力の全エネルギーに占める割合は，電気自動車の普及等もあり今後も増えていくものと思われる。

我が国のエネルギー政策の基本は，エネルギーを確保し，供給を安定的にすることと，エネルギーコストの低減に努めることにある。このためには，供給面に

表 5.3　発電種別による発電電力量の推移

〔単位：億 kWh（構成比 %）〕

年度	平成 7 年（1995 年）		平成 17 年（2005 年）		平成 22 年（2010 年）		令和 3 年（2021 年）*			
							A	B	A+B	
水　力	912	9.2 %	863	7.5 %	907	7.8 %	857	18	875	9.0 %
火　力	6 042	61.0 %	7 618	65.8 %	7 713	66.7 %	6 814	948	7 762	80.0 %
原子力	2 913	29.4 %	3 048	26.3 %	2 882	25.0 %	678	0	678	7.0 %
新エネルギー	31	0.3 %	49.5	0.4 %	66.6	0.6 %	284	98	382	3.9 %
その他	—	—	—	—	—	—	2	0	2	—
合　計	9 899	100.0 %	11 580	100.0 %	11 569	100.0 %	8 635	1 064	9 699	100.0 %

〔注〕 平成 22 年までは電気事業便覧より，平成 28 年からは資源エネルギー庁資料による発電事業者，小売電気事業者，一般送配電事業者の発電電力量を示す。

* 令和 3 年の A は，電気事業者（小売電気事業者，一般送配電事業者，発電事業者），B は自家発電の電力量を示す。

おいてはエネルギー源の多様化を進めて行く必要がある。この面では，昭和 48 年（1973 年）以降，それまで石油火力に傾斜していた発電設備も，原子力，LNG 火力，石炭火力のウエイトが増大している。

令和 3 年（2021 年）度の発電電力量は，表 5.3 に示すように，自家発電分も含めて，9 699 億 kWh であった。このうち火力が 80.0 %，水力が 9.0 % となっており，原子力の割合は 7.0 %，新エネルギーは 3.9% となっている。津波による福島第一原子力発電所の事故以来，平成 25 年（2013 年）以降は原子力発電所がすべて停止していたが，平成 27 年（2015 年）に一部の原子力発電所が再稼働を始めたためである。

エネルギー需要の伸びに伴う問題として，地球温暖化防止のための CO_2（二酸化炭素）排出抑制が大きな問題となってきた。平成 9 年（1997 年）12 月に京都で開催された COP3（気候変動に関する国際連合枠組条約締結国会議）において，法的拘束力をもつ温室効果ガスの排出目標が「京都議定書」として採択され，平成 17 年（2005 年）2 月から発効している。この動きに対し，電力業界では CO_2 を排出しない原子力発電や風力発電の建設，比較的排出の少ない LNG 火力の拡大，火力発電所の熱効率の向上等の課題に取組んでいる。特に太陽光発電と風力発電に代表される再生可能エネルギーの利用が重要視され，これらの発電設備の建設促進を目的として「電気事業者による再生可能エネルギー電気の調達に関する特別措置法」が平成24年（2012年）に成立している（第1章1.8節参照）。

5.1.2　電力需給のバランスと電源開発

電力需給というのは，電気の需要と供給との関係をいうのであるが，電力需給が電気の特性に起因して，他の商品の場合と大きく異なる点をあげると，次のとおりである。

① 供給力すなわち発電設備による電気の発生と需要すなわち負荷設備による電気の消費とが同時に行われるため，需要と供給との間に少しでも不均衡が生じると周波数が変動する。また，供給力が需要の2～3％以上不足すると需要の一部を制限しない限り，需給の均衡が破れ，供給を継続することは不可能になる。

② 供給力は，電力原価及び供給能力を異にする多くの水力，火力及び原子力の発電設備により構成され，一方需要は，電気の使用状態を異にする多様の負荷が総合され，常に変動している。このため，これに応じ得る最も経済的な供給設備の運用を行う必要がある。

以上のことから，電力供給は，常に電力〔kW〕のバランスと電力量〔kWh〕のバランスをとるよう電源設備を開発しなければならない。**電力バランス**（kWバランス）をとるためには，将来予想される負荷曲線がどのようになるかを把握し，それに応じて，どのような供給設備を開発していくかを定める必要がある。そのためには，需要がどのような負荷によって構成されているか，また供給力としてどのような特性のものがあるかを調査しておく必要がある。

一般に，発電設備の建設には2年以上数年の長年月を要するので，3～10年の将来を見通した長期電力需給計画を作成し，これに基づいた電源開発計画が行われる。また，供給設備を経済的に運用する面からは，1～2年以下の短期電力供給計画が作成され，これに基づいて電力設備の運用が行われる。

5.1.3　負荷の種類とその特性

負荷を考える場合には，個々の需要家について，その負荷の特性を考えて，これを積み上げていけば，系統全体の負荷の特性を知ることができる。このため，まず個々の負荷の特性について，設備容量と最大需要電力との関係，需要電力の瞬時的変動状況，その他，1 日，週間，又は季節的な負荷の特性などを研究し，これらの特性からみて類似のものをまとめて負荷をその特性によって分類し，それぞれの特性を積み重ねることによって，その系統全体について総合した負荷の特性がわかる。また，このような負荷の分析を行うことによって，将来の負荷の推移とその特性を知ることができる。

(1)　需要の種別

需要の分類の方法には，我が国では，電力会社の電気供給約款に基づく**契約種別による分類**，**産業別分類**及び**供給条件による分類**がある。

契約種別による分類は，各電力会社の供給約款により多少異なるが，おおよそ**電灯需要**（定額電灯，従量電灯 A・B・C，時間帯別電灯，臨時電灯，公衆街路灯），**電灯電力併用需要**（業務用電力），**電力需要**（低圧電力，高圧電力 A・B，特別高圧電力，臨時電力，農事用電力，予備電力，深夜電力）に分けられている。

産業別分類は，大口電力の需要電力量を分類するために用いられ，現在使用されている区分は，**電気関係報告規則**では，需要を大きく鉱工業とその他（鉄道，その他）とに分け，鉱工業はさらに製造業と鉱業に分けられている。製造業は，化学工業，鉄鋼業，非鉄金属製造業，機械器具製造業などに分けられている。

(2)　負荷曲線

負荷は，その特性により時々刻々変動するが，横軸に時間，縦軸に負荷電力をとって表示したものを**負荷曲線**という。負荷曲線は，用途別，産業別など負荷の種類によって異なった形状を示し，負荷の特性を最もよく表すものである（図 5.1 参照）。

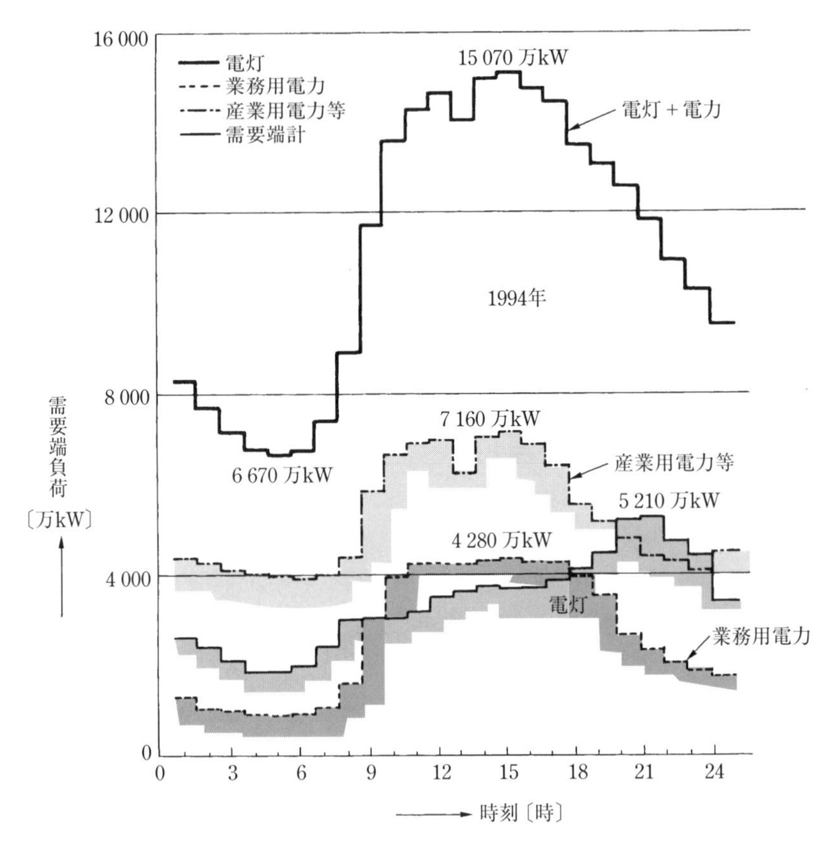

図 5.1　日負荷曲線の一例（9電力会社合成）

負荷曲線としては，**日負荷曲線**（横軸に1日の時間をとり，縦軸に1時間ごとの電力量計の読みをとる）が最もよく使用される。目的に応じて週，旬，月あるいは年の負荷曲線も作成され，それぞれ，**週**，**旬**，**月**若しくは**年負荷曲線**と呼んでいる。

ある期間内の負荷を時刻に無関係に大きさの順序に配列したものを**負荷持続曲線**という。その期間のとり方により，**日**，**週**，**旬**，**月**又は**年負荷持続曲線**といい，負荷曲線とともに，負荷の特性を分析し調査するのに使われる。図 5.2 は，図 5.1

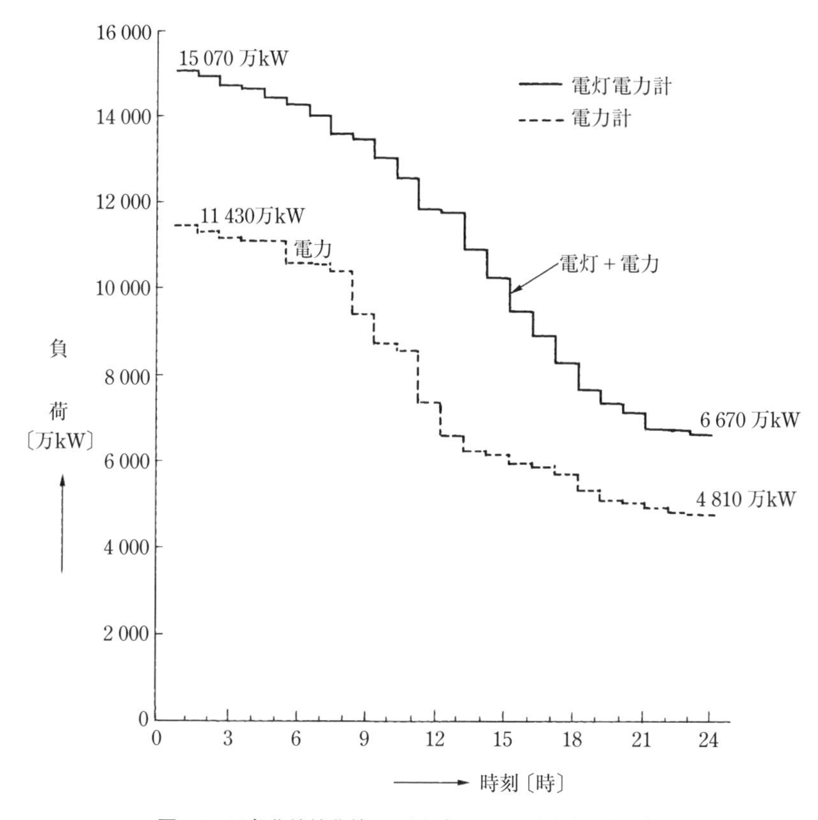

図 5.2　日負荷持続曲線の一例（図 5.1 に対応するもの）

に対する日負荷持続曲線である。

(3)　最大負荷と平均負荷

ある期間内の負荷電力のうち最大のものを**最大負荷**又は**最大需要電力**と呼んでいる。負荷電力としては，一般に 15 分，30 分，60 分間の平均負荷により表し，例えば，15 分最大負荷などと呼ぶ。多くの負荷がある場合に，個々の負荷の最大負荷をその発生時刻に無関係に算術的に合計する場合と，同一時刻に発生する個々の負荷電力を合計したものの中で最大のもの（これを**合成最大負荷**という）

をとる場合とがある。

平均負荷とは，ある期間内の負荷の電力量をその期間の全時間数で除したもので，その期間内の負荷電力の平均値をいう。

(4)　負荷率，需要率及び不等率

負荷の特性を示すものとしてこれらの数値がある。これらの数値は，同一の種類負荷については，長年の実績からほぼ一定しているもので，これらを用いて最大負荷などを想定することができる。

負荷率とは，ある期間内の平均負荷と最大負荷の比をいい，百分率で表したもので，その期間のとり方によって日負荷率，週負荷率，月負荷率又は年負荷率などの別がある。

一般に，高負荷率の需要の負荷曲線は，平均負荷に対して著しく変動することが少なく平坦な形をしている。最近は，夏期の冷房のための電力需要に伴い，負荷率は年々低下してきており，電気事業にとっては大きな問題となっている。9電力の年負荷率は，昭和40年（1965年）が68.0％であったが，昭和50年（1975年）には59.9％まで低下しており，それ以降は横ばいが続いていたが，平成6年(1994年）は夏の猛暑により，55.0％まで低下した。平成28年（2016年）には，63.3％となっている。

需要率とは，最大負荷と設備容量との比をいい，百分率で表したもので，設備容量から最大負荷を想定する場合に重要な役目を果たすものである。これは，過負荷使用の場合を除き，一般に1より小さな値である。また，負荷率の高い負荷の需要率は，負荷率の低い負荷の需要率より大きくなるのが一般である。

不等率とは，負荷が多数ある場合に，それぞれの負荷の最大負荷の算術合計を合成最大負荷（(3)項参照）で除したものである。これは，多数の負荷の総合最大負荷を考える場合に，個々の負荷の最大値の発生する時刻は異なるので，個々の負荷の最大値の算術合計は，総合負荷の最大値とはならないので，この不等率により総合最大負荷を求めることができる。不等率は常に1より大きく，この値が大きいほど，一定の供給設備で大きな負荷設備に電力を供給することができる

表 5.4　供給種別及び産業別負荷の最大電力並びにその不等率の例

供給種別区分	最大電力〔MW〕	産業区分	最大電力〔MW〕
電灯	3 167	食料品	144
電力　業務用電力	972	紙パルプ	277
電力　小口電力	2 094	鉄鋼	809
電力　大口電力	4 179	機械	799
電力　特約	1 260	非鉄金属	280
電力　算術合計(A)	8 505	窯業	209
電力　合成(B)	7 171	化学工業	739
電力　不等率(A)/(B)	1.186	その他	1 052
電灯電力算術合計(A)	11 672	算術合計(A)	4 309
電灯電力合成(B)	8 978	合成(B)	4 179
不等率(A)/(B)	1.3	不等率(A)/(B)	1.031

(表 5.4 参照)。

(5)　ピーク負荷とオフピーク負荷

日負荷曲線の山の高いところを**ピーク負荷**[*]といい，このうち最高のものを**最大ピーク負荷**という。ピーク負荷以外の負荷を**オフピーク負荷**[**]といい，このうち深夜時間帯を**深夜負荷**という。

図 5.3 は，9 電力会社の例であるが，昭和 35 年（1960 年）12 月においては午前，午後及び夕方の点灯時の 3 回，昭和 58 年（1983 年）及び平成 7 年（1995 年）8 月においては午前，午後の 2 回にピーク負荷が出ている。冬季において最大ピークが夕方の点灯時に現れるのは，電灯負荷と動力負荷とが重なるためである。夏季において最大ピーク負荷が昼間の午前又は午後に現れるのは，動力負荷及び冷房需要によるものである。

最大ピーク負荷を表示する方法として，月又は年間について，毎日の最大電力の合計をその日数で除した**平均最大電力**，あるいは毎日の最大電力のうち大きい

* peak load；せん頭負荷ともいう。
** off peak load；避せん頭負荷ともいう。

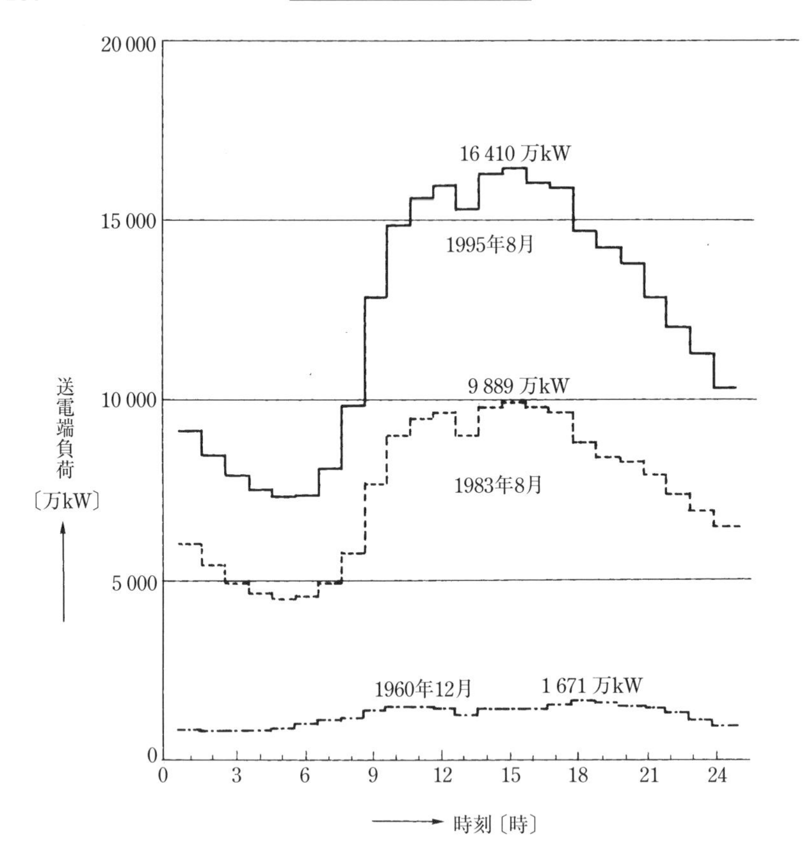

図 5.3　1日の電気の使われ方（9電力会社の年間ピークの推移）

ほうから3個をとって平均した**3日最大電力**，その期間内で最も大きな最大電力をとった**1日最大電力**などが用いられる。

供給する電力量が一定の場合，ピーク負荷が大きいほど負荷率が低下し，**設備利用率*** が低下する。このため，多額の建設費を要する貯水池式，調整池式又は揚水式発電所を必要とし，また火力発電所は低負荷率で運転せざるを得なくなるので，熱効果が低下し，電力原価も高くならざるを得ない。したがって，電力原

*　発電所又は変電所においてある期間内の発電又は受電の平均電力を，発変電所の設備容量で除した値である。負荷設備の負荷率に対応するもの。

価を引下げるためには，供給設備の経済的運用を図り，電力原価の低減に努めるとともにピーク負荷の抑制，オフピーク負荷，特に深夜負荷の造成等の対策により，負荷率を改善することが必要と考えられている。

5.1.4　供給力

負荷曲線がわかれば，これに応じる供給力の確保が必要となるが，供給力においても各発電所によって，それぞれ特性を異にしている。これらの発電所の特性を適切に組み合わせて，負荷に応じる発電をしなければならないが，その際，最も経済的な方法によって時々刻々運用されることが必要である。

（1）　出力の種類

水力発電所にあっては，水の多少により出力が変わるので，次のように分類している（図 5.4 参照）。

a）　常時出力　流込式発電所にあっては，1 年を通じて 355 日以上発生できる

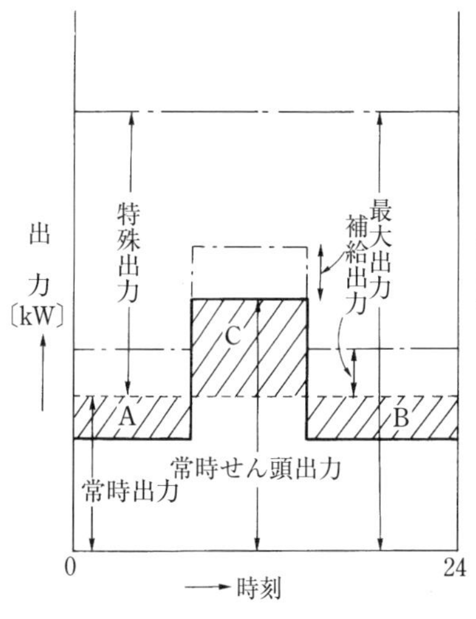

図 5.4　発電所出力の図解例

出力とし，貯水池式発電所にあっては，原則として1年を通じ365日発生できる出力をいう。

b） 常時せん頭（ピーク）出力　1年を通じて355日以上毎日原則として4時間以上連続して発生できる出力をいう。

c） 特殊出力　豊水の際，毎日の時間的調整を行わないで発生できる発電所の出力で，常時出力を超えるものをいう。

d） 補給出力　渇水期間を通じて常時発生できる発電所の出力で常時出力を超えるものをいい，貯水池式発電所に限って設定される出力をいう。

（2） 水力供給力の想定

水力発電所の発電力，すなわち水力供給力は河川の流量の変動によって左右されるので，予測することは困難であるが，補給計画を作成するときには，水力供給力を想定する必要がある。水力供給力の想定に当たっては過去の河川の流量記録及び発電実績から，**水力可能発電力***を算出し，これを平均した累年平均値を基として行っている。この可能発電力の想定も水力発電所の型式により次のように異なっている。

a） 自流式の場合　流込式発電所**と調整池式発電所***とを自流式発電所と称して一括して取り扱っている。可能発電力は，平成14年（2002年）からは，至近30年の実績記録を基として算定している。この可能発電力は，発電所において事故，補修作業などにより生じる無効放流がないと仮定したときの発電力であるから，実際の発電力は，

---

* 水力可能発電力とは，現在設備が常に完全な状態（事故が発生しないで補修を必要としないものとする）にあるとし，最大使用量の範囲内で河川の流量を最大限に利用して発電した場合に発生できる電力をいう。

** 河川から取水した流量をそのまま使用して発電するもので，発電所の最大使用水量の範囲内で無効放流を生じないよう河川流量を最大限に利用して運転する。

*** 河川から取水した流量を調整池で調整して発電するもので，調整池の容量と発電所の出力とにより，河川流量を調整できる能力（調整能力という）が定まる。また，調整能力の大きさにより発電所の運転方法を異にするが，電力需給の問題を考える場合には電力系統に接続される全調整池式発電所の総合した調整能力を，常に的確に知っておく必要がある。このため電力系統全体の出水率の変動に応じて，調整能力がどのように変化するかを実験に基づき明確にしておく必要がある。

〔可能発電力〕×〔1－(停止率[*]＋余剰率[**])〕＝ 発電力

でもって算定する。**停止率**と**余剰率**の和は**溢**(いっ)**水率**と呼ばれる。100％から溢水率〔%〕を引いたものが発電所の利用率となる。

上記の可能発電力は，累年平均可能発電力であるが，実際の可能発電力は雨量の多少によりこれを上回ったり，下回ったりする。ある時点又はある期間の可能発電力と累年平均可能発電力との比を**出水率**といい，これが100％の場合を**平水**，100％を上回る場合が**豊水**，下回る場合が**渇水**と称する。停止率は過去の実績からすると4.0～4.8％の間にある。余剰率は，毎年ほとんど0である。

b）　貯水池式[***]の場合　　貯水池への流入量を基として，灌がい用水，観光放流などの貯水池の使用上の制約及び年間を通ずる需給状況を考慮して，最も合理的な貯水池の使用計画を定める。この貯水池の使用計画と過去の貯水池への流入量を基として累年平均可能発電力を算定し，これに過去の実績を参考として想定した発電所の利用率を乗じて貯水池式水力供給力を想定する。

c）　揚水式[****]の場合　　揚水式水力供給力の必要量は，揚水式水力供給力以外の供給力と需要との関係を基とし，火力，原子力発電所の高効率運転，需給のバランスの度合などを検討して想定する。この必要量に見合う揚水用電力量を送電線の電力損失，揚水効率を考慮して揚水発電力が決定される。

（3）　火力供給力の想定

火力供給力の想定に当たっては，定期的に実施する火力発電設備の補修・点検及び発電所の事故による発電出力の減少を想定する。定期補修は，年間における需

---

[*] 発電所の事故及び補修作業のため生じる溢(いっ)水に相当する発電力と可能発電力との比をいう。

[**] 豊水期の深夜又は不時の出力などのように，負荷に対し発電力が過剰となったために生じる溢水に相当する発電力と可能発電力との比をいう。

[***] 河川流量を季節ないしは年間を通じて調整する能力を有する発電所を**貯水池式発電所**といい，年間を通じる貯水池使用計画に基づき河川流量の調整を行う。また，貯水池によって河川流量の調整を行うため，下流の河川流況が改善され，下流の発電所の発電力が増加する（一般に，貯水池による下流増という）。このため貯水池式発電所の発電力を想定する場合には，下流発電所に対する影響をも含めて考慮する必要がある。

[****] 昼間及び点灯のピーク時間に発電するため，深夜における水力余剰電力又は燃料費の割安の火力発電力によって揚水する。

給のバランスがほぼ均一となり，定期補修相互間の期間が1～1.5年となるようにすることを目標として作成され，火力発電所の設備可能出力から，この定期補修による減少出力を控除した出力を**火力可能出力**と称する。この火力可能出力に火力可能稼動率を乗じたものが**火力供給力**となる。火力稼動率は，次式で求められる。

$$\text{火力稼動率} = 1 - \text{火力事故率}$$

$$= 1 - \sum \frac{\text{火力設備の事故による減少出力〔kW〕} \times \text{事故時間〔h〕}}{\text{火力可能出力〔kW〕} \times (8\,760\text{〔h〕} - \text{定期補修の延べ時間〔h〕})}$$

発電所事故の中には事故発生と同時に発電所の停止又は出力の制限を行わずそのまま発電を継続し，深夜など軽負荷時に補修を行うものが相当あるので，事故率は昼夜間により異なり，昼間は小さく，夜間は大きくなる傾向にある。

5.1.5　電力需給計画

5.1.2項で述べたように，電力系統では需要と供給力とが常にバランスしなければならない。そのため電力需給計画を作成する。電力需給計画は，一般に**最大電力需給バランス**と**電力量需給バランス**により示され，それぞれ想定需要と供給力とが対比される。この場合に，供給力は**送電損失率**[*] 又は**総合損失率**[**] により，送電端又は発電端に換算され対比される。

想定需要の負荷曲線に対して，どのような供給力を対応させるかは，供給設備の合理的運用という面から考慮され，原則的には次のように行われる。

①　調整能力を持たない流込式発電所の水力供給力には，負荷基底部分を分担させる。

②　貯水池式又は調整池式発電所のように調整能力を有する水力供給力には，ピーク又は変動負荷の部分を分担させ，火力，原子力の高効率運転を図る。

③　①及び②以外の部分の負荷に対しては，原子力発電所，大容量高能率火力発電所から順次基底部分の負荷を分担させる。

---

*　送電損失率 = (送電端供給力 − 需要端供給力)/送電端供給力

**　総合損失率 = (発電端供給力 − 需要端供給力)/発電端供給力

最大電力の需給対照は，月間の最渇水日において，**3 日最大需要**（5.1.3(5)項参照）が発生したと仮定した場合について作成し，そのとき保有する**供給予備力**の大きさで需給バランスの度合を判断することができる。電力量の需給対照表は，これによって水・火力別の発電電力量，需要種別ごとの需要電力量が明らかになるため，所要発電燃料，電灯・電力料金収入算定の基礎資料に使用することができる。

電力需給計画においては，上記のような自社分の供給力のほかに，他社より受電することができる供給力も計上される。また，電気事業者相互間の電力の受給（いわゆる**電力融通**）があれば，これも電力需給計画の中に組み込まれる。

電力融通には，**特定融通** *，**需給調整融通** **，**経済融通** *** 及び**相互調整** **** がある。

5.1.6　電源開発計画

電力需給の長期計画から，必要とされる供給力を必要な時点に得られるようにしておくことが電源開発である。電源開発は，発電する水・火力発電所だけでなく，この発電力を需要地まで支障なく輸送し，かつ，需要場所で必要とする電気の性質（電圧，周波数，交・直流，相など）に変換する設備，すなわち送変配電設備まで含むものである。

この電源開発に当たっては，需要が要求する量の発電所出力，輸送設備容量が必要とされることはもちろんであるが，一般には需要量即供給量としないで，設

*　主として長期にわたって受給が行われるもので，特定電源や特定地域の需要を対象とするもの及び広域運営の目的として長期計画的に実施するもの。

**　これは，不均衡融通とも呼ばれるもので，需給の均衡を保持するための融通である。需要に対し供給力が不足する会社が，供給力に余剰のある会社から受電して供給力の不足に充当する。

***　これは，火力運転費の低減を図るための電力融通をいう。これには余剰消化経済融通と火力経済融通がある。前者は不時の出水等により水力発電所で溢（いっ）水を生じるおそれがある場合に，これを融通送電し，融通受電した会社においては，これによって火力発電の抑制を図る。後者は，高効率火力発電に余力がある場合，これを融通送電し，融通受電した会社においては，これにより低効率火力の発電の抑制を図る。

****　これは，需要の不等時性，供給力構成の差異の活用及び水・火力発電設備の合理的運用などを行うため，相互に協力して受給する電力。

備の事故，異常渇水，予備不能の需要の急激な増加を考慮に入れて8％程度の予備力を持つことが最適とされている（平成28年（2016年）は，3％となっている）。また，電源開発は，計画が定まってから建設するまで相当の建設期間を必要とするので，計画的に行うために電源開発計画がたてられるが，電気事業者の場合は，豊富，良質な電力を安全に供給するという事業目的に合致するため，次に掲げる事項を考えなければならない。

① 水・火力発電所，送変配電設備など電力設備を総合した電力コストが最低になるような新しい発電方式の採用，水・火力発電所の組み合わせ，ユニット容量，設備配置，電力系統の構成規模などの検討

② 良質な電力供給には停電の少ないことのほかに，電力の質的な安定供給，すなわち規定周波数，規定電圧による供給も含まれるので，特に電源開発に当たっては，安定供給に関する技術開発，水・火力発電所の組み合わせ，電力系統構成との関連等についての考慮

③ 上記の技術的問題のほかに，経済的な問題，例えば電源開発に必要な資金調達に当たっての長期低金利資金の獲得，補償問題，用地取得等の円滑な措置等の対策

④ 再生可能エネルギー発電の導入状況

しかし，最初に，そして最も本質的に問題とされるのは，水・火力及び原子力発電所と送変電設備であって，電力系統を将来にわたってどのように組み合わせて構成させていくことが，その発電所が属する電力系統の電力コストを最低にするかということであり，一般的にはこの問題の処理を電源開発方式の検討といっている。

（1） 電源開発の現況

我が国の電源開発は，昭和30年（1955年）までは水主火従であったが，昭和40年（1965年）ごろから火主水従に移行し，火力発電は昭和40年度には60.3％を，昭和50年（1975年）度には72％を占めていた。その後，表5.5に示すように水力による電源開発が，発電地点の奥地化，補償問題の解決策等のため，経済性は

表 5.5　発電所の設備出力の推移（電気事業用＋自家用）
〔単位：万 kW（構成比 %)〕

項目＼年度	平成 2 年 (1990 年)		平成 12 年 (2000 年)		平成 17 年 (2005 年)		平成 22 年 (2010 年)		令和 3 年（2021 年）			
									電気事業用 (A)	自家用 (B)	A＋B	
水　力	3 783	19.4 %	4 632	17.9 %	4 736	17.3 %	4 811	17.0 %	4 953	40	4 993	16.8 %
火　力	12528	64.3 %	16665	64.5 %	17630	64.2 %	18238	64.6 %	16 749	2077	18 826	63.4 %
原子力	3 165	16.2 %	4 525	17.5 %	4 958	18.1 %	4 896	17.3 %	3 308	0	3 308	11.1 %
新エネルギー	1	—	9	—	123	0.4 %	286	1.0 %	1 847	732	2 579	8.7 %
その他	—	—	—	—	—	—	—	—	6	0	6	—
合　計	19 477	100.0 %	25 831	100.0 %	27 447	100.0 %	28 231	100.0 %	26 863	2 849	29 712	100.0 %

〔注〕 平成 22 年までは電気事業便覧より，平成 28 年からは資源エネルギー庁資料による令和 3 年度末
新エネルギー（風力 426，太陽光 2104，地熱 49）バイオマス及び廃棄物発電は火力の欄に入る。

漸次低下し，火力発電技術の進歩，燃料価格の低下等による火力発電の経済性が著しく向上してきたことによる。

昭和 50 年度に入り，石油依存度をできるだけ少なくするというエネルギー政策上，**国産エネルギー**である水力資源の有効利用を図る水力発電所の建設と**準国産エネルギー**といわれる原子力発電を大幅に推進していくことが，今後の電源開発計画策定の基本的方針となり，この方針により開発が進められてきた。その結果，平成 17 年（2005 年）度末には，原子力発電所の設備は，4 958 万 kW になり，我が国の全発電設備能力の 18.1 % を占めるに至った。ただし，平成 23 年（2011 年）3 月の福島第一原子力発電所の事故以来，原子力発電は安全性に対する不信感が強くなり，発電所の停止や廃止が続いている。

太陽光発電，風力発電を中心とする新エネルギー発電の発電設備の出力は，表 5.5 に示されているように電気事業用と自家用のものの合計で，令和 3 年（2021 年）度末で 2 579 万 kW に達している。その内訳は，地熱発電 49 万 kW，風力 426 万 kW 及び太陽光 2 104 万 kW である。太陽光については，一般家庭に設置されるものがかなりあるがこの統計には入っていない。

(2)　電源立地と環境対策

a)　電源立地　　電源立地は，立地予定地の地元の賛成が得られず，難行することが多く，将来の供給力不足が心配されている。

地元の立地反対の理由としては，①発電所設置に伴う環境汚染，環境破壊，さらに原子力においては，安全性に対する不安感，②発電所の設備が地元の経済発展，福祉向上に必ずしも寄与しないことへの不満などがあげられる。

これに対し発電会社は，設備の運用面，開発面で，環境対策，安全対策の充実に全力をあげ，社会的コンセンサスを得ることに努めており，また政府は地元の経済発展，福祉向上を財政面から援助するため，昭和49年（1974年）10月から発電用施設周辺地域整備法等のいわゆる**電源三法**（1.7.1(1)項参照）を施行するなどの対策を講じている。

この法律は発電用施設が設置される周辺の市町村の公共施設整備のための資金を政府が補助したり，原子力発電所が設置される周辺の人々や企業に電気料金を補助するもので，地元の不満解消にかなりの効果をあげている。

また，最近は，大容量発電所など大規模な開発については，環境影響評価が行われており，平成9年（1997年）6月に法制化されている。

b)　大気汚染防止対策　　環境対策で最も重要なのは，大気汚染防止対策である。大気汚染防止については，政府は大気汚染防止法で厳しく規制しているが，各地方自治体でもそれぞれ独自の基準を適用している。各電力会社は地元地方自治体と公害防止協定を結ぶなど，設備の開発及び運用面で政府及び地元地方自治体と密接に連絡をとり，大気汚染防止対策を積極的に推進している。

この大気汚染防止として，現在，次のような対策が積極的に行われている。

① **じんあい対策**　　火力発電所に高性能の電気集じん器が設置されている。

② **硫黄酸化物（SO_x）対策**　　LNG，ナフサ，原油など硫黄分の低い良質燃料の導入及び排煙脱硫装置の設置が行われている。排脱装置は湿式が多く，脱硫黄効率は97％に達している。

③ **窒素酸化物（NO_x）対策**　　全火力ユニットについて，ボイラー燃焼法改良が積極的に進められており，かなりの効果が期待されている。

④　**排煙脱硝**　　アンモニア（NH_4）接触環元法（乾式法）による技術が実用化され，脱硝率も 90 % 以上のものができているが，経済性や設備面積などの問題が大きく，NO_2 の高汚染地域に施設される新設の発電所には，これの設置が行われつつある。

c）　**発電所温排水の利用**　　日本において火力・原子力発電所はすべて海岸に立地されており,欧米のように河川の場合ほど深刻な温排水問題は起きていない。しかし，温排水の影響を少しでも軽減するために，バイパス混合法，深層取放水等の方法を採用し温排水温度を下げるように努力している。また，かねてより魚介類の養殖等に温排水利用が考えられており，例えば，かつては東北電力株式会社の仙台火力においてアワビ，四国電力株式会社の松山火力において車エビの養殖が実施されていた。

d）　**電力設備の環境調和**　　最近は,発電設備から配電設備に至るまで,その形,色彩等について，環境に調和する設計を行うとともに，環境エコロジーに基づいて発電所や変電所等の構内の緑化が進められ，また，送電線下の土地に草木を植えるなど，自然環境保全に非常な注意が払われている。さらに，変電所等の地下設置，騒音防止，市街地配線への美化装柱採用など電力設備の環境調和に注意深い配慮も行われている。

（3）　送変配電計画

送電，変電及び配電計画は，直接需要家へのサービスの良否に関係し，良質な電気を需要家に供給するという面から重要な計画である。特に，最近は送電線の用地の取得の困難性に伴う問題と都市の高過密化に伴う配電方式の問題が，大きな課題となっている。

a）　**電力系統の構成の考え方**　　電源計画に対して，時間的に量的に均衡のとれた送配電設備の整備を図る必要があるが，このためには需要の増加及びその特性を地域的にも適確に予測し,電力潮流の傾向を検討する必要がある。すなわち,発送配電の各設備は，全体を１つのシステムであり，電力系統の設備計画として考える必要がある。実際には，既設電力系統と今後新増設される発電，送電及び変電設備をどのように組み合わせていくかについて検討されるが，これらの電力系統を決定する際に考慮しなければならないことは，次のことである。

① 平常時を対象とした場合として，系統の安定度が高く，送電損失等の諸損失が少なく，系統の周波数及び電圧の調整がしやすいこと。

② 事故時を対象とする場合としては，停電発生率が低く，短絡容量，地絡容量が小さく，異常電圧発生のおそれが少なく，事故の波及防止及び復旧が行いやすいこと。

しかし，これらの要請の間には，相反するものもある。例えば，平常時を対象とした場合には，なるべく系統を網状に連系すればよいが，事故時を対象とすると一部を除いて放射状系統が望ましいというようなことである。こうしたことから，実際には相当将来の計画をも含めてどこに重点をおくかを慎重に検討したうえで電力系統の構成は決定されなければならない。

b） 短絡容量 系統規模の拡大による短絡容量* の増大は，電力用機器の機械的な強度や性能の面から，また地絡電流による電位上昇や誘導障害の増大など保安の面からも好ましくない。また，既設遮断器が遮断容量不足になって取り替える場合には，経済的に大きな負担となる。したがって，系統の短絡容量を一定の値以下に制限するため，リアクトルの設置，変圧器のインピーダンスの増加，系統電圧の格上げ，系統分離等の対策が考えられる。しかし，他方，安定度，信頼度の向上を含めて，電力系統を合理的かつ経済的に運用するためには，送電連系等による系統の拡大が望ましいのであって，消極的な短絡容量抑制策は必ずしも適切とはいえない。現在とられている考えは，まず，大容量遮断器の開発であり，次に系統電圧を格上げして高位の電圧で連系し低位電圧系を分けるなどの方法が講じられている。

c） 送電線の用地確保と大容量化 送電線の用地は，広い地域にわたって細長い土地を要するものであるが，都市近郊における用地の取得は容易ではなく，

---

* 短絡容量：短絡電流と回路電圧との積で表される容量。これが大きくなると遮断器を取り替える必要がある。

従来，送電線の建設費に占める土地代及びその補償費は少ないものであったが，最近では 30％以上，場合によっては 80％以上にもなる。これに対処して，架空送電線は多回線の鉄塔を使用したり，狭線間設計を行うなどの対策が講じられている。また，できるだけ高電圧と多導体を使用することにより，1 回線当たりの送電容量の増大などがとられている。

d） 配電近代化 我が国の高圧配電線は，長年にわたり，3.3 kV 中性点非接地式三相 3 線式が使用されてきたが，電力需要の増大とともに，電力損失や電圧降下の点で行き詰り，昭和 34 年（1959 年）10 月に配電電圧 6 kV 昇圧計画実施要領が決定され，昭和 48 年（1973 年）度に至る 15 年間に 6.6 kV 昇圧することが決定された。それ以来，6.6 kV 化が進んできたが，最近の都市の高過密化は，単位面積当たりの電力使用量が著しく増大し，6.6 kV の電圧でも支障をきたす地域が出現してきた。それに加えて，電力供給の信頼度の向上が要請され，また，都市の美化という面からも配電線に対する近代化の要請が強まっている。現在これらに対処して，20 kV 又は 30 kV 配電線による電力供給が行われており，また，配電線をネットワークすることや故障区間検出装置（DM）* を使った事故区分方式の普及により供給信頼度を上昇することや，電柱を近代都市に合わせた美化装柱にすることが行われようとしている。最近では，都市部の配電線は，地中化が計画的に行われており，電柱のない街づくりが進められている。また，平成 4 年（1992 年）の電気設備技術基準の改正により，管路式の簡易な地中電線路の施設やキャブ方式によるものが施設できるようになった。

5.2 電力系統の運用

電気は，生産即消費という特別な性質のために，需要家に良質な電気を供給するためには時々刻々の負荷の変化に対応して，電力系統を細かく調整して行わねばならない。すなわち，電力系統の運用の目的は，変動する負荷に即応して発電

* Delayed time Magnet-Switch

力を確保するとともに，電圧及び周波数を想定値に維持し，しかも発電原価，電力損失，貯水池運用などについて経済性を考慮しつつ電力系統全体を合理的かつ安全に運用することである。

5.2.1　周波数の調整

系統の周波数は，電力系統内の総発生電力がその時の総消費電力と総損失電力との和が均衡している間は規定値に保たれるが，消費電力のほうが発生電力より上回ると発電機の回転数が低下して周波数は下がり，逆に消費電力に対し発生電力が上回れば周波数は上昇する。電力の消費量は時々刻々に変動するものであるから，これに対し常に周波数を規定値に維持するためには，系統全体の発電力を時々刻々調整していかなければならない。

(1)　周波数調整の必要性

電力系統の周波数を常に規定値に維持することは，需要家に対するサービスの向上と，合理的な系統運用のために必要であるが，特に必要度の高いものをあげると次のとおりである。

電気使用者側の立場からみると，

①　工場のオートメーション作業，精密機械，電子計算機等の正確な稼動
②　高速度電動機を使用する紡績・製紙工場等の品質管理
③　鉱山関係などにおける操業の安全性の向上
④　周波数低下による電動機等の効率の低下と損失増加の防止

また，電力系統を管理する側からみると，

①　周波数が変動すれば発電所の出力変化を生じ，ある程度以下に低下すると火力発電設備においてタービンの振動発生，補機の出力減退を生じ安定運転が不可能になる。
②　周波数が低下すると送電損失の増大，系統安定度の減退を伴う。
③　２社間で送電連系をしている場合，周波数が変動するとき連系線潮流が不規則に変化する。

以上の理由から，周波数の変動はできるだけ小さくなるように調整しなければならない。そのため，電気事業法第 26 条において，周波数の規定値維持に関する努力義務が電気事業者に課せられている。現在，我が国では周波数調整用発電所容量と自動周波数制御装置の能力等から，0.1 Hz 以内に周波数偏差を収めることを目標として，周波数調整を行っている。

(2)　負荷変動の分類と周波数調整

周波数変動の原因となる負荷変動を解析すると，次の 3 つに分けることができる。

① 時間単位ぐらいのゆっくりした変動幅をもち，しかも，だいたいの規則性をもつもので，工場の始業・休業，電車のラッシュ，夕方の点灯によって生ずる負荷変動によるもの

② 数分～数十分ぐらいの比較的短時間の間に頻繁に起きるもので，圧延機，電気炉，その他一般負荷の不規則な変動によるもの

③ きわめて短時間の変動によるもの

これらの負荷変動に対し，周波数調整という観点から，発電力の調整を行うが，①のような変動に対しては，中央給電指令所で前日に予想日負荷曲線を作成し，各発電所の運転スケジュールを立てて対処し，天候その他の理由で予想を外れた部分については貯水池式発電所や調整池式発電所又は火力発電所に指令して発電力を調整する。これを通常，**給電調整**という。給電調整を行っても系統にはなお負荷変動が残るが，このうちやや周期の長いのが②の負荷変動である。これに対しては，常時周波数計で系統周波数を検出して，周波数調整用発電所の調速機を操作して発電力の調整をする。通常，周波数制御という場合には，この部分の調整を意味する。本節でも，以下の周波数制御とはこれをいうこととする。③は，負荷変動のうちで最も短い周期の変動で，②の周波数制御で調整し得ない部分であって，これは電力系統内の水・火力発電所の調速機によって調整される。このような運転を**ガバナーフリー運転**（又はガバナー運転）と呼んでいる。

(3)　自動周波数制御

周波数の規定値からの偏差を自動的に検出して，これを信号に変え調整用発電所の調整用電動機（ガバナーモータ）を自動的に制御して，迅速かつ正確に多くの発電所の出力調整を行う方式を**自動周波数制御**（AFC）* という。現在のように電力系統が大きくなり，かつ，周波数許容変動幅を0.1 Hz以内にするような周波数調整が必要となった時点では，従来のように勤務員が周波数計を常時監視しつつ発電所の調整用電動機を操作する方法ではできなくなり，この自動周波数制御が各電力会社によって行われている。

2つ以上の電力系統を連系して運転する場合には，連系系統の系統周波数ばかりでなく，連系送電線を流れる**電力潮流の制御**も問題となってくる。例えば，A，B 2系統が連系されている場合，A系統で発電力の減少又は負荷の急増があると系統周波数は下がり，連系線にはB系統からA系統に電力が流れる。このため，連系線に送電容量以上の電力が流れないようにするためにも，また両系統が別の会社である場合には契約値以上の電力が流れないようにするためにも連系線電力を制御する必要がある。通常，AFCという場合には，この連系電力の制御を含めており，これには**定周波数制御**（FFC）**，**定連系線電力制御**（FTC）***，**選択周波数制御**（SFC）****及び**周波数偏倚連系線電力制御**（TBC）***** の4つがある。

---

*　Automatic Frequency Control

**　Flat Frequency Control；連系線電力に無関係に系統周波数だけを検出し，規定値からの偏差を許容値以内に収めるよう発電力を制御する方式で，単独系統か，連系系統ではそのうちの大容量系統で採用するのに適している。

***　Flat Tie line Control；連系系統において，系統周波数に無関係に連系線電力のみを検出し，規定値からの偏差をなくすように発電力を制御する方式で，一般に連系系統内の比較的小系統が主系統との連系線電力を制御する場合に適している。

****　Selective Frequency Control；連系系統において，周波数と連系線電力の両方を考慮したもので，FFCによって発せられる制御信号が連系線電力の規定値から偏差をさらに大きくするような信号であれば，その信号が発電所にいくのを阻止し，その反対であれば，自由に信号を通過させ発電力を制御する方式である。いわば，FFCに消極的に連系線電力の制御を加味したもので，原則として系統変動はその変動の原因をもつ系統内で制御することとなる。

*****　Tie line Bias Control；この方式も連系系統において周波数と連系線電力の両方を考慮して制御するもので，周波数偏差 Δf，連系線電力偏差 Δp とすると，この両者を検出し，$k\Delta f+\Delta p$（k は，バイアス整定値）の大きさにより，自系統内の発電力を制御する。

現在，我が国においては東京電力がFFCにより制御され，他の電力はTBCで連系されている。

(4)　周波数制御用発電所

周波数の変動に応じて出力調整を行う発電所を**周波数制御用発電所**という。この発電所としては，次のような条件を具備するものが選ばれる。

①　必要とする調整能力（kW，kWh）をもっていること。

②　出力調整が容易で負荷変動に対する速応度が高く，かつ，高効率運転ができること。

③　水力発電所の場合は，出力調整を行うことによって水利上又は送電系統上に支障を与えないこと。

④　通信設備が完備しており，制御回線の構成に便利であること。

このため，従来，我が国では貯水池式又は調整池式発電所で比較的容量の大きいものが選ばれているが，火力発電が主力を占める系統では一部大容量火力発電所も使用されてきている。

周波数制御のための発電所容量は，系統の大きさにより異なってくる。すなわち，電力系統内の負荷変動と系統の周波数変化との間には，ある関数関係が存在し，これを電力系統の**周波数特性**という。系統周波数をΔf〔Hz〕だけ変化させるために必要な電力をΔp〔W〕とすると，$k = \Delta p/\Delta f$〔W/Hz〕= 一定の関係があり，kは，**系統周波数特性定数**と呼ばれる。単位は，通常，MW/Hz，MW/0.1 Hz，又は電力を全系統出力の百分率で表し，%/Hzなどの単位で表される。我が国では，系統周波数特性定数は約1〔%/0.1 Hz〕である。そして，このような系統で周波数を0.1～0.2 Hz以内の変動幅に維持するためには，最低，周波数制御容量を全系統容量の10 %程度もつことが望ましいとされている。

5.2.2　電圧の調整

電力系統においては，負荷の変化あるいは電力潮流の変化によって，系統内の電流が変化するとともに各所の電圧が変動する。1日のうちでも重負荷時には電圧は降下し，軽負荷時には上昇する。需要家に対する供給点及び電力系統内の各所の電圧を適正な値に制御するためには，電圧系統の各所に電圧調整器を配置して，無効電力制御又は変圧器の変圧比を調整して電圧調整を行っている。

（1） 電圧調整の必要性

電灯や電動機等の電気使用設備は，一定の電圧で使用されることを前提として設計・製作されているので，電圧の変動は需要家に悪影響を及ぼす。例えば，供給電圧が低下した場合は，電灯では光度の低下と効率の低下をきたし，回転機では出力の低下や効率の低下をきたし，はなはだしい場合は始動不能やコイル焼損などの障害を伴う。逆に電圧が規定値より上昇した場合は，電灯の寿命の短縮等の悪影響を与える。一方，電力供給設備に関しても同様のことがいえるので，特に火力発電所の所内補機等に与える影響は，発電所の停止にもつながることがある。このようなことから，系統内の各所の電圧を制御し，需要家への供給電圧を規定値に維持することは，サービス確保のために最も重要であり，1.5.2（２）項のｆ）で述べたように電気事業法においても供給電圧の維持義務が一般送配電事業者に課せられている。

（2） 電圧調整の方法

系統電圧調整の方法としては，発電機の励磁調整や同期調相機，電力用コンデンサ，分路リアクトル，直列コンデンサ等の設置による**無効電力制御**と，変圧器のタップ切替や誘導電圧調整器，昇圧器等の使用による**変圧比制御**とがあるが，実際の系統ではこれらが総合して行われる。特に，大電力系統では各系統個々に電圧を調整することは困難なので，総合的に無効電力潮流や変電所母線電圧を制御して行われる。電圧調整と周波数調整とを比べると，後者は有効電力の制御で並列系統である限りどこの発電所で行ってもよいが，前者は無効電力制御の問題で電圧は系統の各部分において異なっているので，制御を行う場所の配慮が必要である。また，電力損失と調相設備費用を最小にするという条件もできるだけ満たすよう適切な考慮が払われなければならない。

(3) 電圧制御用機器

無効電力制御による電圧制御機器としては，次のものがある。

a) 発電機 発電機励磁電流を増加すると遅相無効電力の発生が増加し，端子電圧が上昇する。逆に励磁電流を減少すると端子電圧は低下する。最近，超高圧送電線やケーブル送電系統の増大に伴い，深夜等の軽負荷時に系統電圧が上昇する傾向にあるので，このような系統に接続される水力発電所の発電機やケーブル系統に接続される火力発電所の発電機の低励磁運転が必要となり，これらを含めて運転上の問題が検討されている。

b) 同期調相機 励磁調整によって進み又は遅れの無効電力を連続的に発生でき，系統の安定度を上げる点でも有利であるので，従来から一次及び二次変電所に広く用いられてきた。しかし，電力用コンデンサに比較し，高価であること，損失が多いことなどの欠点があり，一時は使用されなくなったが，電力用コンデンサや静止形無効電力補償装置（SVC*）とは異なる特性，すなわち，交流系統故障時に内部誘起電圧を一定に保つことにより，系統電圧低下時も無効電力を出し続けること，また，過渡的な周波数変動時にも慣性により一定の周波数での運転ができることなどから，見直されている。

c) 電力用コンデンサ 建設費が比較的安く，かつ，保守が容易なので一次変電所から負荷端に至るまで広く使用されている。無効電力を吸収できないこと，連続制御ができないこと，周波数及び電圧低下時に進相容量を減ずる等の欠点があるが，群容量を適当に選んで負荷変動に応じて投入遮断を行ったり，また分路リアクトルと併用して設置され，有効に用いられている。

d) 静止形無効電力補償装置 最近，負荷変動対策や系統安定度対策等，高度の制御性が要求される場合にSVCが採用されている。SVCにはリアクトルに流れる電流を連続的に変化させて無効電力を調整する方式と，コンデンサの容量を段階的に変化させて無効電力を調整する方式がある。いずれも適当な変圧器を介して系統に接続される。

---

* Static Var Compensator

e） 分路リアクトル 電力用コンデンサと逆の機能を有し，電力用コンデンサと併用して調相機の代わりに用いられる。また，最近，超高圧送電線やケーブル送電系統で対地充電容量の補償用及びフェランチ効果の抑制用として使用される。

変圧比の制御による電圧制御機器としては，次のものがある。

f） 負荷時タップ切替変圧器 変圧器タップ切替によって変圧の調整ができるが，送電を継続したままこの調整を行う変圧器を**負荷時タップ切替変圧器**という。以前は,負荷時タップ切替変圧器の高電圧用のものは製作不可能であったが,最近では154 kV及び275 kV用のものも可能になり，電力潮流の激変する系統の電圧制御にきわめて有効であり，広範囲に用いられている。また，配電用変電所の主変圧器にもほとんどこのタイプのものが用いられている。電圧のタップ幅は，±(5～12.5) %のものが多い。

g） 誘導電圧調整器 誘導電圧調整器は，電力系統内で最も需要端に近い箇所に用いられるもので，配電用変電所では，従来からこれを使用して母線電圧制御又は配電線ごとの電圧制御を実施していた。電圧調整幅は±10 %のものと±5 %のものが多く用いられる。最近では，これに代わって，静止型の高圧自動電圧調整器が多く用いられている。

h） 柱上変圧器 柱上変圧器には，高圧側に切替タップがあり，柱上変圧器の施設される場所により適当なタップを選択して，低圧側の電圧をできるだけ調整することが可能である。

（4） 定電圧送電方式と高能率送電方式

発電機の力率調整及び受電端調相設備の調整によって,無効電力潮流を制御し,送電電力のいかんにかかわらず送電端及び受電端の電圧をともに一定に保つよう送電する方式を**定電圧送電方式**という。この方式は調相設備の所要量が大きくなり，また無効電力による送電損失が増大する欠点がある。

これに対して，受電端電圧を一定として送電損失を最小にするよう電圧と無効電力を制御する送電方式を，**高能率送電方式**という。この場合，受電端無効電力が系統定数によって定まる一定値に保たれるように制御すればよく，有効電力とは無関係に行うことができる。そのためには，受電端の調相設備を**自動電圧調整器**（AVR）* によって制御し，他方受電端有効電力を一定に保つよう**自動無効電力調整器**（AQR）** によって負荷時タップ切替変圧器を制御すればよい。この制御方式では，送電端電圧が大幅に変動することがあるので，AQR 運転に一定の上下限を設定してロックするとか，又は送電端に負荷時タップ切替変圧器を設置して送電端電圧もなるべく一定にする方法が採用される。

5.3　自家用電気設備の保守管理のあり方

5.1 節及び 5.2 節は，主として電気事業者の設備を対象とした，電源開発や電力系統の運用に関するものであったが，自家用電気工作物は，電気使用設備としてどのような保守管理のあり方があるかについて，その概要を述べることにする。

(1)　自家用電気工作物の保守管理の意義

すべての生産設備の原動力である電気の供給を円滑に行い，かつ，その電気による災害を未然に防止することは電気技術者に課せられた使命である。特に，産業設備が近代化され，高品位と高度の均一性をもった製品が要求される企業にあっては，設備の事故はその復旧費だけでなく，経営上受ける固定費損，品質低下，市場の信用低下など著しいものが予想されるので，電気設備の事故による停電は短時間といっても防止しなければならない現状である。しかし，他方，最近の近代化された工場では，自動運転による高い操業度のため，保守管理上十分な設備の補修期間も与えられないまま，長年月の機器や設備の使用を強いられるということにもなり，保守管理技術をどのようにうまく行って，生産性の向上に努め，かつ，電気災害を防止するかを研究しておくことは重要な意義がある。

---

*　Automatic Voltage Regurator

**　Automatic Quadrature Regurator

（2） 自家用電気工作物の保守管理の考え方

電気設備に限らず，すべての設備は運転している間の損傷や汚損により能率が低下し，建設当初に具備していた安全性や経済性を失っていく。電気設備には，特に温度や湿度の変化，雷や開閉操作による異常電圧，周囲のじんあいなどにより，静止機器であっても絶縁性能の劣化により故障したり，能率が低下してくる。また，電気設備はこれらの機器の性能劣化は単なる能率の低下や故障にとどまらず，感電，火災などの災害の原因にもなるので，その保守管理がいかに大切であるかがわかる。

保守管理の目的は，大きく**保安上重要な保守管理**と**生産上重要な保守管理**に分けて考えることができる。これら2つのことはそれぞれ別々の事項ではなく，保守管理上は，一般的には双方の目的をもって行われるべきものであるが，考え方としてこの2つに分けることができる。

第1の電気工作物の保安上のことについては，単にその企業のためのものでなく，一般公衆や従業員の生命財産に関することなので，当然のことながら，第2章から第3章までに述べたように，電気事業法，労働安全衛生法及び消防法などの法令により，強制的に保安上の保守管理体制を十分行うことが義務付けられている。電気事業法では電気設備の電気安全という広い観点から，労働安全衛生法では労働者を作業安全という観点から，また消防法では火災を防止することにより人命財産を守るという観点から，それぞれ取り締まられているが，要はすべての電気工作物の工事や維持管理を徹底的に行うことにより，電気工作物に起因する感電，火災，公害及びその他の物件に与えるあらゆる災害を防止しようとするものである。そして最近は，すでに述べたように，電気事業法では国による工事計画や使用前検査は原子力発電所に限定され，それ以外の設備については自主保安を主とした規制が行われている。

第2の生産性向上のための保守管理は，生産性向上や製品の品質向上などのために行う保守管理であって，各企業にとっては保安上の保守管理以上に重要なことであるが，当然のことながら各企業の独自の努力によって行われている。すなわち，保守管理は，設備の故障や能率の低下による直接復旧損と，生産損による間接的損失をどのように最小限にするかを目的としている。

(3) 電気事業法上の保守管理体制

電気事業法では，第2章で述べたように，自家用電気工作物設置者に対し，自主保安体制という考えのもとに，自家用電気工作物の保安管理に対しては，電気主任技術者の選任，保安規程の作成及び技術基準の遵守ということを義務付けている。すなわち，電気保安に対し十分な知識と経験をもつ責任者をおき，自家用電気工作物の工事，維持及び運用上の管理組織，保安教育，巡視点検並びに電気工作物の操作や保全，災害時の対策等について，その企業に合致した保安規程を作らせ，かつ，電気工作物を常に技術基準どおりに維持管理すれば電気工作物による災害を十分防止できるということである。

(4) 電気主任技術者の地位と保守管理体制

自家用電気工作物の設置者が自家用電気工作物の保安の監督をさせるため，主任技術者を選任しなければならない（電気事業法第43条）が，主任技術者をどのような地位におき，保守管理の徹底を図るかは大きな問題である。主任技術者としても保安の責任者として選任された以上，電気事業法第43条第4項でもって自家用電気工作物の保安の監督の職務を誠実に行う義務を負うわけであるから，その地位については経営者に十分理解してもらい，主任技術者としての職務を十分果たせるような地位を選ばなければならない。主任技術者が行う保安監督の職務は日常の幾多の業務のなかから，保安上の点について十分考慮がなされて業務が行われているかを監視し，もし保安上十分でないと認められる場合にはこれを正しく指導し，指示することができるものでなければならない。

このようなことを考慮して，主任技術者の地位は電気保安に関係ある事項に関してはその業務が決定される段階，立案される段階若しくは事前報告を受ける段階又は連絡調整される段階などのいずれかの段階で監督の機能を果たす地位になければならない。主任技術者がその職位階層で保安管理業務を統括する職位にあれば監督の行為も完全に行われると認められるが，各事業場の実態からみて必ずしもこのような職位にある者とは限らない。一般的には，主任技術者の地位としては，中層職位にある者が好ましいが，下層の職位にある者であっても，十分に保安業務の監督ができる地位であり，監督の行為が完全に行われればよい。しかし，下層の地位にあるためその業務のほとんどが上層職位にある者への意見具申にとどまり，指導監督をするようなことを許されないものであれば，保安業務の運営に適正を欠くおそれがあるので，電気事業法上も特に第43条第5項で電気工作物の工事，維持及び運用に従事する者は主任技術者がその保安のためにする指示に従わなければならないとしている。企業内の主任技術者の地位と企業の職位階層とは以上のことを十分考慮に入れて決定すべきである。

(5)　保安規程と保守管理体制

保安規程の内容については，2.4.1項で述べたように，電気事業法施行規則第50条により，その記載すべき事項の範囲が定められているが，その内容を大きく分けると，1つは主任技術者を中心とする電気工作物の保安業務分掌，指揮命令系統などいわゆる保安管理体制であり，もう1つはその組織を通じて行う具体的な保安業務の基本的な内容ということになる。

第1の主任技術者を中心とした電気工作物の保安管理体制については，前述の主任技術者の職務が十分発揮できるような体制になっていることが大切で，それに関し必要な事項が定められていなければならない。例えば，保安管理業務の組織としては保安業務の分掌，保安業務を管理する者の職務，主任技術者の職務，主任技術者の地位及び配置，保安業務の指揮命令系統及び連絡系統，保安職務員の配置，主任技術者の解任，主任技術者の不在時の措置などについての規定が必要となる。

第2の組織を通じて行う具体的な保安業務の内容は，保安教育及び保安に関する訓練，工事計画の立案及びその実施，巡視，点検及び検査，運転又は操作，発電所の長期停止時の措置，防災体制，記録，危険の表示，測定器具類及び保安関係図書の整備などについての規定が必要である。

これら保安規程の作成に当たっては，社内の規程などの運用と遊離しないよう実態に合致したものとすることが肝要である。各企業での保安管理体制が企業の生産性の向上と調和がとれ，無理のないものにしてこそ，その保安管理体制が充実し，結果的には経営者にとっても利益となることになる。従来，電気工作物の巡視，点検，記録などについての保安業務について旧電気工作物規程や旧自家用電気工作物施設規則によるある程度定められていたものが，最近の電気工作物の進歩による複雑化，保安の方法の機動化及び自動化に伴って，これを画一的に定めることが適当でないと判断され，具体的設備の実情に合わせて自主的に定めることになったのも，前述のような思想によるものである。例えば，石油工場など突発事故が大きい損害を与える高性能，高精度の装置工業では，まず安全第一で徹底した保安体制がとられることは，保安と企業の生産性との目的が一致している例である。

(6)　生産保全と保守管理体制

以上は主として保安行政面から規制されている電気工作物の保安管理体制について述べてきたが，電気技術者として考えることは保安はもちろんではあるが，企業のなかの一員として，その生産向上に貢献すべきことはいうまでもない。一般にこれを**生産保全**（PM*）という言葉で呼ばれている。

この生産保全の目的としているところは，

①　設備の故障休止を減少させ，生産性を高める。

②　設備の故障回数を減少させ，安定したよい品質を得る。

③　設備の機能低下や能率低下による損失を減少させ，製品の生産原価を下げる。

④　設備の故障発生を防ぎ，工程円滑化により製品の納期を遅延させない。

⑤　事故発生防止によりすべての安全性が高まる。

⑥　設備装置が整備され作業能率が上がり，作業士気が高まる。

などである。

---

*　Productive maintenance

生産保全は前述の目的に該当するように機械装置を選び，これに引き合う保全費をかけて計画的に点検，整備，修理を継続し，企業経営に保全面から貢献しようとするものであるが，電気設備に関しては次のような特異な使命と性格があり，機械，計測等の部門以上に重要なことである。

① 電気設備はすべての機械装置の動力源であり，発電，受電設備の事故は全工場の運休となり，影響する範囲が広く生産に直接大きく響く。

② 電気設備は構造が複雑で精密なので，調整範囲がむずかしく，保全技術者の専門化の傾向があり，故障すると修理に手間取り停止損失が大きい。

③ 電気設備は運転中にその機能の良否を判別することが困難で，計画的に休止時の精密点検，整備が行われなければならない。

このように電気設備の生産に占める役目は非常に大きく，電気部門の企業の地位はますます高くなっている。そのためにも，その保守管理体制として保安上はもとより，これらのことを含めた保守管理組織の研究が必要となってくると同時に，巡視点検機器の選定，設備台帳の整備，保守・点検作業の計画，予備品の管理，保全効果の測定，検査基準の制定等を十分検討していかなければならない。

（7） 自家用電気工作物の保守管理の問題点

自家用電気工作物の保守管理上の問題点の１つとしては，その設置者の電気設備に対する保安上の重要性を認識しているものが少ない点があげられる。昭和40年（1965年）７月に施行された電気事業法により自家用電気工作物の範囲が明確となり，自家用電気工作物の数が急激に大きくなったが，このなかには電気関係技術者のいない小自家用電気工作物が非常に多い。電気工作物を保守管理するためには相当の知識と経験をもつ者が中心となって，これに当たらなければならないが，小さな自家用電気工作物の経営者のなかには，電気の保守管理の重要性の認識が乏しい者もいて名ばかりの電気主任技術者を選任しているところもかなり多い。このような小自家用電気工作物設置者に対しては，今後できるだけ電気保守管理の重要性を説き，優秀な電気主任技術者の雇用又は電気保安協会や電気管理技術者への電気保守管理のあっせんに監督官庁，電力会社，電気保安協会などが呼びかける必要がある。

次にあげられる問題点としては，相変わらず自家用電気工作物からの一般送配電事業用電気工作物や他自家用電気工作物への波及事故が多い点である。これは当該自家用電気工作物の生産停止だけでなく，ほかの自家用電気工作物及び一般需要家に多くの迷惑をかけることになり，極力防止すべきことである。この自家用電気工作物の波及事故も，自家用電気工作物の設置者から経済産業省に報告された数では，昭和 60 年（1985 年）には 1 115 件であった。その後，高圧受電設備規程等も整備され，表 5.6 に示すように最近では 440～500 件で推移している。自家用設備 1 000 軒当たりの事故発生率は平成 23～25 年（2011～2013 年）平均で 0.59 件である。

過去の波及事故データからと波及事故は高圧受電設備の主遮断器を含む受電用保護装置の電源側の設備で発生している。この部分の平成 23 年から平成 25 年までの事故を分析したものが図 5.5 である。

図 5.5 中，開閉器は引込ケーブルの電源側に設置される G 付負荷開閉器（G 付 PAS）である。この開閉器の事故原因の大半は雷によるもので，G 付 PAS の雷対策が重要である。

最後に，自家用電気工作物内の感電事故の報告などからみると，自家用電気工作物内での保安組織について十分な連絡と徹底した教育がなされていない点が問題である。自家用電気工作物内の感電事故は，第三者の下請作業者による感電事故が非常に多い。これは下請作業者が自家用構内で行う作業で，電気を使用する

表 5.6　波及事故（1 000 軒当たり）の発生状況

年　　度	平成 20 年～22 年（平均）	平成 23 年	平成 24 年	平成 25 年	平成 23 年～25 年（平均）
発生件数	448	441	504	477	474
高圧自家用件数	平成 21 年* 818 860	779 359	799 577	806 487	平均 795 141
1 000 軒当たり事故件数	0.54*	0.56	0.63	0.59	0.59

〔注〕 * 平成 21 年の高圧自家用数から算出している。

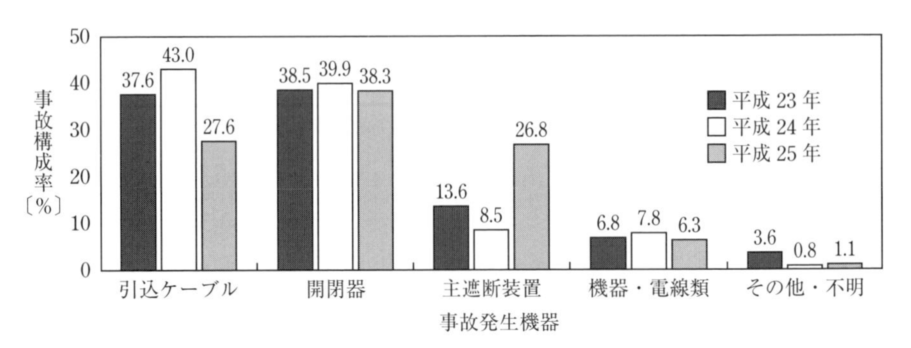

図 5.5　主遮断装置を含む電源側電気工作物事故構成率の推移

場合に自家用電気工作物の保守管理者に連絡なしに勝手に行って事故を発生している。自家用電気工作物の保守管理者は，これら下請業者に対する保安確保のために十分監督できる体制と下請業者教育に努力することが望まれる。

以上，自家用電気工作物の保守管理の意義，考え方とその問題点について述べたが，いくらよい設備の設計でも，その後の保守管理の良否によっては設備のよさが生きない。保守管理は単に保安のためのものではなく，経営者にとっても企業発展のため重要な要素であることを認識し，保守管理が円滑に行われることが必要である。

復 習 問 題 5

1. 電源開発計画を立てる場合に，長期の電力需給計画が必要である理由を述べよ。
2. 水力発電所の可能発電力，出水率及び設備利用率について説明せよ。
3. 下記の需要家の負荷を総合した場合における合成最大電力〔kW〕，平均電力〔kW〕，負荷率〔%〕及び日電力量〔kWh〕はいくらか。ただし，需要家間の負荷の不等率は1.3とする。

記

需要家	取付負荷容量〔kVA〕	力 率〔遅れ〕	需 要 率〔%〕	負 荷 率〔%〕
A	100	85	50	40
B	50	80	60	50
C	150	90	40	30

4. 重油専焼火力から排出される硫黄酸化物による公害を防止するための対策について述べよ。
5. 自動周波数制御の方式を4種あげ，簡単に説明せよ。
6. 系統電圧の変動を少なくするために行われている対策について述べよ。

索　　引

英数字

あ行

か行

さ行

た行

な行

は行

ま行

や行

ら行

〈著者紹介〉

竹野正二（たけの・しょうじ）

学　歴　広島大学電気工学科卒業（1958）
　　　　第1種電気主任技術者

職　歴　通商産業省（主として電気施設関係の行政に従事），工業技術院技術調査課長，環境庁大気規制課長，名古屋通商産業局公益事業部長，東京通商産業局公益事業部長，(一財)関東電気保安協会専務理事，(一財)日本内燃力発電設備協会会長，(一財)日本内燃力発電設備協会顧問，(公財)日本電気技術者協会総務理事，(公財)日本電気技術者協会顧問

浅賀光明（あさか・みつあき）

学　歴　芝浦工業大学二部電気工学科卒業（1982）

職　歴　経済産業省関東経済産業局電力事業課長
　　　　経済産業省関東東北産業保安監督部電力安全課長
　　　　(株)関電工営業統轄本部施工品質ユニット技術企画部部長

電気法規と電気施設管理　令和6年度版

1970年3月30日　第1版1刷発行　　ISBN 978-4-501-11910-2 C3054
2024年3月10日　第30版1刷発行

著　者　竹野正二・浅賀光明

発行所　学校法人 東京電機大学　〒120-8551 東京都足立区千住旭町5番
東京電機大学出版局　Tel. 03-5284-5386(営業)　03-5284-5385(編集)
Fax. 03-5284-5387 振替口座 00160-5-71715
https://www.tdupress.jp/

印刷・製本：三美印刷(株)　　装丁：高橋壮一
落丁・乱丁本はお取り替えいたします。　　Printed in Japan